제 2 판

광선로 장애복구 사례를 통해 배우는

광통신 BASIC & 실무

신요한 저

B.C.Info

머 리 말

스마트폰과 같은 최첨단 시대의 기기에 익숙해져 철학적 소양과 인문학을 잊고 사는 건 아닌지 스스로에게 의구심이 들던 2015년 6월 어느 날이었습니다. '문명을 발전시키는 것은 과학이지만 이를 지탱하고 있는 것은 인문학이다'라는 생각이 들자마자 내가 경험하고 배웠던 작은 것이라도 반드시 글로 남겨야겠다는 생각이 들어 처음으로 펜을 들게 되었습니다.

저는 광통신 업무에 종사한 지난 몇 년 동안 이 분야에 변변한 교재 하나가 없다는 사실을 항상 안타깝게 생각해왔습니다. 그래서 현업 중심의 광선로 운용 전문 교재를 만들어 봐야겠다는 필념으로 주변의 다양한 광선로 전문가에게 조언을 구하고 또 자료를 수집하여 정리하면서 준비해왔습니다. 광통신 분야의 관심과 열정 하나로 완성된 이 교재를 부족한 점이 있더라도 아낌없는 애정으로 봐주시면 감사하겠습니다.

이 교재는 광네트워크, 장애처리 개론, 광선로 장애유형, OTDR, 광케이블 실무, 장애복구 사례, AI 시대의 광인프라 역할과 전망 등의 내용을 주제로 다양한 현장 사례와 생생한 부록 사진 등을 수록하여 현실감과 입체감을 더했으며, 광선로 분야 전문가의 다년간의 경험과 노하우를 집약하기 위해 노력하였습니다. 이 교재가 대학에서 광통신을 배우고 있는 학생들, 광통신 관련 업무를 막 시작했거나 역량 강화가 필요한 이들, 광통신에 관심이 많은 일반인들에게도 배움의 확장에 있어 많은 도움이 되었으면 합니다. 또한 유명 웹사이트에서도 찾아볼 수 없는, 오직 현장에서만 얻을 수 있는 소중한 경험을 담았기에 더욱더 광선로 운용 분야의 심도 있는 학습 자료가 되리라 생각합니다.

끝으로 이 교재를 완성하기까지 광선로 운용 분야에 대한 깊은 철학을 나눠주시고 따뜻한 조언을 아끼지 않으신 많은 분들과, 특히 오늘도 현장에서 고생하고 있는 모든 광선로 운용 구성원들에게도 깊은 감사의 말씀을 드립니다. 그리고 복두출판사 관계자 분들께도 감사함을 전합니다. 저는 언젠가 이 광통신 분야에서의 도전을 멈추겠지만 이러한 교재를 남길 수 있다는 점에서 많은 보람과 긍지를 느끼고 있으며, 앞으로도 이 내용을 발판 삼아 또 다른 누군가가 광선로 운용 이론을 더욱 발전시키길 소망해봅니다.

2025년 7월

광선로쟁이 신 요 한 씀

목 차

CHAPTER 01 광네트워크

1.1 광통신의 발전과정 ··· 8
1.2 광통신 기준 모델 ··· 9
1.3 광네트워크 구조 ··· 13
1.4 광네트워크 기술 ··· 15
1.5 광섬유 기술 전망 ··· 27
1.6 맺음말 ··· 28

CHAPTER 02 장애처리 개론

2.1 효율적 장애처리 ··· 32
2.2 담당자별 상세 역할 ··· 33
2.3 담당자별 역할 요약 ··· 41
2.4 광선로 장애처리 프로세스 ··· 43
2.5 긴급복구훈련 ··· 50

CHAPTER 03 광선로 장애유형

3.1 장애유형 분류의 중요성 ··· 84
3.2 장애유형 상세 분류 ··· 87
3.3 장애유형 상세 ··· 92

CHAPTER 04 OTDR

4.1 OTDR이란? ······ 114
4.2 OTDR 파형 해석 ······ 115
4.3 표준SMF 광학적 특성표 ······ 119
4.4 데드존의 이해 ······ 120
4.5 펄스폭의 이해 ······ 121
4.6 펄스폭의 종류 ······ 122
4.7 1310nm, 1550nm 측정의 차이점 ······ 125
4.8 OTDR을 공부해야 하는 이유 ······ 125
4.9 OTDR 측정 예시 ······ 126

CHAPTER 05 광케이블 실무 I

5.1 RN ······ 140
5.2 GBIC ······ 143
5.3 광케이블 선번 ······ 145
5.4 288C 케이블 장애대비 ······ 151

CHAPTER 06 광케이블 실무 II

6.1 광케이블 ······ 160
6.2 광케이블의 설치 ······ 162
6.3 광접속함체 ······ 165
6.4 광케이블 시험 ······ 174
6.5 광케이블 유지관리 ······ 175

CHAPTER 07

장애복구 사례

7.1 장애복구 사례 학습의 중요성 ···· 178
7.2 장애복구 사례 정리 의의 ···· 178
7.3 장애복구 사례 요약 ···· 179
7.4 장애복구 사례 상세 ···· 181

CHAPTER 08

AI 시대의 광인프라 역할과 전망

8.1 AI 디지털 혁명의 시대 ···· 202
8.2 AI의 정의와 발전 단계 ···· 202
8.3 정보기술산업과 AI산업의 발전 방향 ···· 208
8.4 AI 시대의 광인프라 역할 ···· 210
8.5 AI 시대의 광인프라 발전 방향과 전망 ···· 213
8.6 맺음말 ···· 214

CHAPTER

01

광네트워크

1.1 광통신의 발전과정
1.2 광통신 기준 모델
1.3 광네트워크 구조
1.4 광네트워크 기술
1.5 광섬유 기술 전망
1.6 맺음말

1.1 광통신의 발전과정

광섬유를 매개체로 하여 빛에 데이터를 담아 통신하는 것을 광통신이라고 한다. 우리가 평상시에 인터넷, 유튜브, IPTV 등을 이용하는 것도 광통신 없이는 불가능한 일이니 현대사회에서 광통신이 차지하는 비중과 중요성은 그 크기를 가늠할 수 없을 정도이다. 또한 광통신은 통신 네트워크의 발달에 따라 사람, 데이터, 사물 등 모든 것이 연결된 초연결 사회의 기본 인프라가 되었으며 앞으로도 그 중요도는 더욱 증대될 것이다.

그러나 광통신 기술도 그 역사를 살펴보면 불과 수십 년밖에 되지 않는다. 1960년 초 최초의 레이저가 발명되었을 때 빛을 이용한 통신이 가능하리라는 기대감이 있었지만 빛을 전송할 매개체를 찾지 못해 곤경에 처해 있었다. 이를 해결하기 위해 세계 각국에서 다양한 노력을 기울인 끝에 현대적 의미의 광통신을 가능하게 한 이가 있었는데 그가 바로 중국계 영국인 물리학자 찰스 카오(Charles.K.Kao)이다.

1966년 카오는 유리섬유에 의한 광전송이 가능하다는 이론을 발표하였다. 그 당시 광섬유 손실은 1,000dB/km 이상이었기에 통신시스템의 전송매체로는 사용이 불가능하였으나, 지속적인 연구 끝에 유리 정제 문제를 해결하여 코닝(Corning)사가 손실이 약 20dB/km인 광섬유를 제조하게 되었다. 훗날 카오는 그 공로를 인정받아 2009년 노벨 물리학상을 받았다.

[그림 1-1-1] 광통신 실험중인 카오

[출처] The Chinese University of Hong Kong

1970년대에는 광통신 기술의 핵심인 저손실 광섬유 제조 기술과 반도체 레이저 및 광 검출기 제작 기술이 미국과 일본을 중심으로 경쟁적으로 개발됨에 따라 광통신의 실용화 길이 열렸다. 그 뒤 1980년대에는 새로 출현한 광통신 기술과 기존의 디지털 변조 방식의 PCM 기술을 결합하는 광전송 시스템이 본격적으로 개발되었으며 세계 각국에서는 광케이블을 본격적으로 시설하고 광네트워크(Optical Network) 시스템을 구축함으로써 현대의 기축 통신이 되어 오늘날에 이르고 있다. 광통신 개발 이후 미국, 영국 등 개발국의 자국 내 광케이블 시설과 더불어 해저광케이블의 개발도 본격화되었다.

해저케이블은 동축시스템에 비해 가격이 저렴하고 전송 용량의 한계를 극복할 수 있는 이점이 있으며 1988년 처음으로 대서양 횡단 해저케이블이 설치되었다. 그 뒤 수십만 km의 광통신 개발 국가내 광케이블과 대륙간 해저케이블이 시설되었고 ROADM, DWDM과 같은 통신 장비의 고도화가 동반되어 불과 몇 분의 1초 만에 지구 반대편의 사람과 통신할 수 있는 세상이 되었다.

2022년 최근 발표된 구내통신 회선수 확보 기준을 살펴보면 주거용 건축물에 의무적으로 단위 세대당 광섬유 케이블을 2코아씩 인입하도록 개정되었다. 이제는 중심망부터 하위단까지 100% 순수 광 인프라로 구성되는 시대가 오고 있는 것이다. 물론 2022년 현재 지구에 사는 모든 사람들이 인공위성을 이용하여 인터넷을 사용(스타링크와 같은)하게 하겠다는 혁신적인 모델도 있으나 광통신이 우리 사회에서 차지하는 비중과 역할은 여전히 매우 크고 중요하다.

[그림 1-1-2] 전 세계 해저케이블 구성도

[출처] www.submarinecablemap.com

1.2 광통신 기준 모델

광통신 실무를 처음 접하는 이를 위해 어떤 개념부터 설명하면 좋을지 고민하다가 OSI(Open System Interconnection, 개방형 체계 간 상호접속) 7 Layer 모델을 먼저 이야기하기로 하였다. OSI 7 Layer는 1980년대 컴퓨터 통신망이 확산되면서 모든 네트워크 통신에서 생기는 여러 가지 충돌 문제를 완화하기 위하여 국제표준기구(ISO)에서 표준화된 네트워크 구조를 제시한 기본 모델이다. 이는 통신망을 통한 상호접속에 필요한 제반 통신 절차를 정의하고 이 가운데 비슷한 기능을 제공하는 모듈을 동일 계층으로 분류하여 총 7계층으로 정의한 것이다. 이 기준 모델은 서로 다른 컴퓨터와 같은 기기 간에 네트워크를 형성할 수 있도록 규정한 모델이라 할 수 있으며 이 교재에서 주로 다루는 광선로 영역은 전송매체에 해당된다.

각 계층을 살펴보면 가장 상위 계층부터 응용(Application Layer, 7계층), 표현(Presentation Layer, 6계층), 세션(Session Layer, 5계층), 전송(Transport Layer, 4계층), 네트워크(Network Layer, 3계층), 데이터링크(DataLink Layer, 2계층), 물리(Physical Layer, 1계층) 등 총 7개의 계층으로 나누어진다.

OSI 7 Layer를 광선로 통신망을 이해하기 위한 가장 이상적인 모델이라고 하는 까닭은 A와 B가 현대의 네트워크망을 이용하여 통신함에 있어 그 구조를 이해하는 데 가장 적합하기 때문이다. 예를 들어 서울에 사는 A가 광주에 사는 B와 인터넷 채팅을 할 때 그 통신과정을 OSI 7 Layer의 7계층부터 1계층까지의 구성을 접목해 보면 가장 쉽게 이해할 수 있다. 응용계층인 7계층은 채팅프로그램이 될 것이며, 텍스트 문자나 그림, 동영상을 인코딩/디코딩하여 컴퓨터 언어로 표현하는 표현 계층(6계층), 상호간에 세션을 유지 관리하는 세션 계층(5계층), 시퀀스 넘버를 기준으로 신뢰성 있는 데이터를 전송하는 전송 계층(4계층), IP와 같은 라우팅 프로토콜을 사용하여 최적의 경로를 찾는 네트워크 계층(3계층), MAC과 같은 물리적인 주소로 데이터를 전달하는 데이터링크 계층(2계층), 0과 1의 전기적인 신호로 물리적인 데이터를 전송하는 물리 계층(1계층)이 7계층의 각 요소이다. 1계층인 물리 계층에서 7계층인 응용 계층까지 데이터가 전송되는 과정을 머릿속에 그려보며 광선로 업무를 수행한다면 현업에 많은 도움이 될 것이라 생각한다.

추가로 각 계층마다 이에 해당하는 장비가 개발 구현되어 있다는 사실을 인지할 필요가 있다. 상황에 따라 모든 하드웨어 및 소프트웨어는 하나의 계층 영역만 기능이 동작하도록 설계할 수도 있고 여러 개의 계층에 걸쳐 동작하도록 구성할 수도 있다. 그러나 두 컴퓨터가 원거리상에서 응용프로그램을 사용하여 통신하거나 데이터를 주고받기 위해서는 7계층이 다 구성되어 있어야 한다. 송신자와 수신자가 통신함에 있어 그 전송매체가 바로 광선로이기 때문에 OSI 7 Layer의 개념을 이해하는 것이 무엇보다 중요하다.

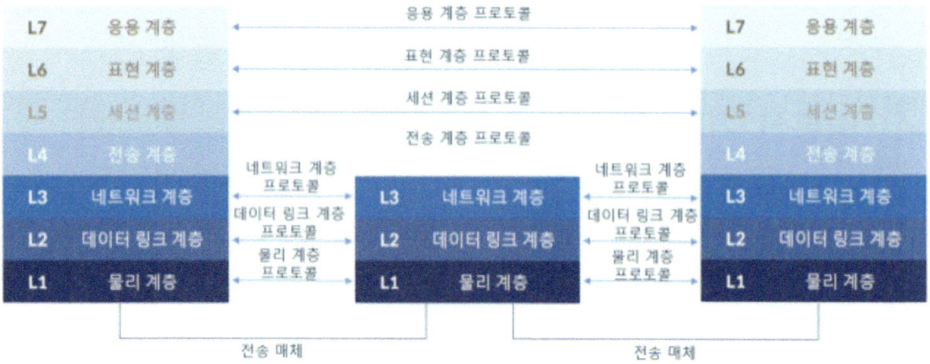

[그림 1-2-1] OSI 7 Layer

다음은 OSI 7 Layer를 계층적으로 상세하게 설명한 표이다.

[표 1-2-1] OSI 7 Layer 계층별 구분

[출처] wiki.hash.kr/index.php/OSI_7_계층

계층	이름	단위 (PDU)	예시	프로토콜	디바이스
7	응용 계층 (Application Layer)	Data	텔넷, 구글 크롬, 이메일, 데이터베이스 관리	HTTP, SMPS, SSH, FTP, Telnet, DNS	
6	표현 계층 (Presentation Layer)	Data	인코딩, 디코딩, 암호화, 복호화	ASCII, MPEG, JPEG, MIDI, EBCDIC, SDR, AFP, PAP	
5	세션 계층 (Session Layer)	Data		NetBIOS, SAP, SDP, PIPO, SSL, TLS, NWIINK, ASP, ADSP, ZIP, DLC	
4	전송 계층 (Transport Layer)	TCP-Segment UDP-Segment	특정 방화벽 및 프록시 서버	TCP, UDP, SPX, SCTP, NetBEUI, RTP, ATP, NBP, AEP, OSPF	
3	네트워크 계층 (Network Layer)	Packet	라우터	IP, IPX, IPsec, SCMP, ARP, NetBEUI, RIP, BDP, DDP, PLP	라우터
2	데이터링크 계층 (DataLink Layer)	Frame	MAC 주소, 브릿지 및 스위치	Ethernet, Token Ring, AppleTalk, PPP, ATM, MAC, HDLC, FDDI, LLC, ALOHA	브릿지, 스위치
1	물리 계층 (Physical Layer)	Bit	전압, 허브, 네트워크 어댑터, 케이블	10BASE-T, 100BASE-TX, ISDN, wired, wireless, RS-232, DSL, Twinax	허브, 리피터

1) 응용 계층

응용 계층(Application Layer, 7계층)은 OSI 7계층 모델에서 최상위 계층으로 사용자가 네트워크 자원에 접근하기 위해 응용프로그램을 사용하는 계층이라고 생각하면 된다. 7계층은 사용자와 가장 밀접한 계층으로 모든 네트워크 활동의 기반이 되는 인터페이스를 제공하며 사용자가 실행하는 모든 응용 프로그램들이 7계층에 속한다고 보면 된다. 예를 들면 가상 터미널인 텔넷(telnet), 구글의 크롬(chrome), 이메일(전자우편), 데이터베이스 관리, HTTP 등이 이에 해당된다.

2) 표현 계층

표현 계층(Presentation Layer, 6계층)에서는 응용 계층으로부터 전달받은 데이터를 읽을 수 있는 형식으로 변환하는데 데이터의 형식을 지정하여 수신측에서 이를 인지할 수 있게 한다. 응용 계층으로부터 전송받거나 응용 계층으로 전달해야 할 데이터의 인코딩과 디코딩이 이 계층에서 이루어진다. 그리고 표현 계층은 데이터를 안전하게 전달하기 위해서 암호화와 복호화를 한다. 예를 들면 유니코드(UTF-8)로 인코딩되어 있는 문서를 ASCII로 인코딩된 문서로 변환하려 할 때 이 계층에서 변환이 이루어진다.

3) 세션 계층

세션 계층(Session Layer, 5계층)에서는 두 컴퓨터 간의 대화나 세션을 관리한다. 즉 송신자와 송신자 간의 연결을 관리하는데, 연결이 정상적으로 수행되었는지 확인하고 이를 유지 관리한다. 이 계층에서는 통신하려는 송/수신자의 TCP/IP 세션을 생성 및 폐기하고 통신 상황에 대한 세션을 확립 · 유지 · 중단 · 동기화하는 작업을 수행한다. 예를 들어 웹브라우저에서 금융 사이트를 띄워 놓고 다른 일을 하다가 일정 시간이 지나면 세션이 종료되는 경험을 해본 적이 있을 것이다. 이는 일정 시간이 지나 세션이 유효성을 잃고 종료되었기 때문이다.

4) 전송 계층

전송 계층(Transport Layer, 4계층)의 주된 목적은 하위 계층에 신뢰할 수 있는 데이터 전송 서비스를 제공하는 것이다. 즉, 데이터 전송을 책임지는 계층으로서 컴퓨터와 컴퓨터 간에 신뢰성 있는 데이터를 서로 주고받을 수 있도록 해준다. 송신자가 수신자에게 데이터를 전달할 때 데이터의 전송이 정상적으로 이루어졌는지 확인하고 오류가 발생했다면 재전송하는 역할을 수행하는데, 이때 시퀀스 넘버 기반의 오류 제어 방식을 사용한다. 전송 계층은 연결형 프로토콜(TCP)과 비연결형 프로토콜(UDP)을 모두 사용한다. 다시 말해 전송 계층에서는 데이터의 전송 제어와 오류 제어를 수행한다고 생각하면 된다.

5) 네트워크 계층

네트워크 계층(Network Layer, 3계층)에서는 데이터를 목적지까지 가장 빨리 전달할 수 있는 경로 찾기 역할을 수행한다. 2홉 이상의 통신(홉 : 통신 장비 등과 같은 노드에서 다음 노드로 이동하는 경유 지점)을 담당하며 OSI 7 계층에서 가장 복잡한 계층 중 하나로서 실제 네트워크 간에 데이터 라우팅을 담당한다. 라우팅이란 어떤 네트워크 안에서 통신 데이터를 정해진 알고리즘에 의해 각 노드의 코스트 값을 계산하여 최대한 빠르게 보낼 최적의 경로를 선택하는 과정을 말한다. 네트워크 계층은 네트워크 호스트의 논리 주소(예 : IP 주소)를 사용하며 다양한 길이의 데이터를 전달하는 데 있어 흐름 제어, 세그멘테이션, 오류제어, 인터네트워킹 등의 역할을 수행한다. 라우터가 이 3계층의 대표적인 장비이며 3계층 역할까지 수행하는 스위치도 있다.

6) 데이터링크 계층

데이터링크 계층(DataLink Layer, 2계층)은 데이터의 물리적인 전송을 담당하며, 물리적인 장치를 식별하는 데 사용할 수 있는 주소 지정 체계를 제공하고 오류를 검출하는 역할을 수행한다. 데이터링크 계층은 Point to Point 간의 신뢰성 있는 전송을 보장하기 위한 계층으로 CRC 기반의 오류 제어와 흐름 제어를 수행한다. 이 계층에서는 MAC과 같은 물리적인 주소와 프레임 단위의 데이터를 사용하며 물리 계층에서 발생할 수 있는 오류를 찾아내고 수정하는 데 필요한 기능적, 절차적 수단을 제공한다. 이 계층의 예시를 들자면 브리지 및 스위치 그리고 이더넷 등이 있다.

7) 물리 계층

물리 계층(Physical Layer, 1계층)은 OSI 모델의 최하위의 계층으로서, 네트워크 데이터가 전송되는 물리적인 매체이다. 데이터는 0과 1의 비트열로 ON, OFF의 전기적 신호 상태로 이루어져 있다. 이 계층은 전압, 허브, 네트워크 어댑터, UTP케이블 등과 같이 모든 하드웨어의 물리적 및 전기적 특성을 정의한다. 물리 계층은 사용자의 통신자원이 물리적으로 통신망에 연결되는 역할을 수행하며 디지털에서 아날로그로 또는 그 반대로 신호를 변환하는 매개체 역할을 한다. 이 계층에는 허브, 리피터, 케이블 등이 포함된다.

1.3 광네트워크 구조

광통신망을 기능별로 구분하면 일반 가입자망과 이를 상위망과 연결해주는 전송망으로 나눌 수 있다. 그러나 규모와 용량에 따라 기간망, 지역 메트로망, 가입자망(MSPP 또는 FTTx 등)으로 다시 나뉜다.

기간망은 국가나 대도시를 광단국으로 하여 광통신을 구성하는 대용량 네트워크망이다. 다시 말해 기간망은 전체 통신망의 백본(뼈대)이며 국가와 국가, 대도시와 대도시 광통신 구성의 핵심이라 할 수 있다. 기간망은 거리에 있어 그 규모가 수십 km에서 수천 km에 이른다. 기간망의 발전과정을 살펴보면 1983년 초 미국의 뉴욕과 워싱턴 D.C. 두 도시 간에 최초로 광통신망이 구축되었고, 1988년에는 최초로 대서양을 횡단하는 해저 광통신망이 구축되었으며, 1999년 말 1억 2천만 km의 광섬유가 전 세계적으로 구축되었다. 이는 지구의 둘레가 약 4만 km인 것을 생각하면 실로 엄청난 거리의 광케이블이 단기간에 구축된 것이라 할 수 있다. 최근 국내의 각 통신사 기간망은 이원화를 넘어 메쉬망 형태의 삼원화 이상까지 구성하는 추세이다.

메트로망은 기간망 아래 별도망 구성을 통해 하부단 중소 도시의 용량을 커버할 수 있다.

즉, 도시대 도시대를 연결하는 중형 통신망을 의미한다. 또한 메트로망은 가입자망과 기간망을 상호 접속하는 역할을 한다.

가입자망은 지역 국사 아래 가입자 단말기(ONU, ONT 등)를 연결하는 통신망을 말한다. 기간망과 메트로망은 매우 큰 데이터량을 전송하지만, 네트워크의 구성 형태는 복잡하지 않고 거리와 전송 용량에 따라 비용이 증가하는 특징이 있다. 반면에 가입자망은 전송되는 데이터량은 작으나 하위단의 구조가 복잡하여 광통신 구성 시 많은 비용이 수반된다. 그러나 최근에 디지털화된 정보를 전달하고 활용하는 스마트기기의 확산, 실시간 스트리밍 · 클라우드 서비스 · 소셜미디어 등 데이터 콘텐츠 소비의 증가로 개인/조직의 빠르고 안정적인 데이터 서비스 제공 요구에 따라 가입자망까지 직접 연결되는 통신망의 구성이 더욱 중요해지고 있다.

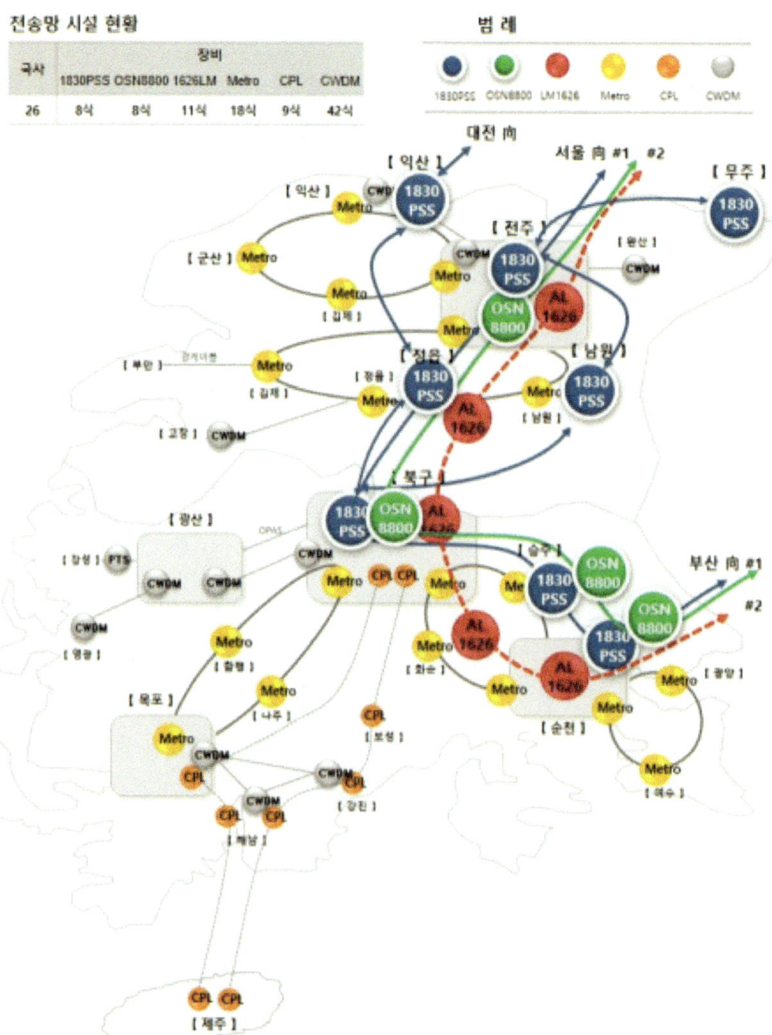

[그림 1-3-1] 기간망 및 메트로망 예시

1.4 광네트워크 기술

광선로 업무를 수행함에 있어 꼭 필요한 장비 관련 이론을 몇 가지 소개하고자 한다. 특히 최근 아파트 구축 시 기본 구성이 되는 PON과 일반 가입자 수용망인 FTTH를 알아보고 광네트워크(Optical Network) 분야에서의 광선로 연관성을 이해해보자. 추가로 기간망의 근간이 되는 ROADM, DWDM, CWDM 기술을 학습하고 또 기간망급 통신망을 이해함으로써 단순히 광선로 구축과 A/S 업무에서 탈피하여 현장 업무 수행의 깊이를 더하는 시간이 되길 바란다.

1) PON

광가입자망에서 대표적인 기술방식인 PON(Passive Optical Network) 방식은 접속 속도를 100Mbps ~ 1Gbps로 고속화하고 저렴한 비용으로 구축이 가능하여 경제적인 이점이 있다는 점이 특징이다.

PON 방식은 이더넷 스위치(Ethernet Switch)나 라우터(Router)와 같은 Active Equipment로 광신호를 분기시켜 광통신 네트워크를 구성하는 AON(Active Optical Network) 방식과 달리 광선로 중간점(RN단자)에서 광신호를 분기시키는 데 저가의 Splitter를 사용한다.

PON 방식은 양 끝단에만 광모듈이 필요하고 하부의 광가입자망의 집약적 트래픽을 RN단자의 Splitter를 통해 효율적으로 상위망으로 전달할 수 있다. 또한 확장성이 우수하고 관리하는 데 AON보다 매우 유리하기 때문에 향후에도 매우 유용하게 사용될 전망이다.

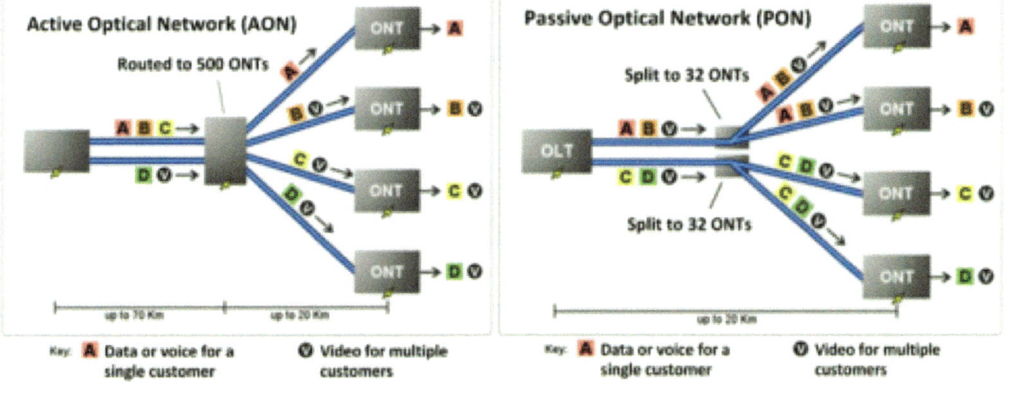

[그림 1-4-1] AON과 PON 비교

[출처] https://ko.wikipedia.org/wiki/수동 광통신망

현재 대한민국에 가정용 인터넷 서비스로 도입된 기술을 보면 KT와 LGU+는 E-PON(Ethernet PON) 방식을, SK브로드밴드는 G-PON(Gigabit-capable PON) 기술을 적용하고 있다. PON 전송

구조는 1:다수가입자 수용 방식을 취하고 있으며 상위 국사에 1개의 OLT(Optical Line Terminal)를 두고 하나의 광섬유에 의해 광결합점(Optical Splitter, 전원공급이 불필요한 수동소자)을 연결하여 ONU(Optical Network Unit)나 ONT(Optical Network Terminal)에서 발생하는 트래픽을 수용하는 것이 특징이다. 일반적으로 PON의 최대 분기율은 1:128이나 망안전성을 위해 64가입자까지 수용하며, 20km가 구성 한계 거리이다.

다음은 G-PON 등 TDM-PON 표준 기술 상세 사항이다.

[표 1-4-1] PON 표준 기술별 특징

구분	하향 1G급		하향 10G급	
	G-PON	E-PON	XG-PON	10G-EPON
속도 (하향/상향)	2.5G/1.25G	1.25G/1G	10G/2.5G	10G/10G, 10G/1G
국제표준	ITU-T G.984	IEEE 802.3ah	ITU-T G.987	IEEE 802.3av
상향 접속 방식	TDMA	TDMA	TDMA	TDMA
분기수	128	32	128	64
사업자	SK	SK, KT, LGU+	SK	SK, KT, LGU+
사용 주파수	상향 : 1260nm ~ 1360nm 하향 : 1480nm ~ 1500nm		상향 : 1260nm ~ 1280nm 하향 : 1575nm ~ 1580nm	
특징	B-PON을 확장해서 ATM과 이더넷을 동시 지원하는 것을 목표로 설계된 기술. 뛰어난 QOS 기능을 제공하며, 이로 인해 멀티미디어 서비스에 유리하다는 장점이 있음.	ATM은 포기하고 오로지 이더넷에 특화시켜 만든 기술. 이더넷에 특화시켰기 때문에 G-PON에 비해 상대적으로 구축 비용이 저렴하다는 장점이 있음.	GPON의 후속기술로, 10G를 지원하기 위해 만들어짐. 10G-PON이라는 이름을 사용하려고 했는데, EPON 진영이 먼저 10G-EPON 이름을 선점해 버리면서 X를 붙임.	E-PON의 후속 기술이며 10 Gbps를 지원하기 위해 만들어짐. 하향/상향 둘 다 10G / 10Gbps를 기준으로 설계되었으나, 중간단계로 10G / 1G의 비대칭 모드 규격도 존재함.

구분	하향 40G급	
	NG-PON2	NG-EPON
속도 (하향/상향)	40G/10G, 40G/40G	25G/10G, 25G/25G, 50G/25G, 50G/50G,100 G/25G, 100G/50G, 100G/100G
국제표준	ITU-T G.989	IEEE 802.3ca
상향 접속 방식	TWDMA	TWDMA
분기수	속도, 거리에 따라 다름	-
사업자	SK	-
사용 주파수	상향 : (W) 1524nm ~ 1544nm (N) 1524nm ~ 1540nm 하향 : 1575nm ~ 1580nm	-
특징	TWDMA 방식으로 TDM과 WDM 모두 사용함. G-PON, XG-PON과 호환되지 않는 문제로 호환성을 고려한 NG-PON1과 호환을 포기하고 성능을 추구한 NG-PON2로 독자 개발함.	IEEE 802.3ca 작업 그룹에서는 2015년 7월부터 NG-EPON(25G/10G, 25G/25G, 50G/50G)에 대한 표준화를 진행.

SKB 망관리 측면에서 신축 아파트는 PON 이원화 방식 기반으로 광선로를 양방향으로 구성하고 단방향 PON 기축 아파트는 세대별 가입자수 규모에 따라 우선순위를 두고 반대 방향으로 광선로를 추가 구성하여 PON 이원화를 진행하고 있다. 이때 기존 상위국보다 가까운 상위국이 있다면 이곳으로 광선로를 양방향 구성하기도 한다.

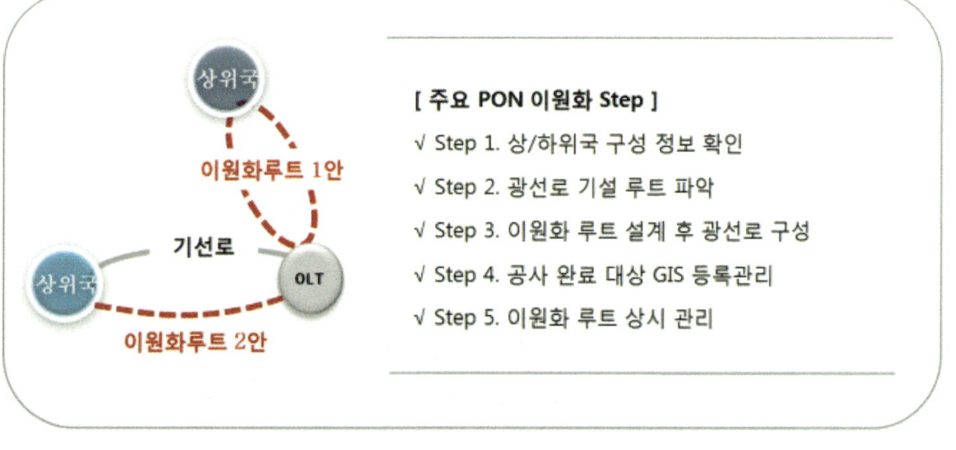

[그림 1-4-2] PON 이원화 구성 방안

이원화 개소 장애처리와 관련해서 알아야 할 사항은 아래 그림처럼 OLT 2개 Port(주/예비)를 사용하여 광선로 이원화를 구성한 경우 광은 한쪽 Port에서만 출력이 된다는 사실이다. 다시 말해 OLT Port상 정상 운용시 광신호는 주코어나 예비코어 한쪽에서만 출력이 된다. OLT Port → 2:N RN까지의 루트에서 OLT PON Port불량, 광선로 LOSS 등 이벤트 발생시 주 Port에서 예비 Port로 자동절체 또는 수동절체로 서비스 고립을 방지할 수 있다. PON 이원화 개소 링오픈으로 장애 조치 및 광선로 작업시 주/예비 동시 광출력이 안 되므로 선번장 확인 및 정확한 심선 대조를 통해 혼선을 방지해야 한다.

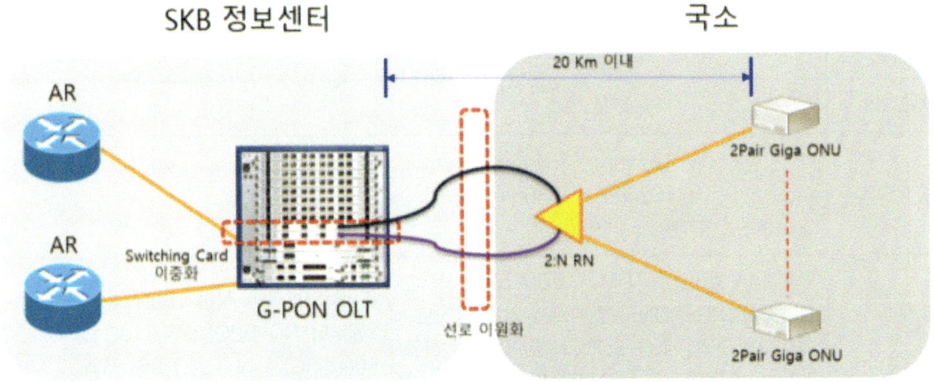

[그림 1-4-3] PON 이원화 장애처리

2) FTTH

FTTH(Fiber To The Home)는 국사에서 가입자까지 100% 광케이블을 통해 초고속 인터넷, IPTV, VoIP 등 서비스 제공이 가능한 기술 방식을 말한다. SKB에서는 FTTH 기술방식 중 G-PON(Gigabit Passive Optical Network) 방식을 사용함으로써 G-PON 장비 및 광케이블, Splitter라는 수동소자만을 사용하여 Real FTTH 서비스를 구현하였다. FTTH는 Splitter라는 소자를 이용하여 광섬유를 공유하기 때문에 투자비용이 적게 소요되며 유지보수가 용이하다는 장점이 있다. 하지만 광케이블 구간에 앰프와 같은 장치가 없어서 최대 20km까지만 전송 가능하다는 것은 단점으로 생각할 수 있다.

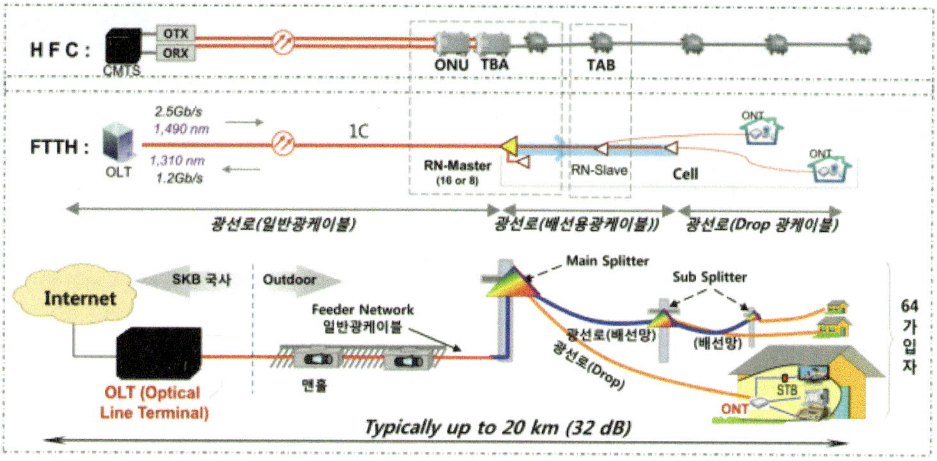

[그림 1-4-4] FTTH 구성도

[출처] SKB FTTH 설계기준

다음은 FTTH의 각 구성 요소이다.

[표 1-4-2] FTTH 구성 요소

[출처] SKB FTTH 설계기준

OLT(Optical Line Terminal)		광단자함(OTB : Optical Terminal Box)	
	백본 스위치, 라우터 등과 접속하여 초고속 인터넷, VoIP, IPTV 등의 서비스를 제공하며 광섬유케이블 및 광스플리터로 이루어진 가입자망을 통해 다수의 ONT와 연동하여 광 송/수신 기능을 수행하는 장치	 [조가선취부용]  [벽부취부용]	광스플리터와 가입자측 연결을 위한 광어댑터를 보호·내장하여 가입자를 수용하는 역할이며, 조가선취부형(단자함-off형)과 벽부취부형으로 구성
ONT(Optical Network Terminal)		**광스플리터(Optical Splitter)**	
	가입자 댁내 또는 인근에 설치되어 광섬유 케이블로 연결되어 가입자 서비스를 제공하는 장치	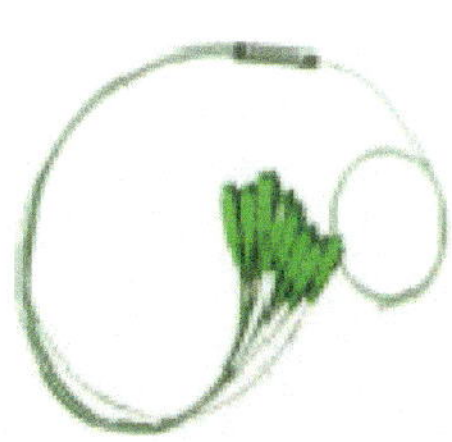	광단자함에 내장되어 있어 OLT와 ONT 간 1대N의 물리적 광전송 경로를 제공하는 수동형광분기/결합기로, 주로 1:16, 1:8, 1:7, 1:4 분기를 사용하며, 용도별로 Main 스플리터와 Sub 스플리터로 구별됨

FTTH 배선용 광섬유케이블 (Distribution Optical Fiber Cable for FTTH)		DROP 광케이블 (Drop Optical Fiber Cable for FTTH)	
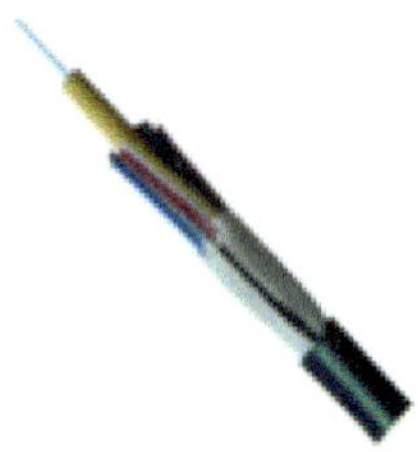	휘더망의 접속점과 셀의 중심이 되는 Main 광스플리터와의 연결 및 Main 광스플리터와 Sub 광스플리터를 연결하는 FTTH 배선망 전용 광섬유케이블로, 아라미드얀으로 인장력을 유지하고 타이트버퍼 타입 광코아로 구조를 이루고 있는 광섬유케이블 (종류 : 24, 16, 12, 8 Core)	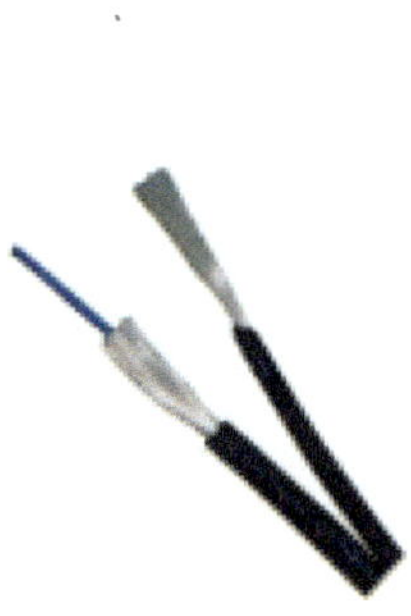	FTTH 가입자인입용 Drop 광섬유케이블 Sub 광스플리터가 설치된 광단자함과 가입자측 ONT를 연결하기 위한 타이트버퍼 타입 광코아 1심과 인장력을 유지하는 아라미드얀으로 구성된 FTTH 인입 전용 광섬유케이블

스플리터는 1개의 OLT의 신호(FTTH Loss 최소화를 위해 상위국에서는 GBIC 모듈을 설치하여 3dB 출력)를 여러 개의 ONT에 광신호를 송출하기 위해 사용된다. 이 스플리터의 원리는 두 개의 분기 광섬유에 인입 광섬유로 유입된 광원이 정상적으로 관통(빛의 도파성, 입자성)되었을 때 Optical Power를 1:1로 나누어 가지게 되는 것이다. 광도파로란 빛이 지나가는 길을 말하는데, 스플리터는 Y-Branch 구조를 사용한다. 스플리터에는 실리카, 화합물 반도체, 폴리머 등의 물질이 사용되고 있다.

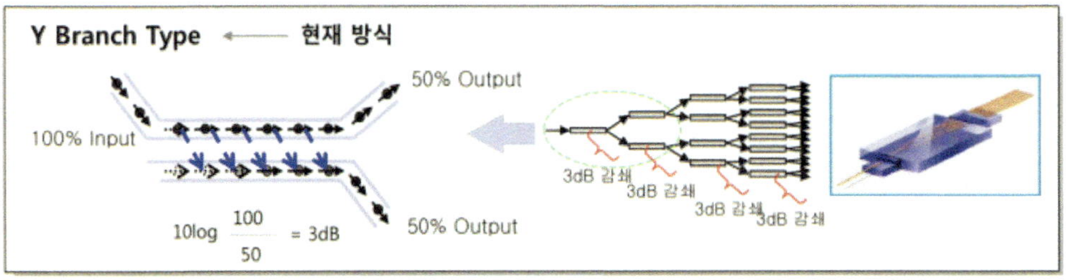

[그림 1-4-5] 스플리터의 Y Branch 구조

[출처] SKB FTTH 설계기준

일반적인 스플리터의 손실값은 다음과 같다.

[표 1-4-3] 스플리터 손실값

구 분	손 실(dB)	비 고
1:4	-6.02	최대 손실치(접속손실제외)
1:7(불균등)	3port : -6.02, 4port : -12.04	최대 손실치(접속손실제외)
1:8	-9.03	최대 손실치(접속손실제외)
1:16	-12.04	최대 손실치(접속손실제외)
1:5	1port : -3.01, 4port : -9.03	최대 손실치(접속손실제외)

FTTH 배선용 광케이블은 외부 피복이 일반광케이블에 비해 얇고 Ripcord(일종의 실)가 있어서 광케이블 절단 없이 신규 접속 및 분기 접속이 가능하다. 또한 케이블 구부림 특성이 좋아서 효율적인 작업을 할 수 있다는 장점이 있다. 그러나 일반광케이블에 비해 인장 강도가 낮고 외피가 얇아 기업용 회선 제공용으로는 부적합하다. 배선망 케이블은 굴곡강화광섬유 적용으로 굴곡손실 특성이 높다(직경 50mm 100회 0.05dB, 20mm 1회 0.1dB). 이 케이블 내부는 방탄복 등을 제조할 때 사용하는 특수 소재인 아라미드얀을 사용하여 인장 강도가 매우 높고 견고한 특징이 있다.

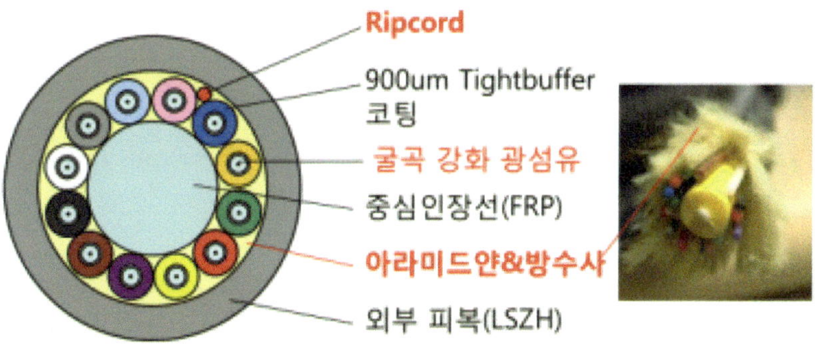

[그림 1-4-6] FTTH 배선용 광케이블 구조
[출처] SKB FTTH 설계기준

SKB FTTH는 KT의 E-PON 방식과 달리 G-PON FTTH 기술 적용으로 공사비 단가 인하 및 IPTV 등 멀티미디어 서비스 환경에 적합한 네트워크를 제공하고 있다. KT가 여러 종류의 스플리터와 분기방식을 사용하는 데 비해 SKB는 단순하면서 효율적인 배선망 설계를 통해 관리 효율을 높이고 유지보수시 용이한 구조를 갖게 한다.

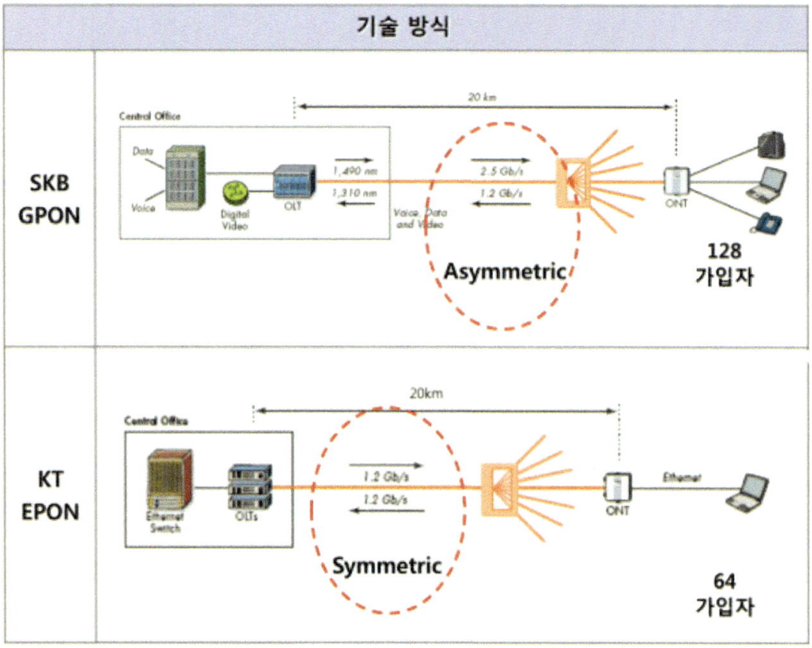

[그림 1-4-7] SKB FTTH 기술 방식
[출처] SKB FTTH 설계기준

SKB FTTH에서는 건물탭 수요 증가 추세에 따라 기존 FTTH(G-PON 방식)망의 2단 구조(1:16*1:8 or 1:8*1:8)에서 신규 RN(1:7)을 개발하여 3단 구조(1:8*1:7*1:4)로 개선 적용하였다. 이는 ① OLT 장비 투자 감소, ② 휘더망 투자 감소, ③ 배선망 투자비 감소, ④ 자재 비용 감소 등의 효과가 있다. 2018년경부터는 1:32 공법도 사용하고 있다.

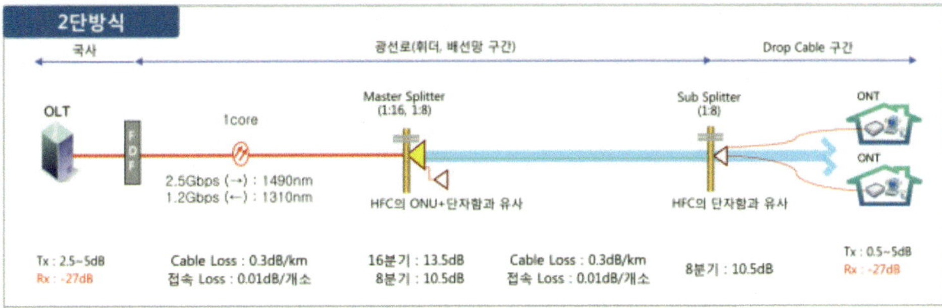

◎ 자재 유형별 Loss

구분			Loss
유형	기준	수량	
커넥터	0.3dB/EA	총 6EA	1.8dB
광섬유케이블	0.3dB/km	10km	3.0dB
		20km	6.5dB
융착접속	0.01dB/km	10km	0.1dB
		20km	0.2dB
광스플리터	분기별	8분기	10.5dB
		16분기	13.5dB

◎ 구성/거리별 Loss 계산 결과 (거리 : End to End)

구분		Loss	비고 (OLT출력 : 3.5dB)
Splitter 8 : 8	10km	-22.4dB	4.6dB 여유
	20km	-25.5dB	1.5dB 여유
Splitter 16 : 8	10km	-25.4dB	1.6dB 여유
	20km	-28.5dB	1.5dB 부족

Main Splitter에 1:8로 설계

Sub Splitter 후단까지 -19 ~ -25dB내로 신호Level이 들어오도록 설계 해야 함.

[그림 1-4-8] SKB FTTH 2단 방식

[출처] SKB FTTH 설계기준

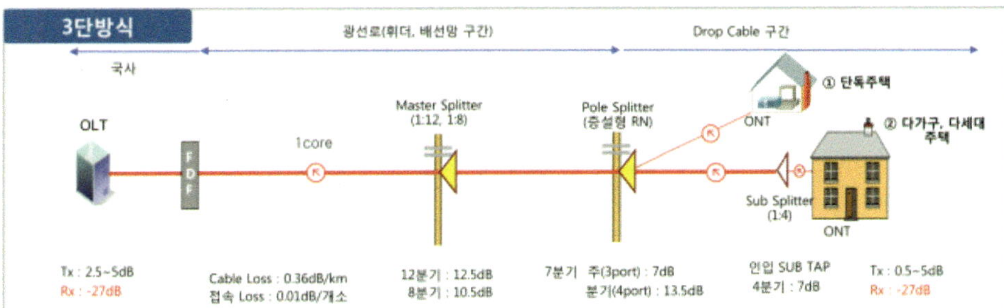

◎ 자재 유형별 Loss

구분			Loss
유형	기준	수량	
커넥터	0.3dB/EA	총 6EA	1.8dB
광섬유케이블	0.3dB/km	10km	3.6dB
융착접속	0.01dB/km	10km	0.1dB
광스플리터	분기별	16분기	13.5dB
		12분기	12.5dB
		8분기	10.5dB
		4분기	7dB

◎ 구성/거리별 Loss 계산 결과 (거리 : End to End)

구분				Loss	비고 (OLT출력 : 3.5dB)
Splitter			거리		
1:12	증설형	1:4	5km	-26.4dB	0.6dB 여유
			10km	-27.9dB	0.9dB 부족
1:8			10km	-26.9dB	0.1dB 여유
			20km	-29.0dB	2.0dB 부족

Sub Splitter 후단까지 -19 ~ -25dB내로 신호Level이 들어오도록 설계 해야 함.

[그림 1-4-9] SKB FTTH 3단 방식

[출처] SKB FTTH 설계기준

3) ROADM

ROADM(Re-configurable Optical Add-Drop Multiplexer)은 차세대 광통신 기술로, 물리계층에서부터 소프트웨어에 의해 자유롭게 경로설정, 망관리 등이 가능한 전송 장치이다.

ROADM을 이해하기에 앞서 WDM(Wavelength Division Multiplexing) 기술을 이해해야 하는데, WDM은 하나의 광케이블에 여러 개의 고속 신호를 파장 다중화를 통해 전송하면 수신측에서 이를 역다중화해서 분리하는 기술이다. 이는 급격하게 증가하는 트래픽 수요에 유연하게 대응하고 대용량 트래픽을 장거리로 전송할 수 있다는 장점이 있다. WDM은 입력과 출력이 1:1로 고정되는데 이 때문에 시장 출시와 함께 높은 보급률을 보여 현재는 대부분의 기간망과 메트로 망에서 사용되고 있다.

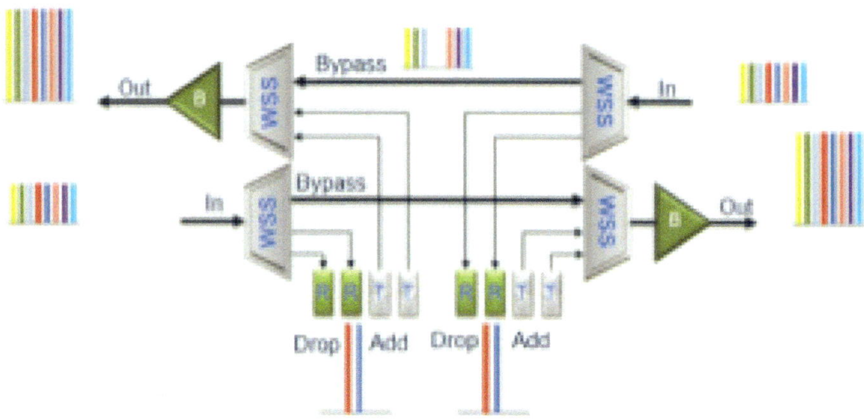

[그림 1-4-10] ROADM 아키텍처
[출처] community.fs.com/blog/oadm-vs-roadm.html

하드웨어적 기술 적용이 특징인 OADM의 구조적 한계를 극복하기 위해 도입된 ROADM은 작업자의 현장 투입 없이 원격으로 노드의 Add 또는 Drop 파장을 변경할 수 있다는 것이 특징이다. ROADM의 원격 기능은 초기 구축/설치할 때만 아니라 업그레이드, 회선 조정 등 유지보수 작업 시에도 유용하게 사용할 수 있다. 이는 용량 증대와 파장 재배정 작업을 손쉽게 해 운영비 절감에 도움을 줄 수 있는 데다 더 나아가 광전송의 개통 · 해지에 수반하는 작업량을 크게 줄일 수 있는 계기가 되었다. 또한 ROADM은 비트율에 의존하지 않는 광코아망을 구성할 수 있는 장점이 있다. OTN(Optical Transport Network, SDH보다 높은 용량을 사용하는 전송계위)을 광코아망에 이용할 때 이더넷 프레임을 OTN에 직접 매핑할 경우에는 매핑 후의 이더넷과 SONET/SDH 비트율이 다른 문제가 발생하는데, ROADM 시스템을 사용하여 광코아망을 구성하면 광전송 신호를 전기신호로 변환하는 일 없이 신호 처리하기 때문에 이러한 문제를 고민하지 않아도 된다.

ROADM 시스템은 IP 라우터 등의 신호를 수용하는 ROADM 노드와 감시제어 시스템 OSS(Operation Support System)의 두 파트로 구성되어 있다. ROADM에서는 광전송 신호를 분기,

삽입할 때 광신호를 전기신호로 바꾸지 않고 처리하는 광스위치 기술을 사용하고 있으며, OTN을 이용하여 광전송 신호를 수용한다. ROADM에서는 라우팅 개념을 사용하지 않고 기본적으로 메쉬 구조보다는 링구조로 구성한다. 전체 링구조에서 각 ROADM 장비(노드)에서 하위 장비로 Drop 하거나 하위 장비 신호를 결합하는 구조이다. ROADM에 ASON(Automatic Switched Optical Network) 개념이 적용되면 트래픽의 생존성을 보장하고, 다양한 서비스를 유연하게 수용할 수 있어 동적인 광네트워크 구축이 가능해진다.

ROADM은 이제 대용량 트래픽 전송과 멀티미디어 서비스를 성공적으로 제공하기 위한 네트워크의 핵심 기술이 되었다. 특히 광역적 단위의 대규모 기간망 구성에서 ROADM을 필수적으로 사용하고 있으며 최근 구축된 노키아 1830 PSS, 화웨이 8800, 9800 시리즈는 모두 ROADM 구성을 위한 장비이다.

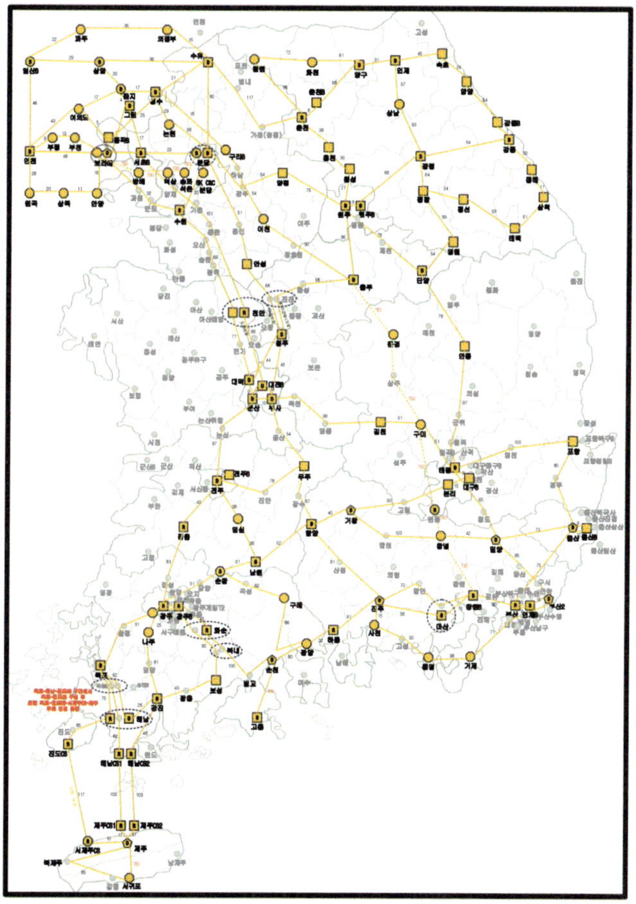

[그림 1-4-11] ROADM 전국망 구성 예시

4) DWDM 및 CWDM

WDM(Wavelength Division Multiplexing) 파장분할 다중화는 빛의 서로 다른 파장을 이용하여 여러 반송파 신호를 단일 광섬유 하나에 채널별로 여러 개의 파장을 동시에 전송하고 또 분리함으로써 대용량의 전송을 가능하게 하여 효율적인 광통신망을 구성할 수 있는 기술이다. WDM은 FDM 방식의 일종인 파장 다중화 방식을 사용하고 서로 다른 전송율과 프로토콜을 갖는 파장 채널들로 혼합 사용이 가능하며 광수동소자만으로 쉽게 분기결합 구현이 가능하고 광증폭기를 사용하여 중장거리 통신에 주로 사용된다는 특징이 있다.

이러한 WDM은 크게 Coarse(거친, 굵은) WDM과 Dense(빽빽한, 밀집한) WDM으로 구분할 수 있다. CWDM의 경우 저밀도이기에 사용 파장의 수가 적은 것이 특징이며 단거리(40km 이하)용으로 많이 사용된다. DWDM의 경우 고밀도이기 때문에 사용 파장의 수가 매우 많으며 속도는 비슷하나 파장수가 증가하여 광섬유당 전송용량이 대폭 상승한다. 평균 80여개의 채널 파장을 가지며 각 파장에 2.5GB에서 많게는 10TB의 용량을 실어 전송할 수 있으며 중간에 증폭기를 두어 100km 이상의 원거리 전송도 가능하다. 일반적으로 고밀도 전송을 위한 광파워 모듈이 많고 온도 조절 레이저가 설치되어 있는 DWDM의 가격이 훨씬 높다.

[표 1-4-4] CWDM과 DWDM 비교

구분	CWDM(Coarse WDM)	DWDM(Dense WDM)
개념	1300nm ~ 1600nm 사이의 파장 분할	전송 손실이 가장 적은 1550nm 부근 파장 분할
채널간격	10~20nm	0.4nm(50GHz), 0.8nm(100GHz)
채널수	최대 16개	최대 80개
전송방식	광증폭기 없음	광증폭기 통해 광증폭 전송
특징	저전력, 공간부피를 상대적으로 적게 차지	고용량, 고속 장거리 전송
효율	저효율	고효율
복잡도	상대적으로 간단함	상대적으로 복잡합
비용	상대적으로 저가 (광증폭기, 냉각장치 불필요)	상대적으로 고가 (광증폭기, 냉각장치 필요)
범위	지역 단위망 구성	광역망 단위 구성
활용	80km 이내 단거리 전송	수백 km 이상 장거리 전송

1.5 광섬유 기술 전망

서두에 말했듯이 광섬유가 통신용으로 관심 받게 된 것은 1970년 미국의 코닝사가 20dB/km까지 손실을 줄일 수 있게 만들고 0.2dB/km라는 극저손실의 광섬유까지 개발하면서부터이다. 광섬유는 설계 사항을 반영하는 측면에서 용이한 석영 광물을 주로 사용하여 발전해 왔다.

광섬유의 제조 공정은 크게 전송매체가 되는 유리모재를 만드는 프리폼 합성 공정과 프리폼을 다시 처리하여 광섬유 심선(Preform)으로 만드는 드로잉 공정으로 구분된다. 광섬유의 제조 방법으로 미국 벨연구소의 MCVD(Modified Chemical Vapor Deposition)법, 코닝사의 OCVD(Outside Chemical Vapor Deposition)법, 일본 NTT사의 VAD(Vapor Axial Deposition)법 등이 있으며 이 중에서 MCVD와 VAD가 주로 이용된다.

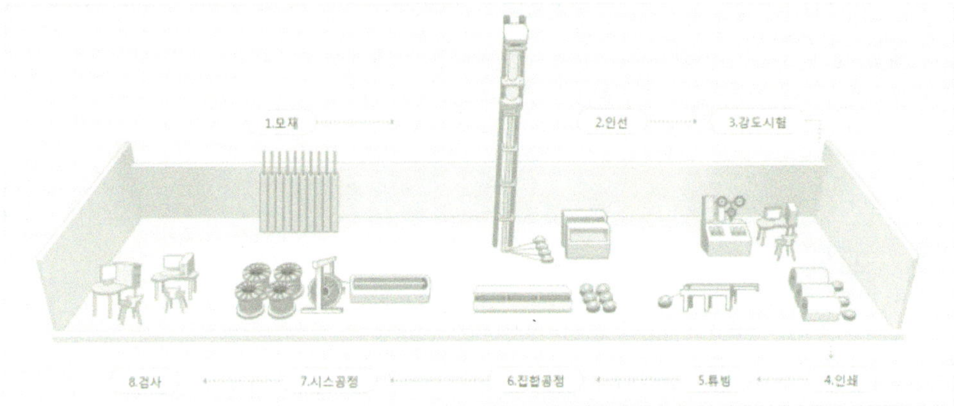

[그림 1-5-1] 광섬유 제작 과정

[출처] www.lscns.co.kr

현재 가장 많이 이용되고 있는 종류는 단일모드 광섬유이지만 기존 단일모드 광섬유로는 개별 채널당 전송 속도에 한계가 있기에 선진국에서는 다양한 신기능성 유리 광섬유의 개발이 이루어지고 있다. 전송용 유리 광섬유의 경우 기존의 단일모드 광섬유를 대신하여 단위 채널당 높은 전송 속도와 고밀도 다중밴드 WDM 채널을 수용할 수 있는 고성능 신기능성 광섬유의 개발과 이들의 대용량 광전송 실용기술의 개발이 완료 및 상용화되어 광케이블망에 적용되고 있다. 석영 광섬유의 저손실화 기술은 현재 이론적인 한계치인 0.2dB/km까지 개발이 완료된 상태이다. 그 한계를 인정해야 한다는 관점도 있으나 이 기술은 앞으로 예상되는 대용량 통신 수요와 증가에 부합하는 전송시스템 구축에 있어 필수 불가결한 요소이며, 저손실화 기술 자체가 데이터의 대용량의 전송을 보다 장거리까지 가능하게 해주는 핵심으로서 광통신 분야에 자리하고 있다.

광섬유는 지난 세월 동안 광통신 산업 분야에서 큰 성장과 발전이 있었고 그 주된 요인은 무선 통신과 셀룰러 통신의 급격한 팽창이었다. 즉, 아날로그 음성 데이터에서 광대역 디지털 데이터로 이동하고 정부 주도하에 통신을 민영화하고 그에 따른 규제 변화를 통하여 일반인이 쉽게 통신망을 이용할 수 있게 제도가 개선된 것이다. 현재는 4차 산업 혁명에 따른 전 산업 분야에 고속 데이터 통신의 수요는 여전히 지속적인 성장을 하고 있고 이제까지 광통신이 적용되지 않던 분야에도 광통신 기술을 적용시키고자 노력하고 있다. 특히 의료, 자동차, 국방, 플랜트, 에너지 산업 등 거의 모든 산업 분야에 광기술을 확대 적용하고자 하며, 이와 같은 광섬유 수요는 새로운 산업 모델과 게임체인저의 탄생을 예고하고 있다.

점진적으로 통신 트래픽은 가파른 증가 추세를 보이며, 2030년경에는 통신 용량이 현재의 광섬유에 대응이 불가능할 정도로 초과하게 될 것이라는 전망도 있다. 또한 광파워와 주파수 이용 효율 한계에 대비하여 하나의 새로운 광섬유에 여러 개의 코어를 만들어 다중화한 멀티 코어 광섬유나 하나의 코어 내 다양한 파장이 전달 가능한 광섬유의 연구가 진행되고 있다. 이를 소화하기 위한 부품과 시스템 등의 개발도 활발히 진행되고 있으며 향후 또 다른 시장을 창출할 것으로 전망된다. 광케이블 기술발전 측면을 살펴보면 과거에는 통신용 광케이블 제품들의 광전송 특성 향상에 대한 연구가 중심이었으나, 최근에는 열악한 환경에서도 데이터를 안정적으로 전송할 수 있도록 광케이블의 기계적 · 환경적 특성 강화에 초점을 맞추고 있다.

1.6 맺음말

광통신 기술은 지난 40여년간 눈부신 속도로 발전을 이루어 왔고, 이제는 초연결사회의 근간을 이루는 인프라가 되었으며 또한 인류의 삶에 가장 많은 영향을 끼친 기술로 인식되고 있다. 광통신 시스템의 광섬유당 전송용량은 발전 초기인 1975년에는 45 Mbps에 불과하였으나 2015년에는 2.15 Pbps로 증가하여 지난 40년간 약 5,000만 배 증가하였다. 이를 기반으로 국내에서는 한국전기통신연구소에서 제작한 국내 최초의 광통신 시스템이 1981년 구로~안양 전화국 사이의 12km 구간에 설치되었으며, 그 후 ETRI를 중심으로 1984년에는 45 Mbps급 시스템, 1988년에는 565 Mbps급 시스템, 1991년에는 2.5 Gbps급 시스템을 순차적으로 개발하고 광역단위로 대규모 광케이블 포설을 통해 광네트워크 망을 구성하였다.

이러한 발전 과정에서 사용된 핵심적인 기술들을 살펴보면

① 1980년대부터 1990년대 중반까지는 주로 더 빠른 전자소자를 사용하여 시분할다중방식(TDMA) 광신호의 전송속도를 높이는 전기적 방법이 사용되었고

② 1990년대 중반부터 2000년대 후반까지는 EDFA를 기반으로 한 파장분할다중방식(FDMA) 광통신 시스템을 구현하여 광학적 방법으로 광섬유당 전송용량을 대폭 증가시켰으며

③ 2000년대 후반부터 현재까지는 디지털 코히런트 수신기술을 이용하여 광신호의 전송속도와

스펙트럼 효율을 개선하는 전기적 방법이 사용되었고

④ 최근에는 이미 이론적 한계치에 근접한 광섬유당 전송용량을 더욱 증가시키기 위하여 멀티 코어/다중모드 광섬유를 이용한 공간분할다중방식 광통신 시스템과 같은 광학적 방안이 모색되고 있다.

이처럼 광통신 기술은 시대를 거듭하면서 첨단 기술 도입과 함께 더욱 더 정교해지고 발전된 기술을 선보이며 4차 산업혁명 시대를 선도하는 역할을 하고 있다. 광통신 기술은 앞으로도 기본적인 통신망 시스템을 유지하고 4K/8K 등의 고화질 방송 서비스를 제공할 수 있는 핵심적인 기술이 될 것이며 또한 앞으로 크게 성장할 것으로 예상되는 클라우드 컴퓨팅, 사물 인터넷, 지능형 교통 시스템 등 관련 분야 산업에서도 매우 중요한 자리를 차지하게 될 것이다.

CHAPTER

02

장애처리 개론

2.1 효율적 장애처리

2.2 담당자별 상세 역할

2.3 담당자별 역할 요약

2.4 광선로 장애처리 프로세스

2.5 긴급복구훈련

2.1 효율적 장애처리

성공적인 광선로 장애처리를 위한 수많은 요인이 있겠지만 그 중에서 대표적인 것을 뽑아보자면 ① 전체 상황을 통제하는 Control Tower의 구성 및 정상 작동 ② 장애처리 전문성을 확보한 접속 · 외선 · 지원팀 구성 및 출동 ③ 담당자별 정확한 역할 수행 ④ 피해규모를 고려한 적절한 자재수급 ⑤ 신속하고 정확한 장애위치 파악 ⑥ 장애상황에 따른 정확한 복구방안 수립 등이 있다.

성공적인 장애조치를 위해서는 장애가 발생했을 때 앞서 나열한 항목들이 현장에서 정확하게 적용되어야 하는데, 이는 평상시의 철저한 장애 대비와 반복적인 경험 학습을 통한 역량 확보가 절대적인 영향을 미친다. 지금부터 현장에서 각 장애처리의 핵심 사항들을 고민해보고 효율적인 현장 적용 방안을 알아보자.

현재 대다수 통신사의 장애처리 시스템은 장애 감시 후 출동 및 복구 순으로 이루어진다. 장애감시 시스템은 이미 전송/네트워크망 기반에서 관제 전문화가 되었고 이 교재에서는 광선로 분야를 집중적으로 다룰 것이므로 생략하기로 하겠다. 물론 장비 장애로 기간망급 장비 고립 같은 경우 엄청난 규모의 피해가 발생할 수 있지만, 일반적인 사례를 생각해볼 때 288C 케이블 단선과 같은 광선로 장애시 그 피해는 상당하다고 볼 수 있다. 그 이유는 통신망이 광선로라는 매개체 안에 굉장히 많은 통신 상품들을 서비스하고 있고 인프라와 사용자 수가 비례하면서 증가하고 있기 때문이다. 또한 전송망 구성에서 광선로를 신경망 정도로 생각하면 한전 배전주 활용 및 지하 관로시설로 수만 km의 광선로 인프라가 물리적으로 광범위하게 구성되어 있는 것도 한 요인이다. 그렇다면 어떻게 하면 이처럼 대형화 및 고도화되어가는 광선로 인프라의 장애복구를 효율적으로 수행할 수 있을까? 이 같은 질문에 답을 구하고자 아래와 같이 담당자별 장애처리시 역할을 정리하였다.

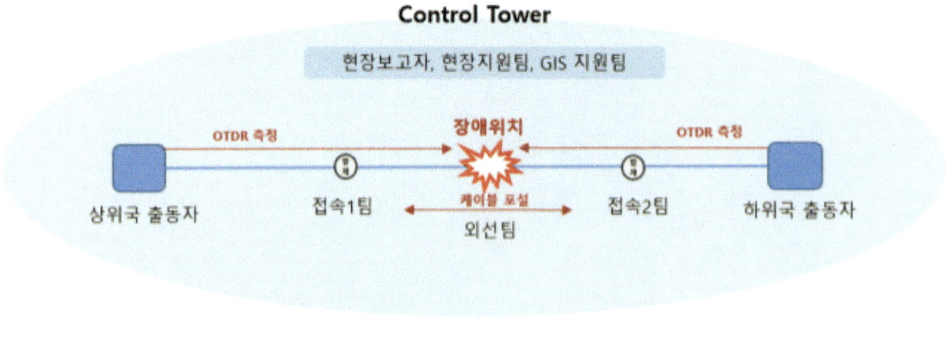

[그림 2-1-1] 광선로 장애처리 개략도

2.2 담당자별 상세 역할

1) Control Tower

광선로 장애처리 전체 과정을 통솔하며, 효율적인 장애처리를 통해 신속한 장애 복구가 이루어지도록 모든 상황을 통제/관리하는 지휘통합 구심점이다.

효율적인 장애처리를 위해서는 무엇보다 전체 상황을 통제하는 Control Tower(이하 C/T로 지칭)의 신속한 구성과 작동이 매우 중요하다. C/T의 기능을 이해하기 위해 광선로운용 장애처리가 담당자 간 역할론에 따라 상황 발생시 각자의 역무를 수행한다고 가정해보자.

장애 발생시 인적자원에 기반(광선로 장애처리는 앞으로도 수십년간 인프라 구성의 특성상 인적자원에 의존할 수밖에 없는 환경)하여 C/T가 신속히 구성되어야 하는 것이 무엇보다 중요하다. 다음은 광선로 장애시 C/T 구성 후 그 기능에 대한 요약사항이다.

[표 2-2-1] Control Tower의 기본 역할

✓ 신속한 C/T 체계 구축(SNS상 C/T장, 실행원 구성 공유), 출동자 연락망 확보
✓ 장애 발생시 작업자 현장투입 후 상황 통제(상/하위국 OTDR 측정 결과 검증)
✓ 현장상황판 구성(상위국~하위국 구간 상황 및 투입인력 파악), 혼합망 여부, 자재파악
✓ OTDR상 장애구간 확인 후 장애위치 확인을 위한 밴딩시험, 광원 점검, 심선대조
✓ 오정보(GIS, OTDR, 선번대조 등) 및 변수 확인 후 조치(장애처리 단계별 검증 매우 중요)
✓ 추정에 의한 장애처리 지양(C/T 통제하에 현장정보 기반 장애처리 수행)
✓ 유형별 장애처리 매뉴얼 현장 적용(코아 단선, 절단, 작업장애 등)
✓ 장애처리 C/T 일원화를 통한 업무 혼선 방지 / 복구계획(시간 단축방안) 수립 능력 배양
✓ 활용자료 : OTDR측정값, 파워메터, 광원발생기, 선번장 루트도(E-T-E) 등

C/T는 장애 발생 후 복구시까지 전체 상황을 통제/관리하고 현장 접속 진행에 따른 복구를 관제팀과 상호 체크하면서 정상적으로 복구되고 있는지 지속적으로 확인해야 한다. 만약 C/T의 구성이 지연되거나 C/T가 구성되고도 그 역할을 제대로 수행하지 못한다면 장애처리 지연으로 서비스 중단에 따른 고객 VoC 증가 등 치명적인 결과를 초래할 수 있다. 또한 오포설 및 오접속 등으로 장애처리 지연이 예상된다면 현장 상황에 맞게 즉시 복구 방법을 변경 요청하여야 한다. 그리고 이전에도 지속적으로 언급했듯이 광선로 장애처리는 광범위한 인프라와 장애유형 다양성으로 초인적인 능력이 있지 않는 이상 입체적으로 상황을 분석하고 조치하는 데 한계가 있을 수밖에 없다. 이 때문에 현장에 최적화되고 효율적인 장애처리가 이루어질 수 있도록 상시 출동

태세를 유지하고 긴급복구자재가 정확하게 배치되도록 평상시 자재관리를 철저하게 해야 한다.

C/T를 다시 정의하자면 '현장정보확인자(OTDR 측정자) 및 작업자(접속/외선팀)와 일심동체(一心同體)로 신속한 장애처리를 주도하는 상위 계층 역할자'라고 할 수 있겠다. C/T는 상기 내용을 반드시 숙지하고 체화해서 대형장애 발생시 신속히 복구할 수 있는 밑거름이 되도록 해야 한다.

2) 현장 대리인(현장 보고자)

현장에서 장애 상황을 종합적으로 판단하고 신속한 복구를 위한 방안과 장애처리 과정을 C/T와 지속 소통하는 현장 선임자이다.

장애처리에서 현장 대리인, 즉 현장 보고자는 현장에 출동하여 장애상황을 종합적으로 분석하고 C/T와 적극적인 소통을 하며, 장애원인에 따라 광선로 긴급복구키트 등 정확한 장애복구 솔루션을 적용하여 신속하게 장애처리를 수행하는 중심적인 역할을 한다. 이는 현장 대리인이 효율적으로 장애처리를 할 수 있게 C/T와 현장 작업자(접속/외선) 간의 중간 매개체가 되는 역할을 하고 빈틈없는 장애처리를 위해 장애처리복구 역량을 분명히 갖춰야 함을 의미한다. 따라서 평상시에 현장 작업자(접속/외선)와의 연락체계를 유지하고 상황 발생시 즉시 현장 투입을 요청할 수 있는 구성원이 이 역할을 수행해야 한다.

다시 말하자면, 현장 대리인은 장애 현장에 출동하여 현장 상황을 정확하게 C/T와 공유 후 가복구 또는 본복구 등 장애 복구 방안에 관해 적극적인 의사를 전달하고 실제 장애복구를 수행하는 것이 중요하다는 의미이다. 또한 기본적으로 다양한 광선로 장애유형을 학습하고 장애발생시 솔루션을 적절하게 적용하여 장애복구시 시행착오를 줄일 수 있는 능력을 갖추고 있어야 한다. 결론적으로 현장 대리인은 현장의 장애처리 과정에서 상황 보고와 장애 조치의 가장 중심이 되는 업무를 수행하며 주로 현장소장 또는 유지보수 구성원 중 가장 역량이 출중하고 선임이 되는 구성원이 이 역할을 수행할 수 있다.

3) 상위국 출동자

OTDR과 가시광원발생기 등을 지참하여 상위 국사로 출동하여 장애발생 FDF 포트에 OTDR 측정 및 가시광 전송을 하여 장애 현장과 코아 대조를 하는 역할을 수행한다.

상위국 출동자의 역할을 말하기에 앞서 장애처리의 대전제에 대해서 이야기하자면, 장애 발생시 반드시 상/하위국으로 장애처리 인원이 출동한 후 OTDR을 동시에 측정하여 장애위치를 대조해야 한다. 물론 한쪽 방향에서의 측정만으로 운 좋게 장애 지점을 파악할 수도 있으나 다수의 손상지점이 발생하는 장애나 1코아 단선처럼 장애 위치 파악 혼선이 많은 장애는 상/하위국에서 동시에 OTDR을 측정하여 장애위치를 파악한 후 처리해야 한다. 또한 상/하위국에서 OTDR을 동시에 측정함으로써 GIS상 E-T-E(End to End, 광선로의 시작부터 종단까지 각 구간 거리, 경유 시설 등을 표현한 정보) 경로와 OTDR 측정치 간의 오류에 대한 보정작업을 정확히 하여 신속한 장애처리가 가능하다. 다시 말하면 장애발생시 상/하위국 출동 후 OTDR 측정은 장애처리에 있어 매우 중요한 첫 번째 요소이다.

실제 장애가 발생하면 상위국 출동자는 OTDR 및 가시광원 발생기 등을 지참하고 상위국으로 출동해야 한다. 출동하는 동안 C/T 및 지원조는 상위국 FDF 선번 및 장애관련 정보를 제공해야 한다. 상위국 출동자는 이 정보를 활용하여 OTDR을 측정한 후 반드시 측정된 결과를 C.C상에 발언하고 사진으로 촬영하여 SNS 등을 활용하여 전달해야 한다. 사진 촬영을 요청하는 사유는 촬영 결과를 통해 코아 단선 또는 밴딩 여부에 대해 C/T 및 장애처리 관련자들이 추가 검증을 통해 명확하게 장애 원인을 파악하기 위함이다. 또한 경우에 따라서 상위국 출동자는 장비에서 송출되는 광신호 레벨값은 정상인지 광파워메타를 통해 측정해서 장비상의 문제가 아닌지도 판단해야 한다. 예를 들어 OLT와 같은 장비는 하위단에서의 레벨 이득을 위해 기본 3dB를 송출하는데 과도한 손실이 발생된다면 GBIC 또는 OJC 불량인지 의심해봐야 한다. 상위국 출동자는 OTDR을 다루는 역량도 매우 출중해야 하며 현장과 코아 밴딩 테스트를 통해 정확한 장애 위치를 전달하여야 한다. 즉, OTDR상 밴딩 테스트 지점이 장애지점에서 전단인지, 아니면 밴딩 확인 불가로 장애지점의 후단에서 밴딩 테스트를 하고 있는지 확인하는 매우 중요한 역할을 하고 있는 것이다.

상위국 출동자가 케이블 단선이 의심되는 경우 최초 확인된 장애선번에 대해 OTDR을 측정하고 전체 선번에 대해 OTDR을 측정하여 장애지점에 대한 거리가 OTDR상 동일한지 확인해야 한다. 간선망 케이블 단선 같은 경우는 각 코아마다 측정거리가 같기 때문이다. 추가로 일부 코아 단선 장애 발생시 상위국대 장애지점의 예비코아 절체로 복구할 수 있는데 이때 상위국 OJC 포트 절체를 하는 역할도 해줘야 한다. OJC 절체를 통한 복구 방법은 차후 유형별 장애처리 내용에서 상세히 설명하도록 하겠다. 현장에서 장애지점 코아 접속시 OTDR상 종단지점 거리가 증가하는지도 유심히 살펴보고 이를 통해 장애조치가 정상적으로 이루어질지 판단해줘야 한다.

4) 하위국 출동자

OTDR과 가시광원발생기 등을 지참하여 하위 국소, FTTH 단자와 같은 하위 시설로 출동하여 장애 OFD에 OTDR 측정 및 가시광 송출을 하여 장애현장과 코아 대조를 하는 역할을 수행한다.

하위국 출동자는 상위국 출동자와 달리 하위국의 위치가 한 개 이상의 RT국소 또는 RN단자가 될 수 있다. 하위국 출동자도 상위국 출동자와 마찬가지로 장애 발생시 OTDR과 가시광원발생기를 지참하고 가장 가까운 하위국으로 출동해야 한다. 하위국 출동자는 최초 하위국에 도착하면 광파워메타로 상위국에서 전송되는 광신호값을 측정할 것이다. 광선로 단선 장애라면 광신호 LOSS 값을 확인한 후 OTDR로 장애위치를 측정해야 한다. 장애위치 확인시 하위국 출동자가 주의해야 할 점은 OTDR 사용 미숙으로 OTDR이 측정이 불가하다고 하여(상위국에서 광신호 전송시는 OTDR 측정 불가) 장애처리에 혼선을 주어서는 안 된다는 점이다. 즉, 상/하위국 출동자는 평소 자신이 보유하고 있는 OTDR을 m단위로 측정할 수 있을 정도로 OTDR 사용법에 능숙해야 한다.

하위국 출동자는 상위국 출동자와 마찬가지로 OTDR 측정 결과를 C.C와 SNS상에서 공유하며, 현장과 코아 밴딩테스트를 통해 장애지점을 확인한다. 또한 필요시 가시광원을 현장에 송출해 주는 역할을 하며 하위국에서 발생되는 모든 이벤트를 전달해야 한다.

5) 접속팀

장애지점 도착 후 장애 상황에 맞게 코아를 접속하는 역할을 수행하며, 접속팀의 장애처리 과정의 이해도와 접속 역량이 장애처리 이장시간을 결정짓는다.

전문적인 접속팀의 장애현장 투입 여부는 장애처리에 있어서 장애위치 파악과 더불어 매우 중요한 역할을 한다. 기본적으로 접속팀은 광접속을 주요 업무로 하며 광케이블 코아를 능숙히 접속하는 요원들이며, 현장 대리인과 밀접한 연락체계를 유지하고 장애 발생시 출동 가능여부 및 도착 예정시간을 공유해야 한다. 이 공유가 중요한 까닭은 접속팀의 부재 또는 장애 현장 도착까지 장시간이 소요된다면 접속팀 대체인력 배치를 통해 인원 공백 없이 장애처리를 원활하게 수행하기 위함이다.

접속팀이 장애 예상지점 이동시 가장 많이 하는 실수가 현장 대리인 또는 사무실 공무 인원을 통해 장애 예상 후순위 지점으로 이동하는 경우이다. 이는 절대적으로 근절해야 하며 반드시 C/T의 통제에 따라 장애예상 1순위, 2순위, 3순위 지점으로 나누어서 이동해야 한다. 장애위치 확인 불가시 접속2팀은 접속1팀과 중복되지 않는 위치로 앞/뒷단 장애예상 2순위 함체로 이동하여 장애지점이 명확히 파악되면 접속1팀 쪽으로 이동하여 장애복구를 해야 한다는 얘기이다. 접속팀은 상/하위국 출동자와 밴딩테스트를 진행할 수 있으며, 이 결과에 따라 확인된 장애지점에서 복구지시에 따라 접속을 진행하면 된다. 또한 선번 혼선으로 인한 오접속을 주의해야 한다. 예로 288C 단선 복구시 22, 23, 24번 유닛 접속 혼선이 발생되지 않도록 현장에서 충분한 검증 후 접속을 시행하거나 C/T의 통제에 따라 접속을 정확한 선번순으로 진행해야 한다.

6) 외선팀

장애 케이블 규격 및 거리를 고려한 복구 케이블을 신속하게 포설하는 역할을 수행하며 이를 위해 평상시 케이블을 차량에 상시 보유한 후 장애 현장으로 출동해야 한다.

외선팀은 평상시 케이블 및 함체 등 긴급복구 자재를 이동차량에 상시 탑재 후 현장 업무를 수행해야 하며, 만약 외선팀이 보유 중인 자재의 용량 및 길이가 부족하여 추가 수급을 해야 한다면 사무실 지원을 통해 현장에 도착한 케이블을 즉각 포설해야 한다. 장애가 발생되면 도착 예상 시간을 SNS상 전파하고 케이블 단선 또는 유력장애지점(케이블 내 코아 밴딩이나 예비코아가 없을시)이 확인되면 양단 함체까지 의무적으로 케이블을 포설해야 한다. 또한 C/T 및 현장보고자는 외선팀 현장 도착 후 케이블 포설 방향 및 위치 등 업무지시가 누락되어 현장에 외선팀이 방치되는 일이 없도록 정확한 임무를 부여해야 한다. 실제 현장에서 예비코아 복구 계획이라 하더라도 도착한 외선팀은 장애구간에 예비코아 활용 불가를 감안하여 무조건 양단 함체까지 포설을 해야 한다.

7) GIS 지원팀

장애발생시 GIS에서 장애위치, 케이블 수용내역, 함체 접속선번 등과 같은 정보를 현장에 전달해주는 역할을 하며 장애복구 우선순위 코아/유닛을 선별하는 역할을 한다.

광선로분야에서 GIS는 시설 위치 및 용량 파악 등 장애처리에 있어 굉장히 중요한 역할을 하며, 이 GIS를 다루는 인원들은 장애발생시 OTDR 측정치 기준 GIS 경로 대조를 통해 시설 위치를 정확히 공유하여야 한다. GIS 담당자는 장애발생시 상위국에서 하위국까지의 전체 E-T-E의 거리 및 시설 특징(가공/지중 여부, 케이블 규격, 케이블 장애시 앞/뒤단 함체 등)을 공유하고 예상 장애위치를 C/T와 Cross Check로 병행 검증한다. 또한 케이블 전체 수용내역 및 가입자수에 따른 복구 우선순위도 전달하여야 한다.

다음 장부터는 GIS 정보 확인 불가에 따른 장애처리 지연요인 및 대응에 대한 사항을 다루도록 하겠다.

[표 2-2-2] GIS 확인 불가시 장애처리 지연요인 및 대응

구분	지연 사유	대응	비고
1	거리 산출 오류	GIS E-T-E 지도 거리 및 포설 거리 비교로 구간 확인	상/하위국 구분
2	E-T-E 끊김	상/하위국까지 임의 선번 연결하여 함체 확인	
3	RT 조회 불가	주소지 확인 후 인근 RT 또는 함체 루트 조회	
4	조수 파악 오류	GIS내 장애 구간 전체 조수 파악	다수 케이블
5	임차망 확인 불가	임차망 수용 상위국, 케이블, 구축 자료 확보	기간망
6	GIS 미입력	오프라인 자료 및 구축자에게 확인 후 장애 조치	GIS 자료 없음
7	RN 거리 산출 오류	국사 ~RN단자 OTDR 측정시 RN까지 측정치 적용	OTDR 측정
8	인입구간	오프라인 자료확보 및 현장작업자 육안실사 후 인입대조	인입 장애
9	선번 오류	장애구간 해당 케이블 수용 내역 및 접속선번 전달	

[표 2-2-3] 광선로 장애시 GIS 담당자 Check List

순번	내용	비고
1	GIS RT명, E-T-E 조회는 되는가?	GIS
2	GIS E-T-E 거리 대조 및 장애지점 현장에서 확인시 양단 함체 SNS 등록했는가?	개황도, 주소
3	장애 구간 전체 경로(국사~하위국)는 등록했는가?	GIS
4	케이블 규격 및 수용내역은 SNS에 등록했는가?	엑셀 or Text
5	장애복구 우선순위에 의해 유닛별 복구 순위 등재는 했는가?	GIS
6	케이블 유닛 부분 단선시 예비코아 파악은 했는가?	GIS
7	기간망 장애시 오프라인 선번 자료는 확보가 되었는가?	1830 등 기간망
8	장애지점 임차망 여부를 전달했는가?	임차망 장애
9	함체내 선번 대조시 접속 선번은 전달했는가?	선번

(1) 장애복구 우선순위 결정

GIS 담당자들은 케이블 수용내역 확인을 통해 장애복구 우선순위를 결정해야 한다.

[표 2-2-4] 복구 우선순위 예시

[출처] SKB 장애복구 우선순위

<table>
<tr><th colspan="2">구분</th><th>우선순위</th><th>비고</th></tr>
<tr><td rowspan="6">서비스
다운
(고립)</td><td>1-1. 장거리 기간망</td><td>1</td><td></td></tr>
<tr><td>1-2. 지역 기간망(M-DWDM 이상)</td><td>2</td><td></td></tr>
<tr><td>1-3. B2B VVIP국소</td><td>3</td><td>CJ헬로비젼, 티브로드, 삼성SDS</td></tr>
<tr><td>1-4. B2B VIP국소</td><td>4</td><td></td></tr>
<tr><td>1-5. 일반 B2B국소
(제공속도, 고객VOC 성향 고려)</td><td>5</td><td>- 144C 이상은 유닛 단위 접속
(일반B2B국소 중 우선순위가 가장 높은 국소의 수용 유닛 우선접속)
※ 미사용 유닛은 접속 안 함</td></tr>
<tr><td>1-6. B2C국소
(순서 : 최대 → 최소가입자수용국소)</td><td>6</td><td>- 144C 이상은 유닛 단위 접속
(최대가입자 수용국소의 유닛 우선접속)
※ 미사용 유닛은 접속 안 함</td></tr>
<tr><td rowspan="7">링 오픈</td><td>2-1. 장거리 기간망</td><td>1</td><td></td></tr>
<tr><td>2-2. B2B VVIP국소</td><td>2</td><td>CJ헬로비젼, 티브로드, 삼성SDS</td></tr>
<tr><td>2-3. 지역 기간망(M-DWDM 이상)</td><td>3</td><td></td></tr>
<tr><td>2-4. 회선 이원화 국소
(2회선 중 1회선 다운 발생국소)</td><td>4</td><td></td></tr>
<tr><td>2-5. B2B VIP국소</td><td>5</td><td></td></tr>
<tr><td>2-6. 일반 B2B국소</td><td>6</td><td>- 144C 이상은 유닛 단위 접속
(10G/2.5G/1G/622M/155M링 순서로 유닛 접속 또는 일반B2B국소 중 우선순위가 가장 높은 국소의 수용 유닛 우선접속)</td></tr>
<tr><td>2-7. B2C국소</td><td>7</td><td>- 144C 이상은 유닛 단위 접속
(최대가입자 수용국소의 유닛 우선접속)</td></tr>
</table>

(2) GIS 담당자의 장애복구 주요 TIP

가. 장애발생시 GIS E-T-E 먼저 조회 후 경로 연결이 안 되어 있을시 오프라인 자료 확보 및 임의 접속을 통해 GIS의 경로를 추정한다.

나. CWDM 고립, 링오픈 등 장애시 장애고객, 인입조수, 전송망 구성도를 확인한다.

다. 대형장애 발생시 RT 1국소를 기준으로 상/하위국 OTDR거리를 통해 구간을 확인하는 것도 방법이다.

라. 1코아 단선 또는 밴딩 발생시 국사~장애지점 국사 FDF 예비코아의 구간을 확인한다.

마. 장애시 E-T-E 포설거리 및 지도거리 모두 고려하여 장애구간 추적을 해야 한다.

바. GIS 시설물 검색 창에 %를 기입하여 AND 연산자로 조회한다(SKB GIS內 가능).

8) 현장지원팀

현장지원팀은 전문 접속/외선팀 외에 현장 순시 및 장애복구 사전준비 역할을 하며 장애 전반에 걸쳐 일련의 복구 지원 활동을 하는 그룹이다.

장애발생시 최초 광선로유지보수 인원들이 현장 출동을 한다고 가정하면, 이 인원들이 현장지원팀이 될 수 있으며 장애 위치파악(필요시 코아 대조)을 위해 광선로순시 진행과 장애지점 확인시 가복구를 위한 사전준비 작업(케이블 여장 확보, 케이블 포설, 외피 탈피, 접속 준비 등)을 해야 한다. 또한 장애복구 방법이 결정되어 본격적인 작업이 진행된다면 외선/접속팀 보조 역할을 해서 원활히 장애처리가 될 수 있도록 지원해야 한다.

9) 의사결정조직

장애처리시 복구 방안 선정 등 주요 의사결정을 하는 조직이며 C/T가 이 역할을 수행하거나 별도 조직에서 이 역할을 수행할 수 있다.

케이블의 과도한 손상으로 전체 절단이 필요한 사항과 같은 중대 의사결정이 필요하다면 C/T와 함께 장애 복구 방안에 대해 신속하고 단호한 결정을 내려야 한다. 또한 그 외 서비스 복구 우선순위 선정 등과 같은 사항에 대해서도 의사결정을 내려야 한다. 각 통신사 장애처리 부서의 특성에 따라 이 의사결정조직은 별도로 구성되는 경우와 C/T가 의사결정조직의 역할까지 하는 경우가 있겠다.

2.3 담당자별 역할 요약

[표 2-3-1] 담당자별 장애처리 역할

구분	장애처리시 역할
Control Tower	• 장애 복구시까지 장애 상황 전체 통제 • 광선로 장애 접수 후 협력사 출동 요청 • C.C(Conference Call) 그룹통화 구성 및 출동인력 초대 • OTDR 측정 결과 검증, GIS 도면 대조로 장애예상위치 확인 • 장애예상위치 접속/외선팀 출동 지시 • 장애상황에 따른 복구 방안 수립 • 케이블 수용내역 및 복구 우선순위 파악 • 현장 조치에 따른 실시간 복구 확인
현장 대리인 (현장 보고자)	• 접속/외선 인력 수배 및 출동요청 • 장애현장 출동 후 구체적 상황 C/T 보고 • 장애복구 방안(가복구/본복구) 의견 제시 • 작업장애시 내용 확인 및 작업팀 즉시투입 • GIS 지원팀/현장지원팀 투입 여부 확인
상위국 출동자	• 장애접수 후 장애국소 상위국으로 출동 • 상위국 도착시 FDF 선번 확인 및 OTDR 측정 • 필요시 가시광원 송출 • C.C에 측정 결과 공유 및 SNS에 사진 등록 • 장비 및 하위 신호값 측정(광파워메타 활용) • 현장과 코아 밴딩테스트로 장애위치 확인 • 케이블 단선 장애시 전체 FDF OTDR 측정
하위국 출동자	• 장애접수 후 장애국소 하위국으로 출동 • 하위국 도착시 OFD 선번 확인 후 광신호 측정 • 광신호 Loss시 OTDR 측정, 가시광원 송출 • C.C에 측정 결과 공유 및 SNS에 사진 등록 • 현장과 코아 밴딩테스트로 장애위치 확인
접속 1팀	• 광 접속기 상시 정상 운용상태 유지 • 장애접수 후 출동소요시간 SNS 등재 (출동 불가시 대체인력 확보차 필히 상황 보고) • 장애위치 파악전 광선로순시 진행 • C.C 접속 후 C/T 통제하에 예상위치 이동 ※ 자의적 장애지점 예상 이동 절대 금지 • 상/하위국 측정조와 밴딩테스트 후 장애예상 위치 파악(OTDR, 가시광 활용) • 장애지점 발견시 접속준비 및 복구, 접속사항 C.C 및 현장보고자 전달

접속 2팀	• 광 접속기 상시 정상 운용상태 유지 • 장애접수 후 출동소요시간 SNS 등재 (출동 불가시 대체인력 확보차 필히 상황 보고) • C.C 접속 후 C/T 통제하에 예상위치 이동 ※ 자의적 장애지점 예상 이동 절대 금지 • 장애위치 확인 불가시 접속1팀과 중복되지 않게 앞/뒤단 함체 이동 (위치 명확시 1팀쪽 이동 가능) • 상/하위국 측정조와 밴딩테스트 후 장애예상 위치 파악(OTDR, 가시광 활용) • 장애지점 발견시 접속준비 및 복구, 접속사항 C.C 및 현장보고자 전달
외선팀	• 대용량 케이블 및 함체 등 긴급복구자재 이동차량에 상시탑재 • 장애접수 후 출동소요시간 SNS 등재 • 장애위치 파악전 광선로순시 진행 • C.C 접속 후 C/T 통제하에 예상위치 이동 ※ 자의적 장애지점 예상 이동 절대 금지 • 케이블 단선 확인시 양단 케이블 포설(또는 키트 복구) • 케이블내 코아 밴딩시 함체 양단 케이블 포설 (예비코아 복구 계획이나 예비코아가 없어 복구가 지체되는 경우가 있으니 장애지점 확인시 양단 함체까지 일단 포설 시작을 해야 함)
GIS 지원팀	• CESS(GIS내 중복경로 찾기 기능) 장애위치 등재 • GIS 상~하위국 E-T-E 등재 • OTDR 측정치 기준 장애위치 등재 • 예상장애위치 C/T와 GIS 병행 검증 • 케이블 수용내역 및 복구우선순위 파악
현장 지원팀	• 장애위치 파악전 광선로순시 진행 • 장애지점 확인시 가복구 사전준비 (케이블 여장 확보, 케이블 포설, 외피 탈피, 접속준비) • 외선/접속 작업 보조 역할
의사결정조직	• 본복구/가복구 방안 등 복구 방안 결정 • 케이블 절단, 복구 우선순위 등 주요 이슈사항 의사결정

2.4 광선로 장애처리 프로세스

실제 현장에서 활용 중인 장애처리 프로세스 하나를 소개해보고자 한다. 물론 모든 통신사마다 사업환경이 다르기 때문에 광선로 장애처리에 대한 절대적인 답은 아니겠으나, 여러 시행착오와 시뮬레이션을 거쳐서 최적화한 프로세스이므로 광선로 장애처리에 참고사항이 되길 바란다.

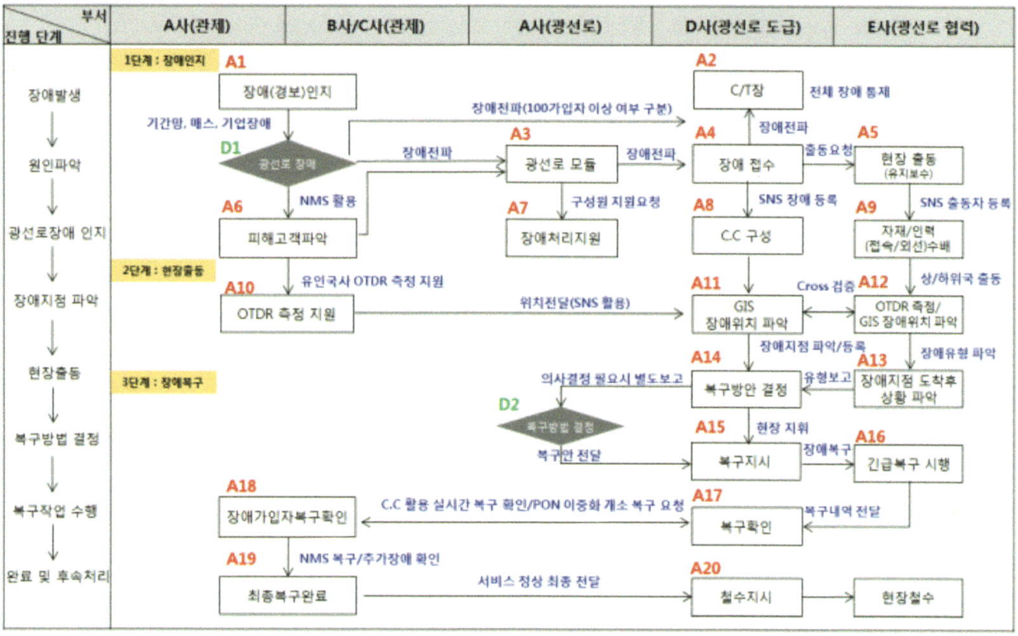

[그림 2-4-1] 광선로 장애처리 프로세스

[출처] SKB 광선로 장애처리 프로세스

[표 2-4-1] 광선로 장애처리 프로세스 상세내용

단계	구 분	내 용	비고
A1	장애(경보) 인지	A사(관제), B사, C사 : 기간망, 매스, 기업장애 NMS 확인 및 장애전파	1단계 : 장애 인지
D1	광선로 장애판단	A사(관제), B사, C사 : 장비와 광선로 장애를 명확히 파악하여 광선로 장애시 피해 규모 파악 후 광선로운용모듈 전달	
A2	C/T 장	D사(광선로 도급) : 장애처리 C/T장으로써 장애복구시까지 전체 장애 통제	
A3	광선로 운용모듈	광선로운용모듈 : 광선로 장애 접수, 보고, 상황전파 등 광선로 장애처리 프로세스에 의한 장애 통제	
A4	장애 접수	D사(광선로 도급) : 광선로 장애 접수 후 E사(광선로 협력) 현장 출동 요청(SNS 등록)	
A5	현장 출동 (유지보수)	E사(광선로 협력) : 도급사 장애 접수 후 현장 출동(SNS 등록)	
A6	피해고객 파악	A사(관제) : 기간망 및 주요 기업고객(VVIP) 피해 회선/주소 파악 B사, C사 : 기업 및 매스 가입자 피해 회선/주소 파악	
A7	장애처리 지원	A사(관제) 구성원 : 장애발생지점 근거리 위치자 현장 출동, 자재/장비/인력 지원	
A8	C.C 구성	D사(광선로 도급) : A사 담당자 정/부, 접속팀, 외선팀, 측정조 파악 후 C.C 구성	
A9	자재/인력 (접속/외선) 수배	E사(광선로 협력) : 장애규모대비 장애처리 인력 및 자재/장비 현장 투입	

A10	OTDR 측정지원	유인국사내 근무자(A사, B사, C사) : OTDR 측정 지원 광선로 협력사 상/하위국 출동자 : OTDR 측정 및 육안 장애위치 파악	2단계 : 현장 출동
A11	GIS 확인	D사(광선로 도급) : OTDR 측정 거리와 GIS E-T-E 비교 장애 예상지점 파악 및 전달(SNS 등록)	
A12	OTDR 측정/GIS 장애위치 파악	E사(광선로 협력) : 접속/외선/상/하위국 측정조 장애지점 출동	
A13	장애지점 도착 후 상황 파악	E사(광선로 협력) : 현장 장애상황 파악 보고(케이블 단선, 코아 단선, 화재 등)	
A14	복구방안 결정	D사(광선로 도급) : 장애상황 및 피해가입자 현황에 따른 복구방안(가복구/본복구) 수립	
D2	복구방법 결정	C/T모듈 : 본복구/가복구 방안 등 복구 방안 결정 A사 팀장 : 주요 이슈사안 의사결정	3단계 : 장애 복구
A15	복구지시	D사(광선로 도급) : 복구방법에 따른 E사(광선로 협력) 통제 및 복구 진행	
A16	긴급복구 시행	E사(광선로 협력) : C/T 결정에 따른 신속, 정확한 장애복구 시행(C/T 외 통제 지양)	
A17	복구확인	D사(광선로 도급) : 현장 복구내역에 대해 A/B/C사와 실시간 복구 확인 / PON 이중화 개소 복구 요청	
A18	장애가입자 복구확인	A사, B사, C사 : 현장 복구 내역에 대한 실시간 시스템상 복구 확인 공유(E사와 협업)	
A19	최종복구 완료	A사, B사, C사 : 피해회선 장애복구 NMS 및 트래픽 복구 최종 확인	
A20	철수지시	D사(광선로 도급) : 최종 복구 확인 후 E사(광선로 협력) 현장 철수 지시	

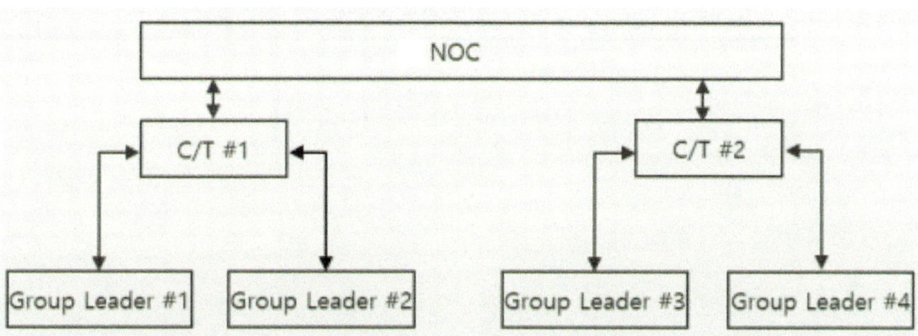

[그림 2-4-2] 대용량 다수 케이블 고장시 C/T 구성

대형고장 발생시 1개의 통제 그룹만으로 진행에 어려움이 있다면 Control Tower 이원화 체계로 고장 상황을 모듈화하여 복구과정을 통제할 수 있다. 이때 기존 통제 그룹 외 별도의 C/T 모듈을 만들고 현장 출동자 중에서 Group Leader를 선정하여 별도 구성된 Control Tower와 지속적인 소통을 통해 복구를 수행해야 한다. 현장에서는 실제 288C 규격의 다수 케이블 장애 발생시 C/T 통제 그룹을 다원화함으로써 효율적인 장애 복구를 수행하고 있다.

[표 2-4-2] 광선로 장애처리 TIP

순번	내 용	구분
1	최초장애 인지시 매스, 기업, 중계기 해당 여부 확인하고 장애규모를 파악한다.	장애인지
2	링오픈 발생으로 광선로출동요청시 고립인지 링오픈인지 반드시 확인한다.	
3	C.C상 현장과 소통 불가시 주목시켜서 현장상황을 체크하고 추가 장애처리를 진행한다.	C/T
4	장애발생시 복구계획에 대해 현장에 질의한다.	
5	대형장애 및 장애처리 지연시 인급 협력사 지원프로세스 가동해야 한다. (각 협력사 현장소장 또는 유지보수 선임에게 요청)	
6	현장보고자를 반드시 선정하여 현장에 대한 상황을 신속히 보고받는다.	
7	장애처리가 지연될 시 점검자 교체 또는 Break Time을 통해 원인에 대해 정확히 분석하고 후속으로 장애처리해야 한다.	
8	장애현장 전경 사진, 함체 사진을 촬영하여 등재 요청한다. (정확한 현장상황 판단으로 장애복구계획 수립에 도움이 됨)	
9	모든 장애는 상/하위국 출동자, 접속/외선팀이 출동하는 것이 원칙이다.	
10	유지보수팀, 접속팀은 C/T의 통제에 벗어나 임의대로 이동을 하면 안 되고 반드시 C/T 검증으로 선정된 장애 예상 위치로 이동한다.	
11	긴급복구키트 및 장구간 장애대비 대용량 자재수급여부를 체크한다.	
12	관로구간 장애시 맨홀 양단에서 케이블 여장을 확보하고 장애지점을 커버하는 경로로 가공 또는 지상으로 동시 포설한다.	
13	대형장애시 GIS CESS(중복경로찾기) 기능을 활용하여 중복구간을 확인한다.	

14	GIS E-T-E 논리적 선번과 국사 FDF 물리적 선번을 검증하는 작업을 해야 한다. (상위국 실 FDF선번과 GIS 선번 비교)	GIS
15	GIS E-T-E가 끊겨 있을시 즉시 연결 요청을 통해 구간을 확인한다.	
16	GIS E-T-E가 끊겨 있더라도 GIS내에서 지도거리를 산출하여 구간을 확인한다.	
17	GIS E-T-E 기준 유력 함체를 개방했을 시 반드시 선번을 확인하고 선번 확인불가 시 상/하위국 대조를 위해 가급적이면 최초 접속팀은 그 위치에서 대기하고 추가 접속팀은 다른 위치로 이동한다.	
18	GIS 개황도에 함체 위치 표기, 접속 결선도 자료를 공유한다.	
19	GIS 및 현장 케이블 고유번호 확인 후 선번 대조로 장애 지점을 파악한다.	
20	GIS E-T-E 거리는 포설거리 및 지도거리 2가지 모두 대조하여 장애 유력 위치를 전달해야 한다.	
21	함체가 아닌 OTDR 측정치에 의한 장애 조치를 해야 한다(장애위치는 함체 또는 케이블이 될 수 있음).	위치확인/측정
22	코아 단선시 국사~불량지점~함체 구간 간선망 예비코아 확보 후 절체 복구한다. 이를 위해서 국사 FDF에서 예비코아 OTDR 측정/절체가 필요하다.	
23	음성링 장애시 East/West를 정확히 구분하여 광선로 측정을 하고 각 RT마다 신호를 대조해야 한다.	
24	선번확인은 심선대조, 가시광원으로 확인하고 하위국 광파워메타 확인자는 광선로 밴딩시 신호 "LOSS"로 확인 가능하다.	
25	대형케이블 단선 장애시 국사에서 장애 FDF에서 여러 포트 OTDR을 측정하여 장애 지점이 동일한지 파악한다.	
26	FTTH 하위국 1490nm 파장, 40km 이내 1310nm, 40km 이상 1550nm 파장으로 광파워메타 및 OTDR 측정한다.	
27	국사 RX신호 점검시 인입 성단케이블-층간패치-층간패치 구간별로 광파워메타 측정으로 광 Loss 구간을 찾는다.	
28	하위국에서 OTDR 측정불가시 기기조작 미흡으로 측정불가인지, 상위국측에서 광신호 전송으로 측정불가인지, Dead Zone인지 확인한다.	
29	하위국에서 인입단 RN시설시 OTDR은 상위국 향으로 코아가 클린하게 접속시 측정되고, 상위국에서는 RN단까지만 OTDR 측정이 된다.	
30	기간망 및 MSPP 2코아 방식에서는 1코아는 RX, 1코아는 TX로 RX에서는 광코아 측정이 안 된다(TX에서는 OTDR 측정 가능).	
31	기간망 장애시 OTDR 신호 대조가 안 되면 장비단에 OJC 연결하여 장비측 광신호를 측정한다.	

32	배선망 장애처리시 가시광 확인이 안 되기 때문에 OTDR로 밴딩을 통해 선번을 대조해야 한다.	
33	아파트 장애시 가입자망 주소 및 메인 MDF 위치 등재 요청한다.	
34	선번 확인 불가시 밴딩 지점 앞/뒤단 함체에서 상/하위국과 대조한다. (1조 : 유력한 함체, 2조 : 유력 전단 함체, 3조 : 유력 후단 함체) 가시광 활용	
35	케이블 절단 장애시 절단 케이블의 수용내역선번만 현장에 전달하여 함체 분기 코아는 현장에서 찾아서 접속한다.	
36	케이블 가공 절단사고는 육안으로 식별이 가능한 경우가 많으며, 접속조가 현장에 투입되는 시간이 이장시간을 줄이는 역할을 한다(지중 육안 확인 불가).	
37	광파워메타, OTDR 등 모든 측정자료는 반드시 SNS에 등재하여 검증을 받는다.	

[표 2-4-3] 기간망 점검 TIP

순번	내 용
1	광선로 점검 전에 반드시 현재 레벨 상태를 확인하고 점검 후 레벨 값을 재확인한다.
2	예비코아로 절체 가능한지 예비코아 존재를 확인한다.
3	국사 RX, TX 코아를 정확히 구분해서 점검한다.
4	국사 RX 신호 점검시 인입 성단케이블-층간패치-층간패치 구간별로 광파워메타 측정으로 광 Loss 구간을 찾는다.
5	OTDR 측정시에 장비단 및 성단 FDF에서 측정하여 손실치를 비교한다.
6	장애원인을 어댑터 불량, OJC 케이블 불량, 광선로 밴딩으로 나누어 구간별로 점검한다.
7	OJC 클리닝을 통해 광손실값을 줄인다.
8	OJC 케이블 커넥터가 PC-PC로 연결되어 있는지 확인한다(가끔 APC-PC로 개통된 경우가 있음).
9	OJC 탈거시에 반드시 장비단에서 TX, RX를 확인해서 탈거한다. (예시 : OSN8800은 RX는 파란색 OJC, 주황색 TX)
10	OJC 접촉 불량은 없는지 층간타이, 광선로 FDF에서 확인한다.
11	광레벨 변동 발생시 OJC 접촉 불량은 없는지 재점검한다.

[표 2-4-4] 장애처리 Check 리스트

<table>
<tr><th colspan="4">■ 광선로 장애처리 Check 리스트</th></tr>
<tr><td>장애개요
(일시)</td><td colspan="3"></td></tr>
<tr><td>장애 추정지역
(위치)</td><td colspan="3"></td></tr>
<tr><td>투입인력
규모</td><td>접속팀 : 외선팀 :
지원팀(유지보수) :</td><td>자재
규모</td><td></td></tr>
<tr><td>장애
특이사항</td><td colspan="3"></td></tr>
<tr><th>구분</th><th>항목</th><th>진행
현황</th><th>C/T
체크</th></tr>
<tr><td rowspan="2">장애접수</td><td>☞ 장애상황 전파(유선 접수 후 장애처리 SNS 등재 및 상황전파)
장애규모에 따른 단계별 상황 전파</td><td></td><td></td></tr>
<tr><td>☞ 장애국소 상세 내역 및 장애연관성 파악(GIS/차량, 화재 사고민원접수 등)</td><td></td><td></td></tr>
<tr><td rowspan="3">출동규모
파악</td><td>☞ 상/하위국 측정조, 접속/외선팀, 지원팀, GIS팀 등 출동 규모 파악
(장애규모에 따른 적정 긴급 복구조 결정)</td><td></td><td></td></tr>
<tr><td>☞ 현장출동차량 측정기 및 긴급복구키트 보유 여부 확인(OTDR, 광펜, 가복구용 OJC 등)</td><td></td><td></td></tr>
<tr><td>☞ 장애 복구조별 도착 시간 및 작업/위해개소 관리대상 여부 확인</td><td></td><td></td></tr>
<tr><td rowspan="7">장애내역
파악</td><td>☞ OTDR 측정을 위한 장애발생 국소 및 FDF 선번 확인</td><td></td><td></td></tr>
<tr><td>☞ 유인국사 상주인력 OTDR 측정 요청</td><td></td><td></td></tr>
<tr><td>☞ OTDR 측정 결과 SNS 사진 등재(필히 유지보수팀 재검증)</td><td></td><td></td></tr>
<tr><td>☞ C/T와 GIS 지원팀 OTDR/GIS 정보대조로 장애예상위치 파악(국사, 가입자 기준),
CESS 활용, 구축자료 SNS 등재 요청</td><td></td><td></td></tr>
<tr><td>☞ 장애발생 위치 공유(주소 및 전주번호 확인)/외선팀 복구용케이블 포설 작업 시작</td><td></td><td></td></tr>
<tr><td>☞ 장애발생 위치 피해 케이블 공유(지중, 가공/장애 케이블 용량)</td><td></td><td></td></tr>
<tr><td>☞ 차량사고시 양단 함체 케이블 탈락 확인(함체 개방 후 상위국 신호 확인)</td><td></td><td></td></tr>
<tr><td rowspan="10">장애복구</td><td>☞ 시설물 피해규모 기준 복구방안 수립(예비코아, 복구키트 활용, 우회루트 등)</td><td></td><td></td></tr>
<tr><td>1. 여장확보 가능여부</td><td></td><td></td></tr>
<tr><td>2. 고장지점 케이블 정보(케이블제조번호, 함체명 등)</td><td></td><td></td></tr>
<tr><td>3. 인접함체 케이블 이탈/밴딩여부 확인</td><td></td><td></td></tr>
<tr><td>4. 여장확보 불가시 가포설 방안 수립</td><td></td><td></td></tr>
<tr><td>5. 보유한 케이블 등 자재 현장복구 적정여부</td><td></td><td></td></tr>
<tr><td>6. 일부코어 손상시 복구방안 선정(케이블 절단, 배따기, 유휴코어 활용 등)</td><td></td><td></td></tr>
<tr><td>☞ 상/하위국 OTDR측정자와 장애국소 해당선번 밴딩 TEST 시행
OTDR 추가 측정(3~4개 국소) 및 기존 측정거리와의 오차여부 확인
☞ 함체내 코아 밴딩 불가시 앞뒤 함체이동/선번 재확인/추가함체 여부확인/루트 재확인</td><td></td><td></td></tr>
<tr><td>☞ OTDR 측정거리 오차 발생시 GIS 확인 후 장애지점 추가 확인</td><td></td><td></td></tr>
<tr><td>☞ 접속팀 A팀/B팀간 접속 진행사항 전파자 선정(복구조별 명단, 업무 및 복구지점 배정)
☞ 접속자가 선번을 명확히 인지하도록 SNS정보 서면공유 및 C.C상 인지여부 확인</td><td></td><td></td></tr>
<tr><td rowspan="3">복구확인</td><td>☞ 접속진행 경과에 따른 서비스 복구 여부 확인</td><td></td><td></td></tr>
<tr><td>☞ 접속완료 코어에 대한 서비스 미복구 내역 확인</td><td></td><td></td></tr>
<tr><td>☞ 최종 복구 확인 및 현장정리(추가 장애 재발되지 않도록 시설물 정리)</td><td></td><td></td></tr>
</table>

2.5 긴급복구훈련

광선로 긴급복구훈련은 장애복구 핵심을 포함하면서 훈련 참여자가 장애현장과 비슷한 상황을 간접적으로 체험하고 장애복구 관련 기술을 학습함으로써 실전 감각을 키우는 것이 목적이다. 훈련 기획자는 장애 상황에 맞는 다양한 유형의 훈련을 준비해야 하고 훈련 참여자는 적극적인 참여를 통해 훈련이 단순 시간 소비성이 아닌 현장 노하우를 습득하는 계기가 되도록 해야 한다. 다시 말하자면 긴급복구훈련은 케이블 단선, 코아 단선 등 여러 유형의 장애 복구 방법을 실전과 같은 훈련을 통해 장애처리 이론과 기술력을 습득하고 실제 현장에 적용함으로써 장애 이장시간을 최소화하는 것이 그 최종 목적이다.

이 절에서는 긴급복구훈련 기획자와 참여자가 고민해야 할 사항에 대해서 알아보고 실제 훈련 사례들을 학습해보자.

1) 긴급복구훈련 계획 수립

긴급복구훈련은 교육 준비 소홀시 형식적인 훈련으로만 치우칠 우려가 있기 때문에 다양한 장애 사례와 시사점을 포함하는 프로그램으로 기획되어야 한다.

최초 긴급복구훈련 계획수립시 위해개소(공사장 등 장애발생 우려개소) 장애복구, 대용량 케이블 단선 복구, 코아 접속 복구 등 현업의 상황을 충분히 반영한 훈련을 시행함으로써 훈련 참여자들의 적극적인 훈련 참여를 유도해야 한다. 또한 장애처리 역량 향상을 위해 현장의 경험을 공유하고 관련 이론을 학습하는 심도 있는 훈련이 되도록 해야 한다. 추가로 훈련 참여 인력의 범위를 지정하고 맞춤형 교육을 시행함으로써 효율적이고 원활한 교육 훈련도 할 수 있다.

긴급복구훈련 주기는 1년을 기준으로 분기마다 시행하는 것이 가장 이상적일 수 있으나, 때에 따라서는 동절기/우기철 특별 훈련 및 대형 장애발생 연계 훈련 등 상황에 맞게 진행하는 것이 바람직하겠다. 또한 긴급복구훈련에 많은 인원이 참여하기 때문에 차량 주차 등 훈련에 적합한 장소를 사전에 미리 선정해 놓는 일도 매우 중요하다.

2) 긴급복구훈련 유형 선정

긴급복구훈련은 출동태세점검, 대형장애 대응, 접속역량 향상, 긴급복구자재 점검, 결빙함체 해소 등 어느 범주의 훈련을 시행할 것인지 유형을 선정하여야 한다.

일반적인 긴급복구훈련은 ① 장애발령 → ② 현장출동 → ③ 장애원인 확인 → ④ 장애복구계획 수립 → ⑤ 장애복구 → ⑥ 훈련결과 피드백 순으로 이루어진다.

① 장애발령 : 피해규모를 포함한 장애지역, 가입자수 등의 장애 정보를 전파하는 것을 말한다.

② 현장출동 : 장애상황에 맞게 장애가 발생한 지역으로 접속, 외선팀, 지원팀 등이 현장으로 즉각 출동하는 과정을 의미한다.

③ 장애원인 확인 : 장애 발생 매개체(굴삭기, 차량, 작업자, 원인불명 등)를 확인하고 장애구간(가공 또는 지중 구간) 및 시설물 피해 규모를 확인하는 단계이다.

④ 장애복구계획수립 : 규명된 장애원인을 기준으로 긴급복구키트 활용 및 단순 접속 복구 등 효율적인 장애복구 방안을 계획하는 단계이다. 또한 장애규모에 따라 가복구 및 본복구 계획을 수립해야 한다.

⑤ 장애복구 : 케이블 포설 및 함체를 신설하고 코아 접속을 통하여 장애복구를 실제 수행하는 단계이다.

⑥ 훈련결과 피드백 : 훈련중점 사항을 다시 한번 강조하고 긴급복구훈련에 대한 전반적인 총평과 미흡점, 개선점 등에 대해서 피드백하는 단계이다.

보통 일반적인 긴급복구훈련은 위의 내용처럼 6단계로 진행될 수 있으나 아래 표처럼 광선로 장애 원인 및 훈련 목적에 따라 다양한 유형으로 나누어 유연성 있는 훈련을 시행할 수 있다.

[표 2-5-1] 긴급복구훈련 유형

순번	유형	구분	내용	비고
1	출동태세점검	기본	장애복구인력 현장출동 점검	
2	케이블 단선	기능	대용량 케이블 단선 복구	288C 등
3	코아 단선	기능	함체내 코아 단선 복구	
4	GIS 활용	교육	GIS 활용한 장애위치 파악	
5	우기철 장애	교육	장마철 및 태풍 대비 자재 점검	긴급복구 자재점검
6	FTTH 장애	기능	FTTH 구성의 이해 및 복구	RN 장애
7	HFC ONU	기능	HFC ONU 광케이블(코아) 단선	광선로 동시 장애
8	위해개소	교육	위해개소(공사장) 장애복구	굴착 장애 등
9	결빙함체	교육	빗물 유입 결빙함체 복구	결빙해소
10	접속역량	기능	코아 접속 역량 점검 훈련	
11	역할론	기본	장애복구 각 담당자별 역할	
12	소통훈련	교육	장애복구 채널 구성 및 적용	그룹통화, CC

다음으로 긴급복구훈련 유형의 상세한 내용을 알아보자.

(1) 출동태세 점검

출동태세란 장애발생시 어떠한 상황이든 신속하게 장애위치로 출동할 수 있는 준비상태를 말한다. 유지보수 업무를 상시 수행하는 구성원에게는 장애 현장 출동이라는 상황이 익숙하겠지만 접속/외선팀과 같이 유지보수 업무를 전문적으로 수행하지 않는 구성원들에게는 출동태세에 대한 개념을 공유하는 일이 무엇보다 중요하다. 또한 평상시 일과 시간 외의 휴일 및 야간에 장애가 발생하는 상황에서도 즉각 출동할 수 있는 마인드를 갖추게끔 훈련을 통하여 출동태세를 강조해야 한다. 훈련 방법으로는 모든 구성원(유지보수, 접속, 외선 등)이 장애예상 위치에 신속하게 출동하고 그 소요 시간을 체크하는 훈련이 있으며, 더 나아가 실제 출동 후에는 장애처리 전반에 관한 흐름을 전달하는 훈련도 있다.

(2) 케이블 단선

케이블 단선이란 보통 현장에 시설된 케이블이 차량이나 굴착 · 철거 · 가지치기 작업 등에 의해 인위적으로 절단되는 경우를 말한다. 48C, 72C, 144C 용량의 케이블은 유닛 배열에 특이점이 없으나 288C 케이블은 구형과 신형 유닛 구성이 상이하기 때문에 그 특성을 이해하는 훈련을 시행해야 한다. 288C 케이블은 구형(배열순서 : 청등녹적황자갈흑백회회청등 녹적황자갈 흑백회 연청연등) 유닛과 신형(배열순서 : 청등녹적황자갈흑백회연청연등청 등녹적황자갈투명백회 연청 연등) 유닛의 색상 배열 차이로 장애 복구시 접속 오류가 발생할 수 있다. 또한 구형 288C 케이블은 현장마다 시설 공법이 다를 수 있기 때문에 이를 인지하는 훈련도 필요하다. 288C 케이블 유닛 구조와 상세 내용은 본 교재의 147p, 148p를 참고하기 바란다. 추가로 유닛 손상이 많은 장애시 예비 코아 절체 복구 방법보다 케이블 절단 복구가 더 효율적이라고 판단되면 전체 절단하는 방법에 대한 교육도 필요하다.

(3) 코아 단선

코아 단선이란 함체 내부에서 코아가 물리적인 손상(크랙 포함)을 입는 경우를 말한다. 보통 작업자가 함체 내부의 코아 접속 및 여장 정리 작업시 코아 탈피 구간에서 손상이 발생되는 경우가 많다. 훈련시에는 코아 단선 장애시 GIS E-T-E 기반으로 장애 위치를 추적하는 법, 코아 접속 후 슬리브 히팅 후 완전히 식지 않은 상태로 여장판 고정시 장애, OTDR 측정 시 장애지점 전단에서 밴딩시 장애위치 거리 산출법 등을 교육할 수 있다.

(4) GIS 활용

광선로 장애 발생시 장애위치 확인을 위해 GIS를 절대적으로 활용해야 한다. 특히 상/하위국에서 측정한 OTDR 거리를 GIS와 대조해서 장애예상 위치를 파악하는 일은 신속한 장애복구를 위해서 매우 중요하다. 또한 장애시 케이블 수용내역, 함체 접속선번 등과 같은 정보를 GIS를 통해 현장에 공유되어야 한다. 따라서 GIS 담당자가 GIS 정보를 현장에 명확하게 전달하고 현장작업자는 관련 정보를 정확하게 이해하는 훈련이 필요하다. 또한 GIS거리 산출 오류, E-T-E 파악불가 등과 같은 어려운 상황에서의 현장대응법 등 관련 교육이 필요하다. GIS 이해에 대한 자세한 사항은 본 교재 37~38p를 다시 한번 살펴보길 바란다.

(5) 우기철 장애

매년 여름철은 장마와 태풍으로 인해 광선로 장애가 많은 시기이다. 특히 많은 강수량과 강풍은 전주 도괴 및 케이블 단선과 같은 광선로 시설물 손상을 야기한다. 이 시기는 장애 발생 빈도수가 높은 만큼 장마가 시작되기 전 훈련을 통해서 각 차량별 긴급복구자재(긴급복구키트, 접속기, OTDR 등)와 우기철 대비용품(우비, 랜턴, 삽 등)을 잘 구비하고 있는지 집중 점검해야 한다. 또한 우천 작업 및 차량 운행시 안전지침 준수 등 안전사고 예방 교육도 적극 시행해야 한다. 훈련 시기는 매년 장마가 시작되기 전인 6월 초·중순이 적당하다.

(6) FTTH 장애

FTTH는 2단, 3단 공법 등을 활용하여 광선로를 구성하기 때문에 일반적인 광선로와는 구조가 다르다. 광선로가 상~하위국간 Peer-to-Peer 형태의 1:1 구성이라면 FTTH는 1:16 RN-1:8 RN(2단), 1:8 RN, 1:7 RN, 1:4 RN(3단) 공법으로 여러 분기로 구성되는 것이 특징이다. 장애처리시 셀 전체 장애로 상위국에서 OTDR 측정시 마스터단자(1:16 또는 1:8 RN)까지만 측정(광선로 정상시)이 되고 그 측정 파형이 일반적인 광코아 측정 파형과는 레일리 산란 등이 상이함을 이해해야 한다. 훈련 때는 일부 셀 장애는 슬레이브 단자내 RN불량의 경우와 마스터~슬레이브단자 구간 광선로 장애(전체 셀 기준 일부 장애)로 나뉘는 경우에 대해서 설명해야 한다. RN불량의 경우 단순 교체로 조치되겠지만 마스터~슬레이브 구간 광선로 장애시 슬레이브단자에서 마스터단자향 OTDR 측정 후 장애처리 사항도 강조하여야 한다.

(7) HFC ONU 장애

HFC ONU는 상위국까지 광코아로 구성된다. 전주 도괴(차량 사고 등)로 광선로, HFC ONU 서비스 케이블(함체에서 단독으로 ONU에 연결된 광케이블로 2코아 사용), 동축케이블이 한꺼번에 단선시 이를 동시에 복구해야 한다. 특히 이처럼 다수의 케이블 장애시 광선로와 HFC ONU 복구팀이 합심하여 효율적으로 장애 복구하는 것은 중요하다. 이 훈련은 광선로와 HFC 구성원간 협업 체계 강화를 통해 장애처리 역량을 향상시키는 것이 궁극적인 목적이다.

(8) 위해개소 장애복구

위해개소 장애복구 훈련시에는 현재 관리하고 있는 공사장(도로공사 및 건물 신축 공사 등)에서 굴착공사 등으로 케이블 단선이 발생하는 등 실제 장애가 발생하였을 경우를 가정하여 장애복구 위주의 훈련을 진행하여야 한다. 굴착작업 등으로 장애 발생시 그 피해 규모가 광범위하고 상세 장애지점을 파악하기 어렵기 때문에 이에 대한 대응 훈련이 첫 번째 과제가 되겠다. 장애지점이 파악되면 케이블 손상 규모를 확인하고 케이블 포설 구간을 선정한 뒤 실제 포설을 통해 복구해야 한다. 또한 양단 맨홀에서 케이블 여장 확보가 가능하면 이를 활용하는 사항도 논의해야 한다.

(9) 결빙함체 장애복구

결빙함체가 발생하는 원인(수축관 고정불량, 함체 결합 불량에 의해 물이 유입되어 함체내 결빙 발생)을 설명하고 훈련 참여자가 결빙함체를 해소하는 방안을 실제 훈련을 통해서 익힐 수 있게 해야 한다. 결빙함체는 함체 안의 물이 얼어가는 과정(물의 분자 운동시 부피 팽창)에서 코아에 압력이 가해져 밴딩이 발생하여 장애로 이어진다. 결빙함체의 장애처리시에 물리적인 힘으로 강압적으로 함체를 개방하려고 하면 코아 단선으로 추가 장애가 발생될 가능성이 높다.

결빙함체의 해소를 위해서는 우선 뜨거운 물을 준비해야 한다. 커피포트나 찜통 등을 통해 확보한 온수로 함체를 직접 해동하는 방법이 가장 이상적이다. 이 훈련시에는 결빙함체를 사전에 제작하여 실제 커피포트의 물로 녹이는 훈련을 시행해야 한다.

(10) 접속역량 향상훈련

긴급복구훈련을 통해서 각 개인별 접속역량을 점검하고 공정한 경쟁을 통해 접속역량 향상 욕구를 증진시키는 기회를 만들 수 있다. 이 훈련을 위해서는 미리 광케이블과 접속함체를 준비하여 훈련 장소에서 전체 일대일 접속 또는 결선도에 따른 접속으로 훈련을 진행해야 한다. 훈련결과는 접속시간, 함체내 코아 정리상태, OTDR측정시 밴딩 여부 등으로 종합적으로 평가할 수 있으며, 또한 난이도를 더한 기술인증제키트(케이블 유닛 단위 코아를 순차적으로 접속시 오류를 검증하는 키트)를 활용하여 심도 있게 접속역량을 평가할 수 있다. 유지보수 구성원의 광케이블 접속 역량을 확보하기 위해서는 평상시 연습이 중요하나 긴급복구훈련을 통해 경진대회 성격의 접속역량 향상훈련을 시행한다면 각 구성원의 접속역량 확보에 도움이 될 것이다.

(11) 역할론

광선로 장애복구는 장애발생 → 현장출동 → 원인파악 → 복구수행의 일련의 과정으로 이루어진다. 훈련시에 이 장애처리 과정을 이해하고 각 부서(접속, 외선, 유지보수, 지원조 등)의 담당별 상세 역할을 이해할 수 있도록 해야 한다. 대형장애시 Control Tower, 상/하위국 측정팀, 접속팀, 외선팀, GIS 확인팀이 각 담당자별 역할을 사전에 정확하게 인지하고 현업에 적용함으로써 효율적이고 빈틈없는 장애처리를 할 수 있다. 추가로 장애처리 과정에서 관제파트와의 협업에 대해서도 전달해야 하며 NMS상 장애 감시 특성 및 관제 부서별 업무 특성을 이해하는 것이 훈련의 주된 목적이다.

(12) 소통훈련

장애처리과정에서 Control Tower과 현장과의 소통은 매우 중요하다. 장애복구방안 및 현장 진행사항 공유 등 모든 과정은 일원화된 소통 채널에서 논의되어야 한다. 현대 사회에서는 유/무선 전화가 가장 보편화된 원격 의사소통 수단이다. 예를 들어 유선 그룹통화 또는 모바일폰 그룹통화를 통해 장애처리 전반의 과정을 공유하며 장애복구를 수행하나 다수의 참여로 인한 혼선은 필연적으로 발생할 수밖에 없다. 소음, 불필요한 언어 유입 등 장애처리에 방해가 되는 요소를 최소화하기 위해서는 그룹통화시 반드시 정제화된 언어를 사용하여 원활하게 장애처리가 진행될 수 있도록 명확하게 의사를 전달해야 한다. 훈련시에는 장애처리시 의사소통의 중요성을 강조하고 핵심사항들이 그룹통화 등에서 정확하게 공유될 수 있도록 기본 소통 교육을 시행하여야 한다.

3) 긴급복구훈련 발령

긴급복구훈련은 사전에 훈련방식과 일정을 공유하는 공개형 훈련과 장애상황을 임의발령 후 즉각 훈련에 임하는 비공개형 훈련으로 나눌 수 있다. 접속/외선 팀이 참여하는 광선로 역량향상, 장애복구 마인드 강화 훈련시에는 사전에 일정을 공유해서 공개형으로 진행할 수 있다. 비공개형 훈련은 사전 예고 없이 장애상황을 발령하고 그에 따른 복구 과정을 점검하는 훈련으로 진행한다. 다음은 긴급복구훈련 발령 예시이다.

[표 2-5-2] 긴급복구훈련 발령 예시

접속역량 향상훈련	288C 유닛 구분 훈련
1. 대상협력사 : OO통신 목포권 2. 훈련방식 : 직선형분기함체 공법(배따기) 학습 및 맨홀 내 작업 안전교육 3. 일시 : 10/18(목) 10:00 ~ 11:30 4. 훈련장소 : 무안군 남악로 227-37 5. 훈련내용 : 1) 광케이블 48C 이상 30m 준비 후 유닛 일부 단선 후 복구 훈련 2) 직선형 함체내 더미 코아 구조 학습 및 결선 훈련 3) 맨홀내 작업 안전 지침교육 4) 가스누설탐지기 및 배풍기 작동 여부 점검 5) 안전장구류 및 지침준수 여부점검	1. 훈련목적 : 288C 신형/구형 광케이블 특성 이해 및 오접속 예방훈련 2. 훈련장소 : 남악 김대중공원 3. 참석대상 : 유지보수 대상(광선로 및 HFC), 접속팀 제외 4. 훈련일시 : 3/23(화) 14:00 ~ 15:00 5. 훈련과제 : 1) 긴급복구 키트 등 비상복구 자재 점검 2) 288C 신형/구형 유닛 차이점 학습 3) 288C 단선시 유닛 접속 혼선 방지 훈련

<table>
<tr><th>위해개소 장애복구 훈련</th><th>복구체계 점검 훈련</th></tr>
<tr><td>1. 훈련권역 : 광주권
2. 훈련대상 : 해당권역 광선로유지보수 전 인원(접속/외선팀 제외)
3. 훈련방식 :
- 위해개소 현장 케이블 단선 발생으로 긴급복구 시나리오상 장애 복구 훈련
- 긴급복구 시나리오 기준 장애복구 역량 점검 및 출동태세 점검
4. 일시 : 3/28(화) 14:05 ~ 15:30
5. 훈련장소 : 소촌1 자연재해위험개선지구 정비사업 광주광역시 광산구 소촌동 481-1
6. 훈련목적 : 위해개소 장애 발생시 복구 역량 및 GIS 대응 점검
7. 훈련과제 :
1) 위해개소 현장 시인성 확보 상태는 양호한가?
2) 위해개소 긴급복구 시나리오상 복구방안은 적절한가? (시나리오 지참)
3) GIS 담당자 케이블 수용내역 파악 및 위치 등재 상태는 양호한가?
4) 선번불일치 발생시 장애복구 대응방안이 마련되어 있는가?
5) 긴급복구키트 등 비상복구 자재 준비상태는 양호한가?
6) 협력사 안전지침 준수 상태(안전장구류 착용 및 고소차 정차)는 양호한가?</td><td>1. 대상협력사 : ○○정보통신
2. 훈련방식 : 유지보수/접속팀/외선팀/GIS팀 현장출동 없이 C.C 상에서 임무 응소 훈련
3. 일시 : 12/21(목) 14:00 ~ 15:00
4. 피해고객 : 전북장수 초등학교, 근로자임대연립주택, 장수농협은행 비즈광랜, 국민건강보험공단 등 장애
5. 점검사항 :
1) C/T 협업체계 점검
2) 장애유형에 따른 정확한 대응방안 숙지 및 현장적용 여부
3) 각 담당자 기능 정상 가동 여부(현장보고자, 접속, 외선, GIS 등)
4) 출동 및 장애처리 지원 사항 밴드 등재 여부
5) 긴급 복구 자재 보유 현황 점검(키트, 접속기, OTDR, 심선대조기, 광원발생기 등)
6) C.C 참여시 언어 및 용어 사용(소속, 성명, 발언 및 통화중대기)</td></tr>
</table>

<table>
<tr><th>역할 훈련</th><th>출동태세 점검 훈련</th></tr>
<tr><td>1. 대상협력사 : ○○정보통신
2. 훈련방식 : 유지보수/현장소장 현장출동없이 C.C 상에서 임무 응소 훈련(접속/외선팀 훈련대상 아님)
3. 일시 : 2/8(목) 15:00 ~ 16:00
4. 피해고객 : 서귀포 동홍 인터불고코아루_E_SM
5. 점검사항 :
1) 각 담당자의 장애처리 역무 숙지 여부(C.C 발언)
2) 각 권역별 담당자 기능 정상 가동 여부(현장보고자 및 GIS 등)
3) 출동 및 장애처리 지원 사항 밴드 등재 여부
4) 긴급 복구 자재 보유 현황 점검(키트, 접속기, OTDR, 심선대조기, 광원발생기 등)
5) C.C 참여시 언어 및 용어 사용(소속, 성명, 발언 및 통화중대기)
※ '18년 3/1일자 신규 협력사 사업개시 대비 통합 긴급복구훈련 시행
※ 2월 과도기 시기에 훈련을 통한 장애처리 경각심 고취로 광선로운용 안정성 확보</td><td>1. 대상협력사 : ○○정보통신
2. 훈련방식 : 유지보수/접속/외선팀 출동태세 및 자재 점검 훈련(접속/외선팀 훈련대상 포함)
3. 일시 : 3/22(목) 13:35 ~ 15:00
4. 훈련장소 : 제주시 동광로 23길 15번지 맞은편 주차장 6차선 도로 구역
5. 점검사항 :
1) 유지보수/접속/외선 팀 현장 출동여부 점검
2) 긴급복구 자재 점검(키트, 접속기, OTDR, 심선대조기, 광원발생기 등)
3) 각 담당자별 장애처리 임무숙지 여부 점검
4) 안전장구류 및 지침준수 여부점검</td></tr>
</table>

우기철 대비 훈련	동절기 대비 훈련
※ 본 훈련은 비대면 자재점검훈련으로 사진으로 대체합니다. 1. 훈련권역 : 서부 전권역(전북/광주/전남/제주) 2. 훈련대상 : 광선로/FTTH/HFC 업무차량 3. 훈련방식 : 광선로운용 업무차량 우기철 대비 보유 자재 사진 등재 4. 일시 : 7/9(금) 14:00 ~ 15:00 5. 점검내용 : 〈광선로/FTTH〉 1. 긴급복구키트 규격별 고소차 보유 상태 2. 접속기, OTDR, 광파워메티, 심선대조기 등 계측기 보유 상태 3. 양수기 정상 동작 및 차량 탑재 여부 4. 타이어 마모, 차량 전조등, 인버터 양호 여부 5. 고소차 버스켓 덮개, 휴대용 텐트 등 보유 여부 6. 야간 현장 실사용 랜턴 보유 여부 7. 우의, 우산, 절연 장갑, 장화 등 우기철 용품 보유 여부 〈HFC〉 1. 낙뢰 대비 부족 자재 확보 및 사용가능여부 점검 (PS, 누전차단기, ONU, TBA, SMPS 등 자재 현황) 2. 우천대비 가. 작업자용 우의 및 점검용 덮개확보(ex : 우산) 나. 고소차량 버킷 리모콘 방수처리(ex : 리모컨 커버) 다. 가복구용 인버터 전기 연장선 및 인버터 작동 상태 라. 우천시 전기작업용 절연장갑 유무 마. 지중구간 점검용 양수기 가동상태 3. 차량통제용 경광봉 등 안전장구류 보유상태 4. 개인 안전보호구 보유 및 활선경보기 상태	1. 훈련권역 : 전북권 2. 훈련대상 : 해당권역 광선로유지보수 전 인원 (접속/외선팀 제외) 3. 훈련방식 : 유지보수 인력 훈련 장소 신속히 출동 후 함체결빙 해소 진행(사전 준비 요청드린 결빙함체 반드시 지참하여 훈련 참석) 4. 일시 : 2/21(화) 13:50 ~ 15:00 5. 훈련장소 : 전라북도 전주시 덕진구 장동 공용주차장 6. 훈련목적 : - 결빙함체 발생시 해소 역량 점검 - 동절기 고소차 안전 상태 점검 7. 훈련과제 : 1) 결빙함체 해빙을 위한 히팅건, 찜통, 버너, 온열포트 등이 준비되어 있는가? 2) 결빙함체 해빙 기자재를 통해 함체 해빙을 적절히 수행하는가? 3) 스노우 체인 구비 및 고소차 타이어 마모상태는 양호한가? 4) 접속기, OTDR, 심선대조기 등 계측기 상태는 양호한가? 5) 긴급복구키트 등 비상복구 자재 준비상태는 양호한가? 6) 협력사 안전지침 준수 상태(안전장구류 착용 및 고소차 정차)는 양호한가?

4) 긴급복구훈련 피드백

훈련 종료 후에 그 결과를 적절하게 피드백하는 것은 필수 사항이다. 훈련 계획 대비 중점추진사항들이 적절하게 진행되었는지 체크해보고 훈련과정에서 새로운 아이디어나 개선점이 도출되면 가장 이상적인 훈련이라 할 수 있겠다.

다음은 실제 긴급복구훈련을 시행한 후에 그 결과를 정리한 사항이며, 이 예시를 통해 실제 훈련을 시행하고 그 결과를 도출하는 과정에서의 시사점을 생각해보자.

[표 2-5-3] 긴급복구훈련 결과 요약

순번	훈련구분	훈련목적	훈련권역	결과	훈련일시
1	결빙함체	동절기 함체 결빙에 따른 복구방안 훈련	서부권	정상 종료	‘19. 02
2	위해개소	위해개소 대형 장애시 복구방안 훈련	서부권	정상 종료	‘19. 04
3	GIS	장애처리시 GIS 활용방안 훈련	서부권	정상 종료	‘19. 05
4	288C	288C 신형/구형 케이블 유닛 구분 훈련	서부권	정상 종료	‘19. 09
5	신규자재	신규 자재 MSRS(OJC연결키트) 사용 시범 훈련	서부권	정상 종료	‘19. 07
6	OJC	케이블 손상시 OJC 접속 복구 훈련	서부권	정상 종료	‘22. 10
7	트레이닝	트레이닝 센터 활용 복구 훈련	서부권	정상 종료	‘17. 04

【1】 '19년 서부권 1차 긴급복구모의훈련 결과 보고

1. 긴급복구모의훈련 추진방향

가. 개요 : 동절기 결빙함체에 대한 유지보수 인력 해빙 훈련을 통한 장애처리 역량 극대화

나. 방식 : 사전 결빙함체 준비 후 결빙 해소용 자재(커피포트, 히팅건 등)로 실제 해빙 훈련시행

다. 기간 : 2019. 02. 18(월) ~ 2019. 02. 22(금)

라. 대상 : 서부권

2. 긴급복구훈련 세부내용

가. 주요점검사항 :

1) 결빙함체 해빙을 위한 히팅건, 찜통, 버너, 온열포트 등이 준비되어 있는가?

2) 결빙함체 해빙 기자재를 통해 함체 해빙을 적절히 수행하는가?

3) 스노우 체인 구비 및 고소차 타이어 마모상태는 양호한가?

4) 접속기, OTDR, 심선대조기 등 계측기 상태는 양호한가?

5) 긴급복구키트 등 비상복구 자재 준비상태는 양호한가?

6) 협력사 안전지침 준수 상태(안전장구류 착용 및 고소차 정차)는 양호한가?

나. 세부일정 및 결과 :

지역	훈련일자	협력사	장소	결과
전남	2019-02-18	A사	순천시 조곡동 295-7	정상종료
전남	2019-02-18	B사	목포시 옥암동 982-2	정상종료
광주	2019-02-19	B사	광산구 신촌동 96-2(보라매 축구장 주차장)	정상종료
전북	2019-02-20	C사	전주시 덕진구 장동 공용주차장	정상종료
전북	2019-02-21	C사		정상종료
제주	2019-02-22	D사	제주시 동광로 23길 15번지	정상종료

3. 긴급복구훈련 Review

주요 사항	보완점 / 시사점
• 서부권 6개 권역 결빙함체 사전에 철저히 준비하여 정상 훈련을 시행함(야외 및 냉동고 결빙 후 함체 준비) • 결빙함체 발생시 절대로 물리적 충격을 가하면 안 되고, 얼음이 깨질 때 코아가 같이 단선되는 경우가 발생하므로 주의가 필요함 • 온수로 인한 화상 위험 등 안전 여건을 고려하여 지상에서 가공 구간을 가정하여 훈련 시행함 • 케이블 인입부에 물이 타고 흘러들어가는 경우(은박지 포박) 및 함체 조립 불량에 의한 침수 발생으로 함체내 결빙 발생 • 결빙함체 장애는 수도권 경우 해마다 3~5건 발생함(최근 대구 '17년 12월 장애 발생, 서부 '13년 발생) ☞ 장애 발생 빈도수가 낮다고 훈련을 등한시할 수 없는 사항이며 훈련을 통해 유지보수 인력 결빙함체 해빙 대응력을 강화함	• 결빙함체는 주전자 또는 커피포트에 물을 끓여 함체에 직접 부어 해소하는 것이 가장 효과적임(놋 주전자에서 물이 가장 빨리 끓음) • 금번 훈련은 안전상의 이유로 지상에서 시행하였으나 가공구간에서 장애조치의 가장 효과적인 의견을 도출함 ☞ 고소차 2대 주차 후 바스켓 동시 작업 시행 ☞ 함체여장 확보 후 지상에서 해빙 작업 시행 • 평상시 함체 불량건에 대해 적극적인 조치로 결빙함체 발생 예방 필요함 • 결빙함체는 12월에 훈련을 시행해야 하나 2월 시행으로 다소 늦은 감이 있음(향후 12월 시행 예정)

4. 기대효과 및 향후계획

가. 기대효과 :

1) 결빙함체 발생시 해빙 작업 방법을 알고 해빙 자재를 통한 장애 복구 역량 확보

2) 결빙함체 발생원인(인입부 및 함체 조립 불량)을 알고 사전 예방할 수 있는 역량 확보

3) 가공에서 결빙함체 발생시 대응 방법을 강구할 수 있는 역량 확보

나. 향후계획 :

1) '19년 5월 C.T 역량 강화 및 위해개소 장애조치 긴급복구 훈련 예정

5. 기타

가. 편마모 발생 고소차량 타이어 교체 요청(ㅇㅇ텔레콤, ㅇㅇ통신)

6. 훈련사진

【2】 '19년 서부권 2차 긴급복구모의훈련 결과 보고

1. 긴급복구모의훈련 추진방향

가. 개요 : 위해개소 대형 장애복구 훈련을 통한 장애처리 역량 향상

나. 방식 : 위해개소 현장 케이블 단선 발생으로 긴급복구 시나리오상 장애 복구 훈련

다. 기간 : 2019. 04. 01(월) ~ 2019. 04. 05(금)

라. 대상 : 서부권(광주 3, 전남 1, 전북 2)

2. 긴급복구훈련 세부내용

가. 주요점검사항 :

1) 위해개소 현장 시인성 확보 상태는 양호한가?
2) 위해개소 긴급복구 시나리오상 복구방안은 적절한가?(시나리오 지참)
3) GIS 담당자 케이블 수용내역 파악 및 위치 등재 상대는 양호한가?
4) 선번불일치 발생시 장애복구 대응방안이 마련되어 있는가?
5) 긴급복구키트 등 비상복구 자재 준비상태는 양호한가?
6) 협력사 안전지침 준수 상태(안전장구류 착용 및 고소차 정차)는 양호한가?

나. 세부일정 및 결과 :

지역	협력사	훈련일자	장소	결과
광주	A사	2019-04-01	남구 주월동 1159	정상종료
광주	B사	2019-04-01	어린이공원 공용주차장 건축공사(운암동)	정상종료
전남	C사	2019-04-02	덕월동 신보아파트 뒷길	정상종료
광주	D사	2019-04-03	소촌1 자연재해위험개선지구 정비사업	정상종료
전북	E사	2019-04-04	만성동 법조타운지구 개발공사	정상종료
전북	F사	2019-04-05	정읍시 연지8길 8-1	정상종료

3. 긴급복구훈련 Review

지역	장소
• 288C 신/구형 단면도 전 고소차 비치 필요 • 위해개소 복구 시나리오 케이블 조수 기입 필요 • 순천권처럼 위해개소 굴착공사 위치 상시 변경 발생시 입회 및 현장 관리에 대해 고민이 필요함 • GIS담당자는 장애발생시 의무적으로 케이블 수용내역, 양단 함체 위치 등재 필요 • 위해개소 복구 시나리오는 권역별로 잘 준비되어 있으며 활용도는 높은 것으로 판단됨 ☞ 대형장애는 대부분 위해개소 현장에서 발생되기 때문에 긴급복구훈련을 통한 현실적인 장애복구 대응력 강화 필요	• 위해개소 훈련 1차시 이후 위해개소 시나리오 및 288C 비교 자료가 강화되는 경향이 있음 • 금번 훈련은 위해개소 A등급만 시행했으나 향후 전 권역 위해개소 관리 실태 점검 필요 • 위해개소 굴착공사 작업자와 사전 연락을 통해 작업구간 변경시 미리 구간을 확인하고 입회 관리 필요

4. 기대효과 및 향후계획

가. 기대효과 :

1) 위해개소 대형 장애 발생시 긴급복구 시나리오상 장애 복구 역량 확보

2) 대용량 케이블 장애 발생시 GIS 담당자 케이블 수용내역 밴드 등재 프로세스 정착화

3) 288C 신/구 케이블 유닛 비교를 통한 288C 장애발생시 역량 확보

나. 향후계획 :

1) '19년 5월 광선로 트레이닝 센터 활용 긴급복구훈련 예정

5. 훈련사진

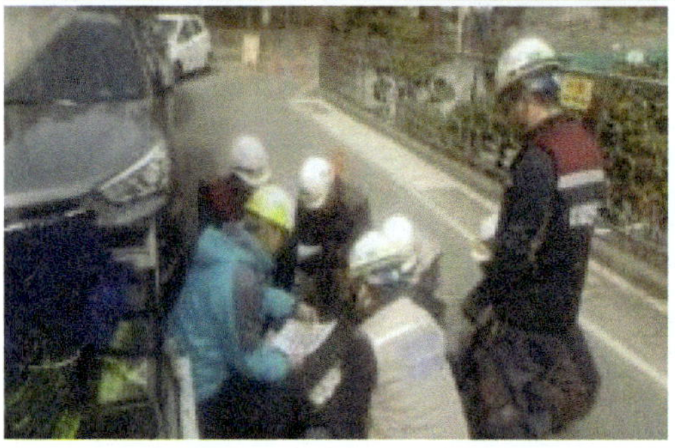

【3】 '19년 서부권 3차 긴급복구모의훈련 결과 보고

1. 긴급복구모의훈련 추진방향

가. 개요 : 기간망 장애 대비 GIS 담당자/유지보수 인력 훈련을 통한 장애처리 역량 극대화

나. 방식 : GIS 담당자 및 유지보수 인력의 관리 권역 루트/선번장/오프라인 자료 검증

다. 기간 : 2019. 05. 20(월) ~ 2018. 05. 24(금)

라. 대상 : 서부권(전남 4, 전북 2, 제주 2)

2. 긴급복구훈련 세부내용

가. 주요점검사항 :

1) 관리권역 기간망 GIS 조회 가능 여부
2) 관리권역 기간망 오프라인 직선도, 선번장 비치 관리 여부
3) GIS 확인정보 현장 전달 효율성 검증
4) 기간망 장애시 담당자 업무 분장 상태
5) 협력사 내부적으로 T&B 파트 협업체계 상태
6) 서부권 기간망 특성 이해 여부
7) 서부권 기간망 협력사 자체 교육 시행 여부

나. 세부일정 및 결과 :

차수	지역	훈련일자	협력사	내용	결과
1	전북	2019-05-20	A사	1830, 1626, OSN8800, MDWDM, 티브로드, 헬로비젼 루트점검	정상종료
2	전북	2019-05-20	A사	1830, 1626, OSN8800, MDWDM, 티브로드, 헬로비젼 루트점검	정상종료
3	전남	2019-05-21	B사	1830, 1626, OSN8800, MDWDM, 헬로비젼 루트점검	정상종료
4	전남	2019-05-21	B사	1830, 1626, OSN8800, MDWDM, 헬로비젼 루트점검	정상종료
5	전남	2019-05-22	C사	1830, 1626, OSN8800, MDWDM, 헬로비젼 루트점검	정상종료
6	전남	2019-05-22	C사	1830, 1626, OSN8800, MDWDM, 헬로비젼 루트점검	정상종료
7	제주	2019-05-23	D사	CWDM, PTS 1.2링 서귀포 PTS링, 제주 10G링 루트점검	정상종료
8	제주	2019-05-23	D사	서귀포 PTS링, 제주 10G링 루트 점검	정상종료

다. 최우수협력社 : ㅇㅇ텔레콤㈜

3. 긴급복구훈련 Review

미흡점	보완점 / 시사점
• GIS 담당자/유지보수 기간망 자료 관리 부재 • GIS 담당자 정/부 백업체계 구축 미흡 • 타부서 구성원 긴급복구 훈련 참여도 낮음 • 타부서 구성원 기간망에 대한 이해도 낮음 • 협력사간 관리권역 기간망 인수인계 미흡 • 유지보수 신규 인력 기간망 학습 부족 • 1830PSS 한솔망에 대한 이해도 부족 • MDWDM 고도화(~'16.6) 이해도 부족 • 출동자 현황 장애처리 밴드 미등재(GIS 담당자 상, 하위국, 접속, 외선 등) • 제주권 CWDM, 10G링 등 자료 관리 부재	• 서부권 기간망 GIS/오프라인 선번자료 공유 완료 • 기간망에 대한 이해도 교육 완료 ☞ 1626LM, MDWDM, 티브로드, CJ헬로비전 루트 학습 완료 • 기존유지보수 수행 및 신규인력 기간망 학습 완료 • 1830PSS 장애시 장거리망 협력사와 장애복구 협업체계 구축 • 'MDWDM 고도화' 사전 학습으로 선제적 대응체계 구축 • 제주권 CWDM, 10G링 GIS/선번장 현행화 완료

4. 기대효과 및 향후계획

가. 기대효과 :

1) 기간망 대형장애 발생시 신속한 고장 위치 추적 및 조치 가능 체계 구축
2) 서부권 기간망 관리부재 대상 현행화 완료(제주권 CWDM 등)
3) 전 구성원 개인별 명확한 임무 설정으로 업무 혼선 방지
4) OTDR, 가시광, 광파워메타, GIS 등 장애처리 Tool 사용법 학습 및 현장 적용 Skill 배양
5) 광케이블 부분 단선시 복구방안 수립 능력 배양(예비코아 복구 및 신규 절체)

나. 향후계획 :

월	유형	훈련 주관	내용	비고
3	케이블 부분단선	전남/북 품솔	케이블 부분단선 복구방안 도출	훈련 종료
4	GIS활용 능력	전남/북 품솔	서부권 기간망GIS루트 점검 훈련	훈련 종료
5	협업체계 점검	전남/북 품솔	통합BP사간 협업프로세스 점검	288C 키트 복구
7	코아단선	전남/북 품솔	코아단선시 예비코아 절체 복구	
8	링오픈 복구	전남/북 품솔	피해고객 파악 및 복구 체계점검	NOC, 품솔팀 참여
9	RN 장애처리	전남/북 품솔	RN 장애발생시 대응 훈련	

【4】 '19년 서부권 4차 긴급복구모의훈련 결과 보고

1. 긴급복구모의훈련 추진방향

가. 개요 : 288C 신형 대 구형 케이블 유닛 구조 파악을 통한 장애처리시 혼선 방지 교육

나. 방식 : 288C 키트 구조 파악 후 구형케이블 신규 탈피 후 유닛 배정 훈련

다. 기간 : 2019. 09. 23(월) ~ 2019. 09. 27(금)

라. 대상 : 서부권 4개 권역

2. 긴급복구훈련 세부내용

가. 주요점검사항 :

1) 288C 긴급복구키트 300m 이상 제작 상태 점검

2) 288C 신형/구형 케이블 유닛 구분 역량 점검(구형/신형 유닛 상이함)

3) 288C 장애발생시 구형케이블 22~24번 유닛 위치 찾는 역량 검토

4) 288C 유닛 탈피시 2m 이상 탈피하는지 점검

나. 세부일정 및 결과 :

차수	지역	훈련일자	협력사	내용	결과
1	광주	2019-09-23	A사	288C 케이블 탈피 후 유닛 배정 훈련	정상종료
2	전남	2019-09-24	B사	288C 케이블 탈피 후 유닛 배정 훈련	정상종료
3	전남	2019-09-25	C사	288C 케이블 탈피 후 유닛 배정 훈련	정상종료
4	전북	2019-09-27	D사	288C 케이블 탈피 후 유닛 배정 훈련	정상종료

3. 긴급복구훈련 Review

훈련 결과	보완점 / 시사점
• 신형 288C 20번 유닛 색상은 투명색(LGU+ 288C 케이블의 20번은 검정색에 흰색 줄무늬임) • 3m 이상 탈피시 보조인력이 2명 필요하며 여건상 2m 탈피가 장애처리에 원활함 • 신형 288C 접할 수 있는 기회가 드물기 때문에 하반기 별도의 1회 훈련 필요 • 구형케이블 22~24번 유닛을 포함해서 24개 유닛의 순차 고정이 중요함 • 288C 회색 22번을 찾기 위해 앞단 함체 대조 및 국측에서 OTDR로 장애코아 대조 필요함 • 1~12번 유닛 보호튜브 색상별 필수 구비 필요 • 288C 유닛 구분은 튜브색상 구분이 매우 중요	• LGU+ 업무를 다년 수행한 접속팀은 288C 20번 혼선이 오니 상시 교육 필요함 • 2m 이상 탈피를 반드시 현장에서 장애처리시 원칙으로 하되 여건에 맞게 여장 정리함 • Emergency 신형 288C 케이블(녹색 띠가 두꺼움)을 장애처리 학습용으로 사용할 수 있게 건의하여 하반기에 신형 대 구형 복구 훈련 추진예정 • 구형의 22~24번 유닛을 찾기 위한 2가지 방안 현장 적용 1) 국사에서 OTDR을 측정하면서 장애케이블 코아 대조 2) 장애 위치 앞단 함체를 확인하여 4번째 여장판에 22~24번 회색이 수용되어 있는지 확인 • 1~12번 유닛(청등녹적황자갈흑백회연청연 등)의 색상별 튜브를 접속팀이 필히 사용할 수 있게 지침 전파, 색상과 동시에 숫자형 표기 가능한 유닛 개발 제안 필요

4. 288C 케이블 구조

가. 유닛 구조 :

1) 288C 구형케이블은 23, 24, 25번 유닛은 회색이나 현장에서는 10, 11, 12로 사용하기도 함

2) 288C 신형케이블은 20번 유닛이 투명색이며 13번부터는 검정색 스프라이트 구성

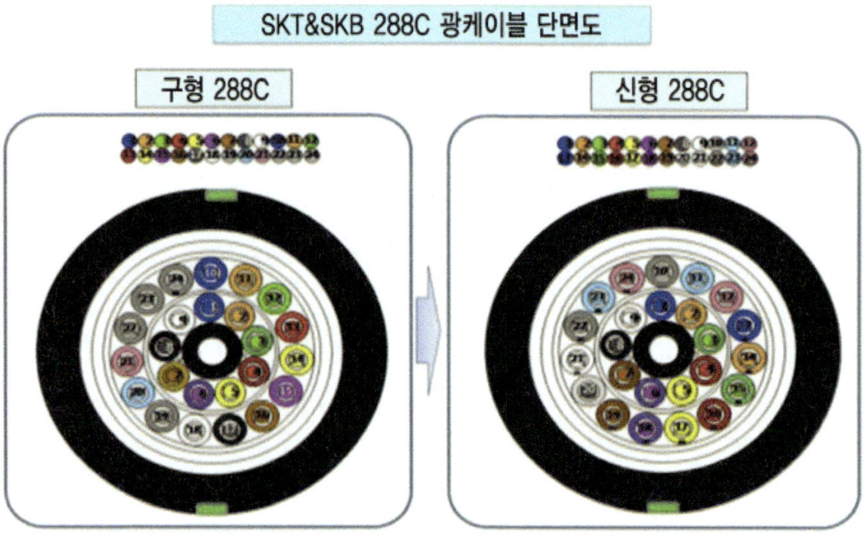

〈구형 케이블 단면도 제조사 버전〉

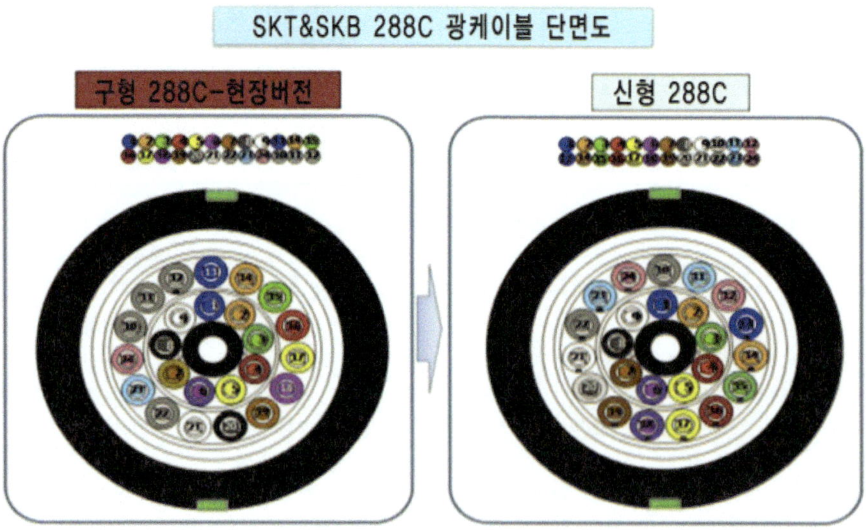

〈구형 케이블 단면도 현장 버전〉

5. 서부권 288C 현황 및 구축 특성

권역	지중	가공	총계	구축 특성
광주	121.8	20.3	142.1	288C 22, 23, 24번을 10번부터 사용하는 경우가 대부분임
전남	49.3	21.4	70.7	288C 22, 23, 24번을 10번부터 사용하는 경우가 대부분임
전북	34.8	32.6	67.4	288C 22, 23, 24번을 22번부터 사용하는 경우가 대부분임
제주	6.1	1.6	7.7	A사는 22번을 제조사 버전대로, B사는 22번을 10번부터 사용함
총계	212	75.9	287.9	-

※ 288C 신형케이블은 전남 16.5km, 서구 3.5km, 광산구 13km, 전북 5.5km 시설되었으며 점차 증가하는 추세임

※ 288C 신형케이블은 '15년도부터 생산하여 현장에 구축됨(유통사 : 원일전선, 디아이티엔지, 엠케이)

※ 구형 288C을 광주·전남권은 현장 버전으로, 전북·제주권은 제조사 버전으로 구축함

6. 288C 구축 지침

가. 기간망 → 기업망 등 주요망 순으로 1번 유닛 1번 코아부터 여장판 하단에 수용

☞ 함체 하단부터 수용해야 차후 작업시 여장판 정리 작업 빈도수가 낮아지게 됨

나. 288C 유닛 보호 튜브는 반드시 1~12번 코아색상순 튜브 사용

다. 구형 288C 케이블로 구축시 22~24번, 회색유닛은 10~12번 유닛으로 사용

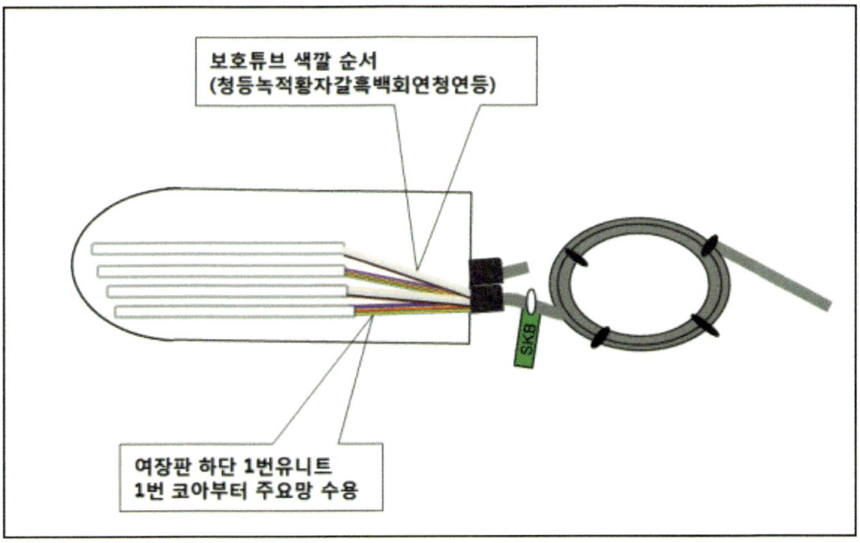

〈288C 유닛 선번 배정〉

7. 기대효과 및 향후계획

가. 기대효과 :

1) 288C 단선 대형 장애시 구형/신형 케이블 유닛을 정확하게 구분하는 역량 배양

☞ 288C 긴급복구키트 신형 케이블 제작(3개사), 그 외 구형 키트 보유

2) 288C 단선 장애시 22번 유닛을 10번 또는 22번 사용에 대한 선번 구분 역량 배양

3) 협력사 간 288C 단선시 협업체계로 신속 복구할 수 있는 System 구축

4) 288C 케이블 표준 공법 제정을 통한 구축 혼선 방지 및 제안 도출(보호튜브 색상구분)

8. 훈련사진

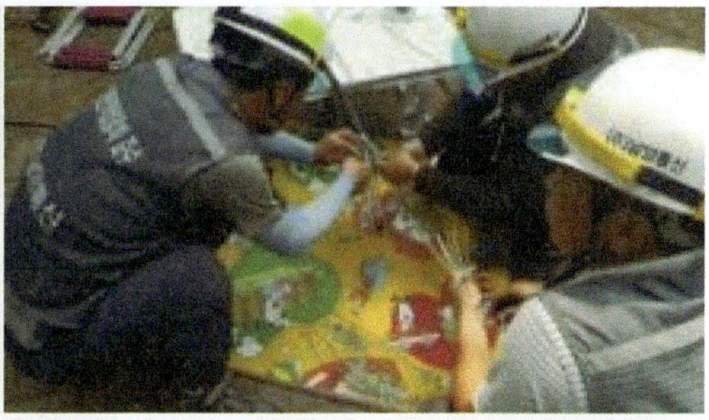

JNTECH

【5】 '19년 MCRS(OJC연결키트) 긴급복구훈련 결과

1. MCRS(OJC연결키트) 복구솔루션

가. 개요 :

> 함체내 코아 꼬임 장애발생시 기존 함체 결선대로 접속 복구를 하나 코아 혼선 및 접속여건의 어려움으로 인해 이장시간이 과다하게 소요되는 바 이에 대한 대안 솔루션인 MCRS의 기능테스트 훈련을 통해 해당 솔루션 도입여부 검증

나. 방식 : 실제 6분기 함체 결선도 OJC 연결 장애 복구 훈련시행

다. 기간 : 2019. 7. 9(화) 10:30 ~ 12:00

라. 장소/참석 : 광산국사/서부권 유지보수 구성원

마. 구성도 :

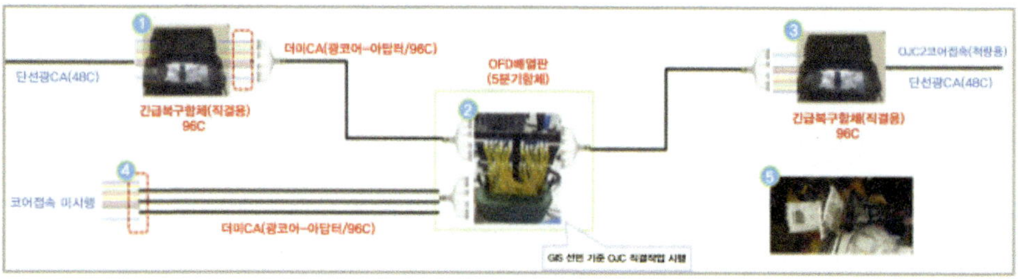

2. 긴급복구훈련 세부내용

가. 주요점검사항 :

1) 실제 장애시 함체결선도 구성 등 현장적용이 원활한가?

2) 6분기 케이블 96C 규격은 장애처리에 용량 부족함이 없는가?

3) 6개의 FDF OJC 연결시 문제점은 없는가?

4) 실제 현장 적용시 예상되는 문제점은 무엇인가?

훈련 결과	보완점 / 시사점
• 실제 장애시 OJC 연결(1회선당 5초)은 원활하나 6분기 케이블 접속 및 작업환경 확보 어려움 • GIS 선번내역을 현장에 정확히 전달 후 구성하는 반복 훈련 필요 • 상위국 OTDR 측정시 함체내 코아 밴딩 방안은 없으며 가시광 및 파워메타를 활용하여 선번 파악은 가능함 • 하위국 선번 대조 방안에 대한 별도 연구가 필요함(전단 함체에서 신호 송출 등) • 배선망 케이블 구성으로 케이블 손상 쉽게 발생 • 오접속(연결)시 단순 OJC 포트 재연결로 정상연결 가능	• 96C 1조 케이블 용량으로는 288C, 144C 장애시 해결이 불가능하기 때문에 고용량 형상변경 필요 • MCRS 키트에서 상/하위국 코아 밴딩할 수 있게 개선 필요 • 키트 크기 소형화로 고소차량 상시 비치 및 현장에서 원활한 작업이 가능하도록 개선 • 96C FDF 6조 구성에서 288C FDF 2조 구성 등 모듈 키트화 구성 필요 • 96C 배선망 케이블 구성으로 쉽게 꺾임 발생 및 케이블 손상 우려로 키트 모듈에 맞는 케이블 교체 필요

3. 기대효과 및 향후계획

가. 기대효과 :

1) 실제 함체 탈락 장애시 정확한 역할 부여와 작업환경 확보시 이장시간 최소 가능(개선모델 적용 필요)

☞ 함체내 코아 혼선 발생시 상/하위국 선번 대조로 장애이장시간이 과다 소요되며 함체내부 장애는 선번파악이 전체 장애 이장시간을 결정하는 핵심 요인임

2) 단순 함체내 재접속 복구 프레임에서 벗어나 MCRS와 같은 솔루션 연구와 응용으로 288C 접속키트 개선점 도출

나. 향후계획 :

1) MCRS 후속 모델 제작여부 확인 후 현장 적용 여부 점검 추가훈련 예정

2) MCRS와 유사한 288C 긴급복구키트 제작 후 현장 적용

4. 훈련사진

【6】 '22년 광케이블 부분 손상 OJC 복구훈련 결과

1. 긴급복구훈련 추진방향

가. 개요 : 288C 유닛 교육 훈련 및 광케이블 부분 손상 OJC 복구 훈련

나. 방식 : 288C 신형/구형 유닛 이론교육 및 광케이블 손상시 OJC 접속 훈련

다. 일정 : 2022. 10. 27(목)

라. 대상 : 서부권 3개 권역(전북/광주/제주)

2. 긴급복구훈련 세부내용

가. 중점훈련사항 :

1) 대형 고장 현장 광케이블 현장 수급 프로세스 점검

2) 288C 긴급복구키트 300m 이상 제작 상태 점검

3) 288C 신형/구형 유닛 배열 교육으로 대형 고장시 오접속 방지

4) 광케이블 손상시 단순 연결복구시 OJC 탈피 후 접속 복구 훈련

나. 세부일정 및 결과 :

순번	권역	훈련일자	협력사	내용	결과
1	전북	2022-10-27	A사	전주시 덕진구 송천동2가 1147 (솔내생활체육공원 주차장)	완료
2	광주	2022-10-27	B사	광산구 신촌동 101(보라매 축구공원)	완료
3	제주	2022-10-27	C사	제주시 원당북로 45(제주 삼양축구장)	완료

3. 훈련결과 상세

협력사	훈련내용	시사점
서부권	1. 288C 유닛 배열 교육으로 고장시 신형/구형 케이블 오접속 방지 훈련 시행 2. 광케이블 손상시 OJC 접속 복구 훈련 시행 1) 훈련개요 : '22.9.28 제주 삼화휴먼시아 지중 12C 단선시 케이블 여장활용 OJC 복구시 접속 지연 발생으로 훈련 필요성 대두(이장시간 : 10:49 ~ 12:48(119분)) 2) 훈련내용 : - OJC 탈피시에 코아를 짧게 하면 OJC 피복이 접속기 홈에 걸려 코아 융착 오류가 발생하기 때문에 코아를 길게 해서 여장 확보한 후 접속기에 고정하면 정상 접속이 가능함. - 접속기마다 코아 고정의 폭이 다르기 때문에 유지보수/접속팀이 자신이 보유하는 접속기의 특성을 잘 이해하고 고장 발생시 효율적으로 활용할 수 있어야 함.	1. 광케이블 손상시 일반 광케이블 유닛을 활용하기에는 곡률반경 등 한계가 있고 OJC 또는 드랍케이블을 이용하여 복구하는 것이 효율적임 2. 광케이블 단선으로 접속 공간이 협소하거나 여장 확보가 여유롭지 않아 OJC 케이블 등을 활용하여 코아단위로 임시 복구시에는 OJC 케이블, 드랍케이블, 피그테일 케이블 등을 활용할 수 있으며 OJC 케이블 피복 탈피와 접속기 고정 역량이 접속을 정확하게 할 수 있는 요인임

4. 기대효과 및 향후계획

가. 기대효과 :

1) 대형 고장 발생시 대용량 케이블 현장 적기 수급으로 고장 이장 시간 최소화
2) 288C 대형 고장시 신형/구형 유닛 접속 혼선 방지를 통한 이장시간 최소화
3) 광케이블 손상시 OJC 정확한 탈피법 훈련을 통한 접속 오류 방지

나. 향후계획 :

1) 4분기 동계철 대비 자재 점검 및 접속 역량 향상 훈련 시행

5. 접속기 코아 고정

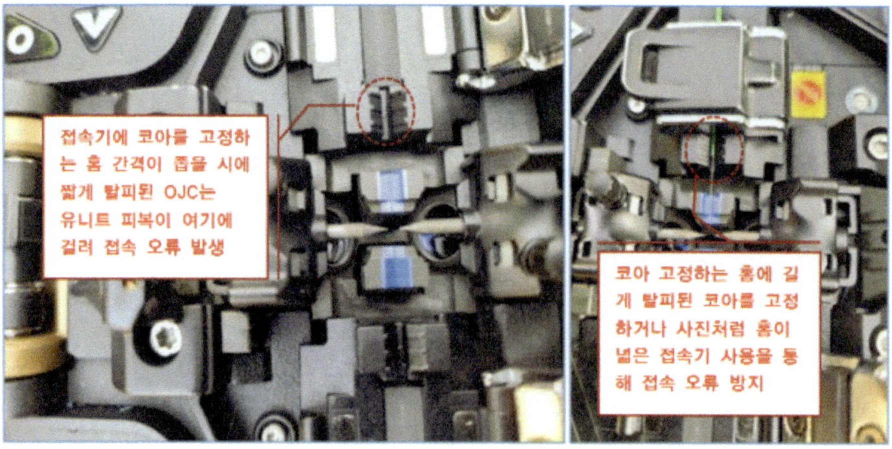

6. 훈련사진대장

【7】 트레이닝 센터 긴급복구훈련 결과 보고

1. 긴급복구훈련 추진방향

가. 개요 : 트레이닝 센터 활용하여 코아 크랙, 밴딩, 유닛 손상 특성 이해

나. 방식 :

1) 광선로 트레이닝 센터 활용하여 실제 코아/유닛 단선, 밴딩 장애 조치

2) FTTH 2, 3단 구간별 밴딩 확인 및 288C 유닛 구조 학습

다. 일정 : 2017. 4. 24(월) ~ 2017. 5. 31(수)

라. 트레이닝 센터 구성도

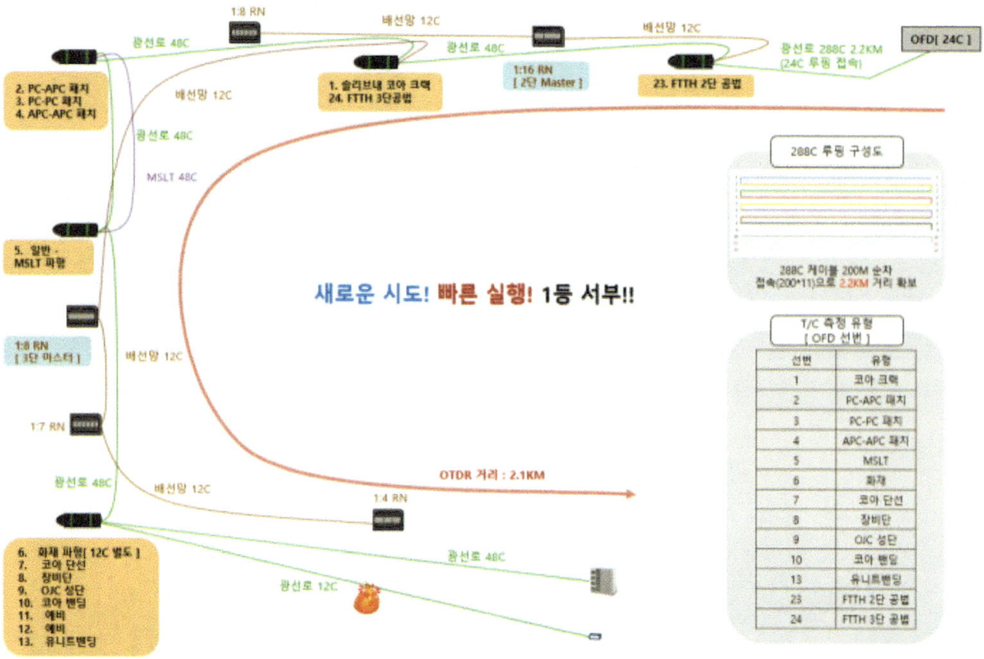

2. 긴급복구훈련 세부내용

가. 세부일정

순번	권역	훈련일자	협력사	내용	결과
1	서부	2017년 4월~5월	전 협력사	광주광역시 광산구 우산동 1575-3	완료

나. 상세 훈련 사항

선번	유형	구성 여부	교육 목적	교육 효과	비고
1	코아 크랙	○	광코아의 외부 충격에 의해 손상 및 조치 학습	코아 크랙(Crack) 발생 원인 및 손상 유형에 대해 알고 코아 크랙 장애시 위치 파악 및 조치 할 수 있다.	슬리브내 코아 손상
2	PC-APC 패치	○	PC-APC 타입의 아답터 패치시 손실치 확인 및 파형 학습	PC-APC 패치시 단면차에 의한 광손실치를 계산하고 아답터 타입 오류를 정정하여 장애처리를 할 수 있다.	PC : 단면각 90° APC : 단면각 8°
3	PC-PC 패치	○	PC-PC 타입의 아답터 패치시 손실치 확인 및 파형 학습	PC-PC 패치 구간의 정상 파형 및 손실값을 파악할 수 있다.	
4	APC-APC 패치	○	APC-APC 타입의 아답터 패치시 손실치 확인 및 파형 학습	APC-APC 패치 구간의 정상 파형 및 손실값을 파악할 수 있다.	
5	MSLT	○	MSLT 케이블과 일반케이블 접속시 차이점 학습	MSLT 케이블과 일반케이블 접속시 파형을 알 수 있고 배선망과의 접속점 손실을 추측할 수 있다.	
6	화재	X	케이블 화재 발생시 화재 지점 파형 학습	케이블 화재 발생시 단선 또는 밴딩 발생 여부를 알 수 있고 조치할 수 있다.	
7	코아 단선	○	코아 단선시 산란 및 고스트(Ghost) 파형 학습	코아 단선시 단선지점에서의 산란과 고스트(Ghost) 파형을 알 수 있고 조치할 수 있다.	
8	장비단	X	상/하위국 장비단으로부터의 광신호 검출 역량 배양	상/하위국으로부터 송출되는 광신호를 심선대조기를 통해 방향 및 선번을 파악할 수 있다.	총거리 2.3Km
9	OJC 성단	○	OJC 성단 지점의 파형(고스트 발생) 학습	OJC 성단 지점에서의 파형을 알 수 있고 장애로 인한 OTDR 측정시 하위국 유형을 추측할 수 있다.	
10	코아 밴딩	○	코아 밴딩 발생시 OTDR상에서의 위치 확인 역량 배양	코아 단선이 아닌 코아 밴딩 발생시 손실값을 계산할 수 있고 장애지점을 조치할 수 있다.	
13	유닛 밴딩	○	유닛 밴딩 발생시 OTDR상에서의 손실치 계산 역량 배양	코아 단선이 아닌 코아 밴딩 발생시 손실값을 계산할 수 있고 장애지점을 찾아 조치할 수 있다.	
23	FTTH 2단 공법	○	1:16 → 1:8 RN 구성에서의 손실값 측정 역량 배양	1:16 → 1:8 RN 구성에서 가입자단 손실치 -24dB값을 측정 및 계산할 수 있다.	
24	FTTH 3단 공법	○	1:8 → 1:7 → 1:4 RN 구성에서의 손실값 측정 역량 배양	1:8 → 1:7 → 1:4 RN 구성에서 가입자단 손실치 -24dB값을 측정 및 계산할 수 있다.	
-	288C 구형, 신형 케이블 유닛 비교	○	288C 케이블 신형 VS 구형 유닛의 차이점 학습	구형 288C 22, 23, 24번 유닛(회색), 신형 288C 13번 유닛부터 스프라이트 구조를 이해할 수 있다.	288C 케이블

3. 훈련사진대장

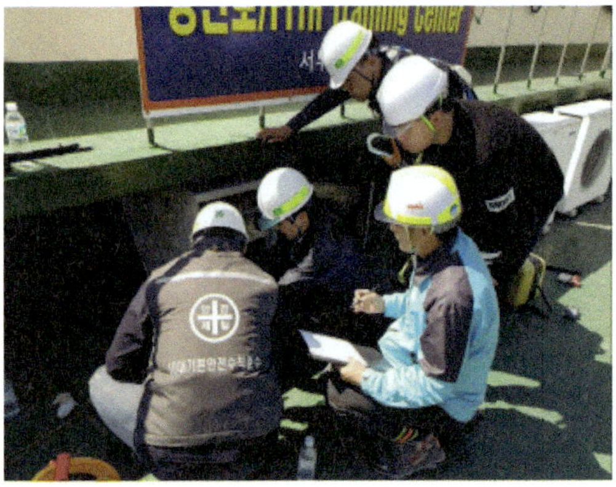

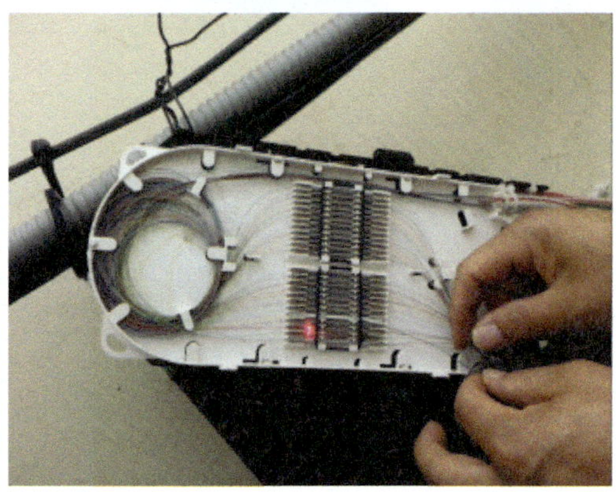

5) 긴급복구훈련 편을 마치며

그동안 광통신분야에 부족한 지식으로 이 교재의 초안 격인 〈광선로 운용 가이드북〉 교재를 집필하면서 광네트워크, 장애처리 개론, 광선로 장애유형, OTDR, 광케이블 실무, 장애복구 사례 등 광선로 전반에 걸쳐 심도 있는 내용을 포함시키려 노력하였다. 그 과정에서 긴급복구훈련 계획, 훈련유형 선정, 훈련결과 도출 등 최대한 현장 상황을 반영한 긴급복구훈련 관련 사항도 추가하게 되었다. 통신분야에서 긴급복구훈련은 그 범위가 너무 광범위해서 훈련주관자에 따라 훈련의 목적, 실행방법, 결과 도출 등이 각기 다른 형태로 나타날 수 있다는 점을 고려하여 이 교재에서는 실제 현장에서 발생되는 장애사례를 기준으로 정리하고 요약하였다.

이 교재의 긴급복구훈련 관련 내용이 표준화된 지침과 방법을 말하는 것은 아님을 밝혀둔다. 따라서 훈련주관자는 훈련시기의 트렌드와 훈련 수행 환경에 맞게 훈련을 시행하여 훈련의 품질을 높이고, 훈련참여대상자는 훈련에 성실하게 참여하여 광선로 운용 분야에 있어 자신의 역량을 향상시키는 기회로 삼았으면 한다.

CHAPTER

03

광선로 장애유형

3.1 장애유형 분류의 중요성
3.2 장애유형 상세 분류
3.3 장애유형 상세

3.1 장애유형 분류의 중요성

광통신 분야에서 광선로 장애 원인은 매우 다양하다. 대표적으로 굴착 공사중 지중 케이블 단선, 횡단구간 차량에 의한 케이블 단선, 화재로 인한 케이블 소손, 작업이나 접속 불량에 의한 코아 단선 장애 등이 이에 해당된다. 평상시에 다양한 광선로 장애 원인을 정형화하여 분석하고 그 유형을 분류하여 이에 따른 장애 복구 해결책을 미리 생각해둔다면 현장에서 신속 정확하게 장애 복구를 수행할 수 있으리라 생각한다.

필자는 한 통신사 분야에서 다년간의 장애 발생 유형을 분석해서 장애발생 **5개 범주(작업장애 / 코아 / 구내 / 환경 / 장비)의 46가지 상세 유형**으로 분류하여 이에 대한 장애특성 및 조치사항을 정리하였다. 물론 향후에 이 46가지 경우의 수를 넘어서는 새로운 유형의 장애가 발생될 수 있겠으나 현시점에서는 일단 46가지로 분류하고 이에 대한 상세 자료를 준비하였으니 유형별로 효율적인 장애 복구에 대해 학습해보자. 또 기존에 대외적으로 알려진 광선로 장애유형과 비교해 보며 그 차이점도 생각해보자. 장애유형의 사전 파악과 더불어 적재적소 '장애복구 Solution'을 적용하여 광선로 장애처리 이장시간을 최소화하는 데 도움이 되길 바란다.

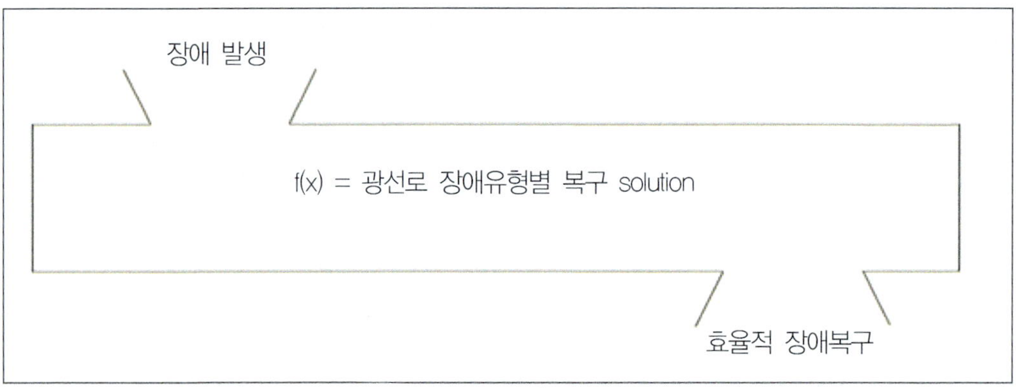

[그림 3-1-1] 장애복구 Function

[표 3-1-1] 장애요인별 예방점검포인트(기존 분류) / [출처] SKB 장애유형

<table>
<tr><th>장애
유형</th><th>구 간</th><th>중요내역</th><th>주요내역</th><th>장애요인</th><th>예방점검포인트</th></tr>
<tr><td rowspan="6">외부
장애</td><td rowspan="3">가공</td><td rowspan="2">전주철거</td><td rowspan="2">지장이설</td><td rowspan="2">무통보 전주철거</td><td>현장순시 강화</td></tr>
<tr><td>한전지장이전 사전발굴</td></tr>
<tr><td>가로수정비</td><td>위해개소</td><td>전지작업 중 케이블 손상</td><td>지자체 가로수정비기간 체크</td></tr>
<tr><td rowspan="3">지중</td><td>도로공사</td><td>위해개소</td><td>심도저하굴착중 관로/케이블파손</td><td>지중표시기, 중요회선구간현장입회</td></tr>
<tr><td>사유지공사</td><td>위해개소</td><td>사유지내, 경계선구간 케이블파손</td><td>공사구간 위험표지판 설치</td></tr>
<tr><td>지반침하</td><td>위해개소</td><td>공사/폭우 토사유실지반침하</td><td>공사지역, 취약개소 현장순시 강화</td></tr>
<tr><td rowspan="5">작업</td><td rowspan="2">가공</td><td>코아단선/밴딩</td><td>함체</td><td>함체 접속중 코아밴딩/절단</td><td>불량함체 교체 및 선번DB현행화</td></tr>
<tr><td>케이블 오절단</td><td>철거작업</td><td>작업자 오판에 의한 활선 손상</td><td>철거작업절차 준수, 사전협의 必</td></tr>
<tr><td rowspan="3">지중</td><td>점검중충격 /밴딩</td><td>함체</td><td>함체견인/오픈 시 외부충격</td><td>함체견인/오픈시 주의</td></tr>
<tr><td>선번오류단선</td><td>함체</td><td>선번 오류에 의한 활선단선</td><td>작업 전 밴딩 시험 수행</td></tr>
<tr><td>선통작업단선</td><td>관로</td><td>선통 작업 중 활선케이블 손상</td><td>작업지침 준수(인력선통)</td></tr>
<tr><td rowspan="2">장비</td><td rowspan="2">공동
건물</td><td>장비설치중충격</td><td>OJC</td><td>장비설치중 활선 저촉</td><td>작업절차 준수</td></tr>
<tr><td>APT실정비</td><td>케이블</td><td>미통보 APT측 작업에 의한 단선</td><td>APT자체 공사일정파악</td></tr>
<tr><td rowspan="3">환경</td><td rowspan="3">가공
/
건물
/
지중</td><td>화재</td><td>위해개소</td><td>건물 등 화재에 의한 케이블 소손</td><td>환경정리</td></tr>
<tr><td>함체결빙</td><td>기온변화</td><td>함체침수로 인한 함체내 코어단선</td><td>작업 후 함체정비 철저, 불량함체 교체</td></tr>
<tr><td>설치류 훼손</td><td>환경정리</td><td>설치류에 의한 케이블손실</td><td>광단국 환경정리</td></tr>
</table>

장애유형	구 간	중요내역	주요내역	장애요인	예방점검포인트
차량	가공	집게차량	위해개소	집게차량에 의한 케이블절단사고	지상고 위험표시판 확대설치
		지상고미달	위해개소	지상고미달로 인한 케이블절단	횡단구간 지상고 승고
기타	국사내	FDF미정비	해지철거	미사용 OJC신호 유입으로 인한 작업오판 장애유발	미사용 장비포트 off, OJC 탈거
		작업공지오류	작업관리	공지누락으로 인한 장애인식	작업 전 회선 수 및 선번DB 조사

3.2 장애유형 상세 분류

다음은 필자가 분류한 5개 범주 46가지 장애 원인별 특성 및 조치 사항이다.

[표 3-2-1] 5개 범주 46가지 장애유형

장애 구분	케이블 손상 형태	장애코드 (FAULT CODE)	장애원인	장애특성 및 조치
작업 장애	케이블 전체 / 부분 손상(밴딩)	FAULT CODE - 01	전주철거(가로등) 작업중 케이블 손상	케이블 여장 확보 가능시 함체 1EA 시설 후 복구, 불가능시 긴급복구키트 활용을 통한 복구
		FAULT CODE - 02	가지치기작업중 케이블 손상	전지가위 또는 전기톱에 의한 케이블 손상 지점을 찾아야 하며 작업자를 통해 확인하는 것이 가장 빠름. OTDR 측정도 병행
		FAULT CODE - 03	맨홀 함체내 케이블 탈장	양수작업이 필요할 수 있으며 전체 또는 일부 탈장인 경우에 따라 장애조치 이장시간이 상이함
		FAULT CODE - 04	맨홀파손에 의한 케이블 손상	맨홀내 여장확보가 가능하면 함체 1EA 신설 후 복구. 불가능시 맨홀대 맨홀로 신규 포설 후 복구해야 하며 장구간 경우 많음
		FAULT CODE - 05	굴착공사작업중 케이블 손상	케이블 단선시 긴급복구키트 활용 복구. 부분 손상시 예비코아로 복구해야 하며 예비코아 확보 불가시 케이블 절단 필요
		FAULT CODE - 06	작업자에 의한 케이블 인위 절단 (케이블 손상)	인위절단 지점이 전체 단선이면 긴급복구키트 복구. 부분 손상이면 예비코아 절체 복구
		FAULT CODE - 07	함체교체작업중 케이블 오절단	이미 케이블이 절단되었기 때문에 가복구보다 함체교체 후 신규케이블로 복구하는 경우가 많음
		FAULT CODE - 08	케이블 포설(선통)시 외피 쓸림에 의한 유닛 손상 또는 밴딩	지중구간에 주로 발생하며 맨홀대 맨홀 구간 손상시 예비코아 또는 신규 포설로 복구
		FAULT CODE - 09	인위적 충격에 의한 함체내 케이블 탈락	함체 인입 케이블단 작업중 함체내에 케이블 탈락이 발생하는 경우로, 직선형 함체 또는 RN단자에서 빈번하게 발생

장애 구분	케이블 손상 형태	장애코드 (FAULT CODE)	장애원인	장애특성 및 조치
코아 장애	일부 코아 손상(밴딩)	FAULT CODE - 10	함체내 코아 단선 및 밴딩	접속팀이 작업중 인위장애가 발생하는 경우가 많고, 코아가 스크래치(목단 포함)가 난 상태에서 단선으로 이어지는 경우가 있음
		FAULT CODE - 11	케이블내 코아 단선 및 밴딩	케이블내 코아 불량으로 코아 단선 또는 밴딩에 의한 장애로 OTDR 측정시에도 확인되며 함체 대 함체 예비코아 절체 복구
		FAULT CODE - 12	함체 여장판내 유닛 전체 밴딩	함체 뚜껑을 닫다가 여장판 사이 유닛 전체 밴딩 발생하는 경우가 있으며 OTDR 측정치로 장애 지점을 찾아야 함
		FAULT CODE - 13	함체내 튜브 빠짐에 의한 장애	유닛 보호 튜브가 빠지면서 코아 단선 또는 밴딩으로 장애가 발생하는 경우
		FAULT CODE - 14	RN 이후 단 1코아 밴딩 및 단선	마스터 ~ 슬레이브 단자 구간 점검이 필요하며, 상위국에서 OTDR 측정은 마스터단까지만 가능, RN 선번 파악이 중요
		FAULT CODE - 15	슬리브 내 코아 접속불량으로 장애	OTDR로 단선 or 밴딩 파형인지 확인해야 하며, 재접속 후 복구
		FAULT CODE - 16	유닛/코아 단위 선번 오접속 (작업 부주의)	유닛 선번 혼선에 의한 접속 오류, 288C 22, 23, 24번 유닛 접속시 유닛 단위 오접속 발생

장애 구분	케이블 손상 형태	장애코드 (FAULT CODE)	장애원인	장애특성 및 조치
구내 장애	케이블 전체 / 부분 손상(밴딩)	FAULT CODE - 17	설치류(쥐)에 의한 코아 단선	OFD 성단 케이블 또는 장비단 OJC 손상인지 확인하여 재성단 또는 OJC 케이블 교체로 복구
		FAULT CODE - 18	작업중 OJC 케이블 물리적 손상	작업도중 OJC 케이블에 물리적 손상을 입혀 장애가 발생되며 OJC 케이블 재성단 및 교체로 복구
		FAULT CODE - 19	OFD 성단 커넥터 불량	광신호가 Loss 또는 -30dB를 넘는 경우가 발생하고 커넥터 교체로 재접속 후 복구, 국사~하위국 OTDR 측정이 필요하며 난이도가 높은 장애임
		FAULT CODE - 20	장비단 OJC 커넥터 인위 탈거 또는 접촉 불량	인위 탈거로 장애, OFD~하위국 장비 OJC 연장시 SC타입 커넥터 접촉 불량으로 장애가 지속되는 경우이며, 상/하위국 신호 대조로 장애 확인
		FAULT CODE - 21	OFD 뚜껑 닫는 과정중 꺾임 또는 장비단 앞 OJC 꺾임	OFD와 장비단 OJC 구분하여 광신호 대조로 장애구간 확인, 육안 실사시에도 손상부분 확인 가능
		FAULT CODE - 22	고객 해지로 랙 철거시 케이블 단선으로 서비스 중단 장애	케이블 여장 확보가 가능하면 외피 탈피 후 재성단으로 복구 가능, 최종 해지건이면 복구 불필요하며 케이블 철거 후 종료
		FAULT CODE - 23	전기 누전에 의한 케이블 손상 (구내전기선 또는 옥상 혼촉 구간)	전기 누전에 의해 광케이블 외피와 유닛이 녹아내려 장애가 발생되며 예비코아 또는 구내 구간 케이블 수용 내역 없을시 절단 복구
		FAULT CODE - 24	구내 전기작업 중 케이블 오절단	오절단 구간 여장확보 후 함체 1EA시설로 복구 또는 긴급복구키트 복구
		FAULT CODE - 25	예초 작업에 의한 인입케이블 단선	메인FDF 및 각 동간 루트 육안 점검이 필요하며 케이블 여장 확보로 신설 1EA 복구 또는 긴급복구키트 복구
		FAULT CODE - 26	코아 고정불량에 의한 밴딩(미니OFD)	미니OFD내 코아 고정 불량으로 코아 이탈하여 장애 발생으로 재접속 복구

장애 구분	케이블 손상 형태	장애코드 (FAULT CODE)	장애원인	장애특성 및 조치
환경 장애	케이블 전체 / 부분 손상(밴딩)	FAULT CODE - 27	횡단구간 차량에 의한 케이블 단선	장력에 의한 추가 단선 및 함체 탈락이 발생하기 때문에 사고 지점 전/후 함체 점검(접속팀 함체 개방 필) 및 사고지점 OTDR 신호 대조 필요
		FAULT CODE - 28	화재로 인한 케이블 손상	장애구간 소방서 통제를 따라 안전이 확보된 루트로 케이블 신규포설을 원칙으로 하고, 예비코아 확보작업도 병행, 전체 또는 부분 소손인지 판단이 중요함
		FAULT CODE - 29	함체결빙에 의한 코아 단선	결빙함체에 커피포트로 끓인 물을 지속적으로 부어 녹여서 해빙하고, 절대로 물리적인 충격을 가해서는 안 됨
		FAULT CODE - 30	총기류에 의한 산탄장애	함체 대 함체 케이블 경간에 산탄에 의한 장애로 예비코아 확보 후 복구해야 하며, 예비코아 확보 불가능시 신규포설 후 복구
		FAULT CODE - 31	공사/폭우/토사유실/지반침하로 함체파손 또는 케이블 손상	공사구간 안전요소 고려 여장확보 후 복구 또는 신규 포설로 복구
		FAULT CODE - 32	강풍에 의한 단자내 케이블 탈락	강풍으로 FTTH RN단자 내 케이블 탈락이 발생하는 경우로 케이블 유닛 사용코아 재접속으로 복구
		FAULT CODE - 33	강풍에 의한 기존 손상코아 단선 발생	기존 케이블내 코아가 손상되어 있었으나 서비스는 양호한 상태에서 강풍에 의해 케이블내 코아 손상 발생으로 OTDR로 구간 확인 후 복구

장애 구분	케이블 손상 형태	장애코드 (FAULT CODE)	장애원인	장애특성 및 조치
장비 장애	無	FAULT CODE - 41	GBIC 불량	OLT 포트 GBIC 불량으로 하위국 신호 측정시 -30 ~ 40dB 측정이 되고 OLT 시스템상에서 광신호 확인 요청 후 GBIC 교체 후 복구
		FAULT CODE - 42	역광	하위국 1가입자가 1310nm 파장으로 역으로 광송출하여 일부 또는 전체 가입자에 영향을 주는 장애로 관제는 이분법으로 가입자 차단, 광선로팀은 한 가입자씩 포트 제거 또는 코아 절단으로 역광 가입자 확인 가능
		FAULT CODE - 43	이원화 국소 고립 (전기문제 또는 차단기 OFF)	장비단에서 'POWER OFF' 로그가 아닌 'LOSS'로 관제가 되기 때문에 단일인입구간 또는 중복구간 여부 확인 필요
		FAULT CODE - 44	RN불량으로 하위국 신호 Loss 또는 30~40dB 검출	코아가 연결된 RN 스플리터 불량시 재접속으로 복구가 가능하며 장비간 연결된 OJC용 RN은 단순 교체로 복구 가능
		FAULT CODE - 45	국사측 신호 감쇄기 불량으로 BIP 에러 발생	국사측 신호 감쇄기 교체로 복구 가능하며, 상위국 장비단에서 BIP 에러가 확인되는데 UP 스트림에 log 발생
		FAULT CODE - 46	기지국내 항온항습기 고장으로 장비고열로 트래픽 이상 발생	하위국에서 측정 광신호값이 OJC, GBIC 불량 장애처럼 유동적으로 변화 발생

3.3 장애유형 상세

광선로 장애 5개 범주 46가지 장애유형 중에서 반드시 알아야 할 대표적인 장애유형에 대해 상세히 정리해보았다. 각 유형별 장애는 실제 현장에서 발생된 사례이며, 원인 및 특성을 사진과 함께 복구 방안 위주로 정리하였다.

■ 광선로 장애유형 【01】

<table>
<tr><th>장애구분</th><th>케이블손상형태</th><th>장애유형코드</th></tr>
<tr><td>작업장애</td><td>케이블 전체 /
부분 손상(밴딩)</td><td>FAULT CODE - 01</td></tr>
<tr><th colspan="3">장애원인</th></tr>
<tr><td colspan="3">전주철거(가로등) 작업중 케이블 손상</td></tr>
<tr><th colspan="3">장애특성 및 조치</th></tr>
<tr><td colspan="3">케이블 여장 확보 가능시 함체 1EA 시설 후 복구,
불가능시 긴급복구키트 활용을 통한 복구</td></tr>
<tr><th>사진대장 I</th><th>사진대장 II</th><th>사진대장 III</th></tr>
<tr><td></td><td></td><td></td></tr>
<tr><th colspan="3">상세내용</th></tr>
<tr><td colspan="3">전주 철거중 케이블 단선이 발생하는 경우이며 현장 도착시 철거 작업이 진행중이거나 사진대장 III 처럼 전주 자체가 이미 철거된 후 조가선 및 케이블만 현장에 남아 있는 경우도 있다. 케이블 단선 구간 양단 케이블 여장 확보 후 함체 1EA 신설로 복구가 중요하나 여의치 않을 시 긴급복구키트를 활용하여 복구하는 것이 가장 빠른 복구 방법이 되겠다. 추가로 HFC ONU, UPS가 시설된 전주 도괴시 HFC팀과 함께 복구하는 것이 중요하다.</td></tr>
<tr><th colspan="3">KEYWORD</th></tr>
<tr><td colspan="3">한전, 전주철거, 케이블 단선, 긴급복구키트, HFC(ONU, UPS)</td></tr>
</table>

■ 광선로 장애유형 【02】

<table>
<tr><th>장애구분</th><th>케이블손상형태</th><th>장애유형코드</th></tr>
<tr><td>작업장애</td><td>케이블 전체 /
부분 손상(밴딩)</td><td>FAULT CODE - 02</td></tr>
<tr><th colspan="3">장애원인</th></tr>
<tr><td colspan="3">가지치기작업 중 케이블 손상</td></tr>
<tr><th colspan="3">장애특성 및 조치</th></tr>
<tr><td colspan="3">전기톱에 의한 케이블 손상 지점을 찾아야 하며
작업자를 통해 확인하는 것도 방안, OTDR 측정도 병행</td></tr>
<tr><th>사진대장 I</th><th>사진대장 II</th><th>사진대장 III</th></tr>
<tr><td>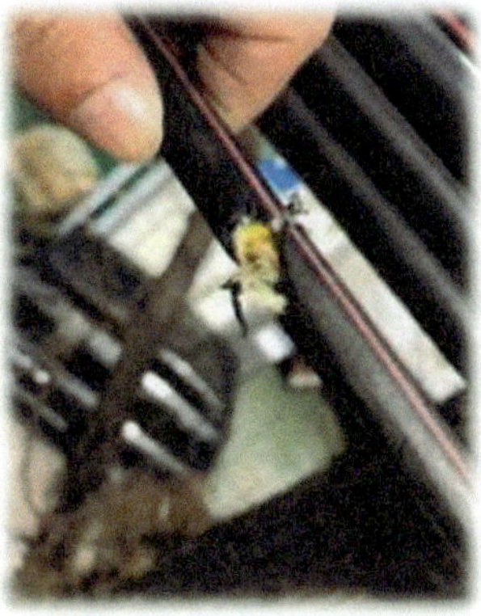</td><td></td><td></td></tr>
<tr><th colspan="3">상세내용</th></tr>
<tr><td colspan="3">가지치기에 의한 케이블 손상 장애 발생시 대부분 유닛 일부가 손상되기 때문에 장애지점 확인 및 효율적인 장애 복구방안 수립이 장애이장시간에 결정적인 영향을 미친다. 장애지점은 OTDR 측정 및 육안 순시를 통해 확인해야 하며, GIS E-T-E와 거리 오차가 있기 때문에 OTDR 측정팀과 함체내 밴딩 확인시 장애 지점쪽으로 차량 메타기를 통해 정확한 거리 산정으로 장애위치를 찾는 방법도 고려해볼 수 있다.
장애복구방안으로는 ① 케이블 중간 분기 공법 복구, ② 함체 양단 예비코아 복구, ③ 케이블 절단 후 키트 복구로 생각해볼 수 있으며, 예비코아가 여유치 않을 시 수용가입자를 고려하여 과감히 케이블 절단 후 복구하는 것도 좋은 방안이 되겠다. 추가로 가지치기 장애는 전기톱 사용시 작업자의 부주의에 의해 케이블이 손상되어 발생하는 사례가 많은데, 작업자가 이를 알고도 묵인한 채 작업을 진행하는 경우가 많기 때문에 작업자에게 작업구간 및 케이블 손상 위치 인지여부 등 질의를 통해 위치 확인이 필요하다.</td></tr>
<tr><th colspan="3">KEYWORD</th></tr>
<tr><td colspan="3">가지치기, 유닛 단선, 작업자 정보확인</td></tr>
</table>

■ 광선로 장애유형 【03】

<table>
<tr><th>장애구분</th><th>케이블손상형태</th><th>장애유형코드</th></tr>
<tr><td>작업장애</td><td>케이블 전체 /
부분 손상(밴딩)</td><td>FAULT CODE - 03</td></tr>
<tr><th colspan="3">장애원인</th></tr>
<tr><td colspan="3">맨홀 함체내 케이블 탈장</td></tr>
<tr><th colspan="3">장애특성 및 조치</th></tr>
<tr><td colspan="3">작업자에 의해 발생하며 전체 또는 일부 탈장 경우에 따라 장애 이장시간이 상이함</td></tr>
<tr><th>사진대장 I</th><th>사진대장 II</th><th>사진대장 III</th></tr>
<tr><td></td><td></td><td>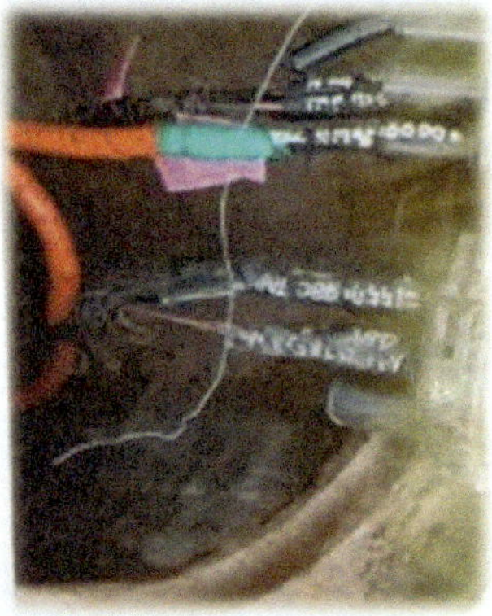</td></tr>
<tr><th colspan="3">상세내용</th></tr>
<tr><td colspan="3">맨홀내 함체에서 케이블 탈장은 작업자가 함체를 지상으로 인상하기 위해 물리적인 힘을 가할 시 발생되며(수축관 아래로 케이블이 탈락되어 유닛이 이격되고 코아가 노출되는 형태로 코아 손상 또는 밴딩이 발생) 장애발생 초기 케이블 손상 범위를 고려한 장애복구 방안 수립이 무엇보다 중요하다.

〈장애복구 방안〉
① 빠진 케이블을 함체내로 삽입하여 단선코아 재접속 후 복구
② 맨홀간 케이블 여장 확보 후 신규 탈피 후 함체내 결선도대로 재접속 후 복구
③ 여장확보 불가시 케이블 절단 후 맨홀 구간 신규포설로 복구(케이블 전체 장애시)
④ 결선도 오류시 함체 분기지점 각 접속팀 위치 후 1:1 복구</td></tr>
<tr><th colspan="3">KEYWORD</th></tr>
<tr><td colspan="3">케이블 탈락, 복구방안 수립</td></tr>
</table>

■ 광선로 장애유형 【05】

장애구분	케이블손상형태	장애유형코드
작업장애	케이블 전체 / 부분 손상(밴딩)	FAULT CODE - 05

장애원인
굴착 공사작업중 케이블 손상

장애특성 및 조치
케이블 단선시 여장확보 후 함체 신설 또는 긴급복구키트 활용 복구, 유닛 부분 손상시 예비코아로 복구해야 하며 예비코아 확보 불가시 케이블 절단 필요

사진대장 I	사진대장 II	사진대장 III

상세내용
굴착 공사중 케이블 단선 장애발생시 무엇보다 지중케이블의 손상 규모 파악 및 손상규모에 따른 복구 작업계획 수립이 중요하다(장애위치 파악은 기본적으로 수행 간주). 최초 현장 도착자는 정확한 케이블 손상 규모를 파악하고 케이블 완전 단선시 양단 케이블의 여장확보가 가능하다면 함체 1EA 신설 또는 긴급복구키트 활용 복구가 가장 빠른 방법임을 고려해야 한다. 만약 여장확보가 불가능하다면 장애지점 양단 끝 맨홀에서 케이블을 당기고 맨홀대 맨홀 케이블 신규 포설을 통해 접속 복구를 시행해야 한다. 일부 유닛 단선시에는 GIS 케이블 수용내역 정보확인 및 현장 심선대조를 통해 예비코아 복구를 시행한다. 케이블의 유닛 손상이 70~80% 시 인위로 케이블 절단 후 함체 신설을 통한 접속 복구 방안도 반드시 고려해야 한다.

KEYWORD
굴착공사, 케이블단선, 케이블 여장확보, 양단 맨홀위치 정보

■ 광선로 장애유형 【06】

장애구분	케이블손상형태	장애유형코드
작업장애	케이블 전체 / 부분 손상(밴딩)	FAULT CODE - 06

장애원인

작업자에 의한 케이블 인위 절단(케이블 손상)

장애특성 및 조치

인위절단 지점이 전체 단선이면 긴급복구키트 복구,
부분 손상이면 예비코아 절체 복구

사진대장Ⅰ	사진대장Ⅱ	사진대장Ⅲ
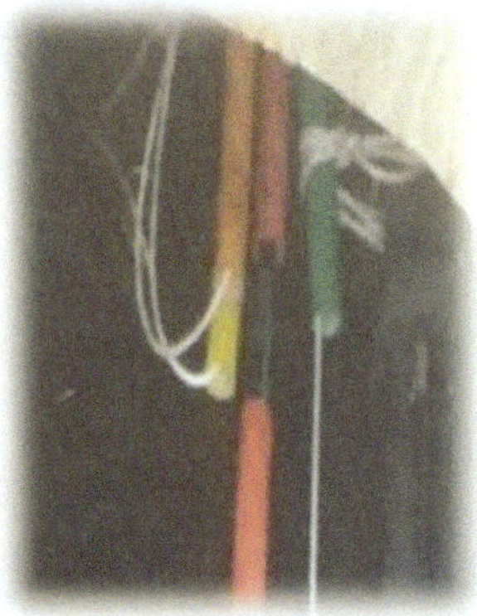		

상세내용

케이블 인위절단은 작업자의 시설 혼동과 민원인에 의해 발생하는 경우로 나눌 수 있다. 작업자의 인위 단선의 경우 광케이블의 특성상 여러 조수가 가공 또는 지중에 시설되어 있기 때문에, 케이블 신규 포설로 절체 작업 완료 후 철거해야 할 케이블 혼선으로 발생할 수 있다. 또한 동일 제조번호로 케이블을 시설한 구간에서 철거 작업시 착오가 발생될 수 있다. 민원인에 의해 절단이 발생하는 경우는 케이블의 사유지 침범, 재산상의 손실발생 후 보상불가 등 악의적인 의도로 주로 발생한다.

〈실발생 사례〉
광주 백운 송천파인힐 민원인에 의한 12C 케이블 인위절단(케이블 조망권 침해)
광주 첨단 ○○작업팀 자사 케이블 철거시 혼선으로 A사 72C 케이블 절단
전북 만성지구 공사현장 방송망 케이블 철거시 혼선으로 144C 케이블 절단(톱날)

KEYWORD

휴먼장애, 인위절단, 케이블 철거

■ 광선로 장애유형 【08】

<table>
<tr><th>장애구분</th><th>케이블손상형태</th><th>장애유형코드</th></tr>
<tr><td>작업장애</td><td>케이블 전체 /
부분 손상(밴딩)</td><td>FAULT CODE - 08</td></tr>
<tr><th colspan="3">장애원인</th></tr>
<tr><td colspan="3">지중관로 케이블 포설(선통)시 외피 쓸림에 의한 유닛손상 또는 밴딩</td></tr>
<tr><th colspan="3">장애특성 및 조치</th></tr>
<tr><td colspan="3">지중구간에 주로 발생하며 맨홀대 맨홀 구간 손상시 예비코아 또는 신규 포설로 복구</td></tr>
<tr><th>사진대장 I</th><th>사진대장 II</th><th>사진대장 III</th></tr>
<tr><td></td><td></td><td></td></tr>
<tr><th colspan="3">상세내용</th></tr>
<tr><td colspan="3">지중구간 선통작업 및 케이블 포설시 내관내의 케이블을 무리하게 포설하면서 주변 케이블 및 맨홀 외벽과 물리적인 마찰에 의해 광케이블 외피 및 코아가 손상되는 장애가 발생한다. 복구방안은 일부 유닛 손상시 맨홀 양단 예비코아를 활용하여 복구할 수 있으며, 전체 케이블 손상시에는 절단 후 맨홀 대 맨홀 신규 포설 후 장애 양단 케이블 탈피 후 접속 복구를 해야 한다. 실제 '17년 10월 27일 정읍에서 맨홀 내 케이블 포설 도중 72C 1조 손상이 발생하였으며 케이블 절단 후 양단 맨홀 포설로 복구하였다. 현장에서 지중관로 케이블 포설시 케이블 손상 장애는 빈번히 발생하는 편(이를 방지하기 위해 반드시 부직포 등을 대고 작업해야 함)이며, 맨홀내 인입 내관 전면부를 제외하고 손상부위 파악이 어렵기 때문에 OTDR 측정 및 밴딩을 이용하여 철저히 장애지점을 파악해서 장애조치를 해야 한다.</td></tr>
<tr><th colspan="3">KEYWORD</th></tr>
<tr><td colspan="3">선통작업, 지중케이블 포설, 케이블 외피코아 손상</td></tr>
</table>

■ 광선로 장애유형 【09】

장애구분	케이블손상형태	장애유형코드
작업장애	케이블 전체 / 부분 손상(밴딩)	FAULT CODE - 09

장애원인
인위적 충격에 의한 함체내 케이블 탈락

장애특성 및 조치
함체 인입 케이블단 작업중 함체내에 케이블 탈락이 발생하는 경우로, 직선형 함체 또는 RN단자에서 발생 활률이 높음

사진대장 I	사진대장 II	사진대장 III

상세내용
가공 구간의 직선형 함체 또는 RN단자내 케이블이 탈락하는 경우는 횡단구간 차량(크레인 및 탑차 등)에 의해 발생하는 경우가 많다. 케이블이 차량에 의해 당겨지면서 그 힘의 전도가 함체나 단자로 이동하면서 케이블이 탈피된 부분에서 탈락이 발생한다. 케이블 탈락지점을 확인하기 전 케이블 단선구간만 확인해서 장애조치를 하는 경향이 있으며 케이블이 단선지점을 확인했더라도 양단 함체 및 단자 탈락여부는 반드시 확인해야 한다. 직선형 함체, 슬레이브 단자내 케이블은 가공 횡단 구간에서 차량에 의한 탈락이 쉽게 발생한다.

KEYWORD
직선형 함체, RN단자, 케이블 탈락

■ 광선로 장애유형【10】

장애구분	케이블손상형태	장애유형코드
코아장애	일부 코아 손상(밴딩)	FAULT CODE - 10

장애원인
함체내 코아 단선 및 밴딩

장애특성 및 조치
접속팀이 작업중 인위장애로 발생하는 경우가 많고, 코아가 스크래치(목단 포함)가 난 상태에서 장력에 의해 단선으로 이어지는 경우도 있음

사진대장 I	사진대장 II	사진대장 III
	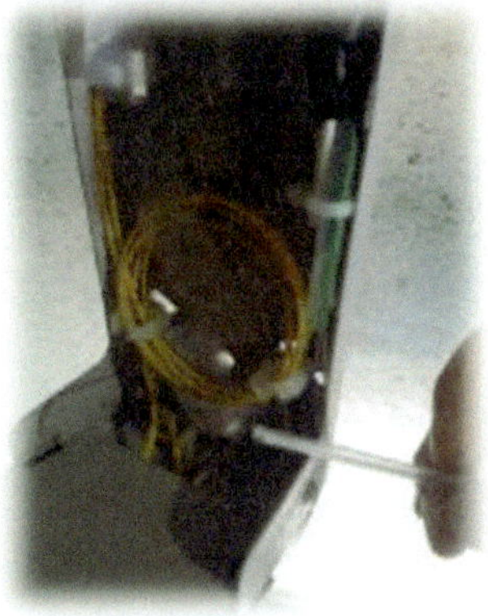	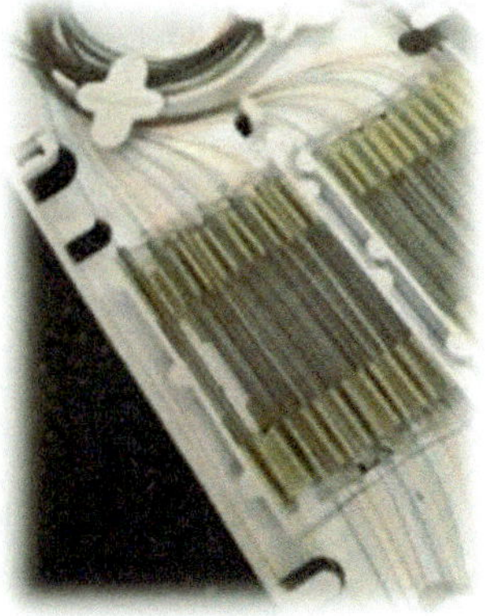

상세내용
광케이블 코아 구조 특성상 물리적 충격이 가해지지 않는다면 그 접점면을 유지해서 전송로 매개체로서 기능을 유지한다. 그러나 직경이 채 1cm도 안 되는 코아가 함체내에서 단선 장애로 발생하는 경우는 상당히 많다. 그 원인은 최초 케이블 외피 탈피시 컷팅기에 의한 손상, 히팅 후 손가락(손톱)으로 슬리브 고정시 손상, 강제접속, 작업자 공기구에 의한 손상, 바닥에 쓸리거나 외부 충격으로 발생하는 손상을 생각해 볼 수 있다. 손상을 입은 채로 시설된 코아는 장력에 의한 단선(지구상의 모든 무게를 가진 물체는 중력에 의해 아래로 향하는 성질이 있기 때문에)과 접속팀 또는 외부 물리적 충격에 의해 코아 단선이 발생할 수 있다. 함체 개방시 육안점검 또는 OTDR을 이용한 밴딩, 가시광원발생기 대조를 통해 단선 지점을 확인할 수 있다.

KEYWORD
함체내 코아 단선, 장력, 외부충격, 계측기 대조

■ 광선로 장애유형 【11】

장애구분	케이블손상형태	장애유형코드
코아장애	일부 코아 손상(밴딩)	FAULT CODE - 11

장애원인
케이블내 코아 단선 및 밴딩

장애특성 및 조치
케이블내 코아 불량으로 코아 단선 또는 밴딩에 의한 장애로로 OTDR 측정시에도 확인되며 함체 대 함체 예비코아 절체 복구

사진대장 I	사진대장 II	사진대장 III
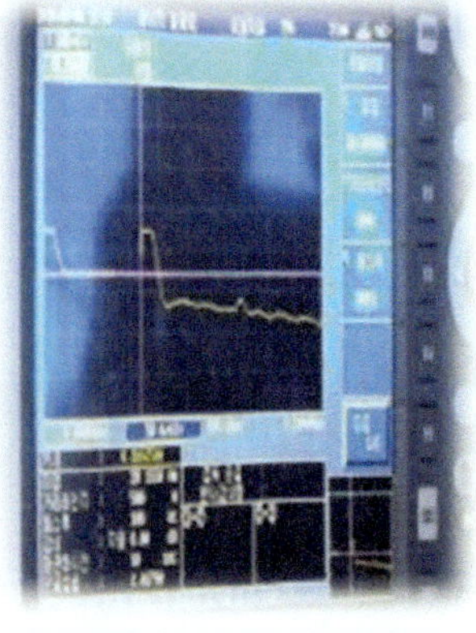	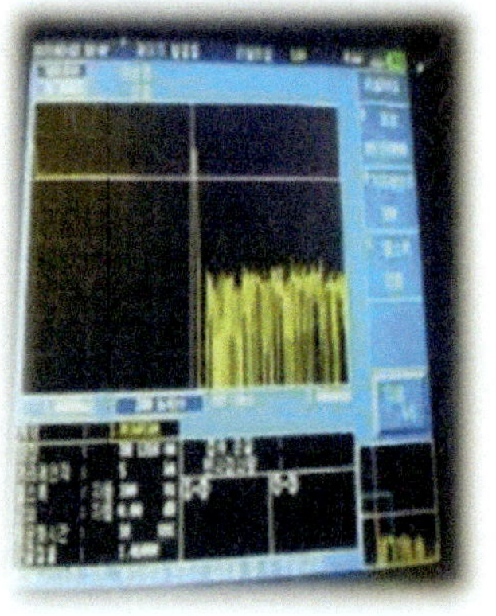	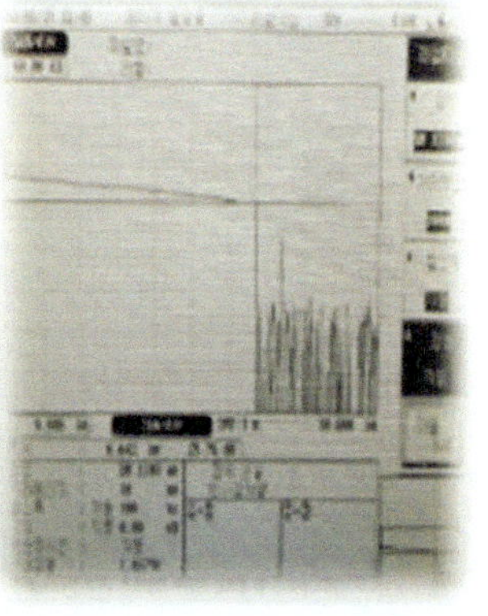

상세내용
케이블 내 불량 코아가 발생하는 경우는 주로 제조시부터 품질이 온전치 않은 채 납품되는 경우(품질테스트시에는 양호했으나 추후 품질 저하 추정)와 현장에 시설 후 운용중에 외부 충격에 의해 밴딩 성격으로 발생하는 경우로 나누어 볼 수 있다. 케이블내 코아 단선보다 코아 밴딩이 대부분 발생하며, OTDR 측정시 일반적인 단선 파형으로 나타나기보다는 프레넬 반사 부분의 손실이 적은 밴딩 파형으로 나타난다. 케이블내 불량 코아로 장애 발생시 양단 함체에서 예비코아로 절체하는 것이 가장 효과적인 방법이 되겠다. 불량이 발생한 케이블은 절체가 필요하다.

KEYWORD
케이블내 불량코아, 코아 밴딩, 예비코아 절체

■ 광선로 장애유형 【12】

장애구분	케이블손상형태	장애유형코드
코아장애	일부 코아 손상(밴딩)	FAULT CODE - 12

장애원인
외부충격 및 작업자에 의한 함체내 유닛 전체 밴딩

장애특성 및 조치
외부 충격 및 함체 뚜껑을 닫다가 여장판 사이 유닛 전체 밴딩 발생, OTDR 측정치로 장애 지점 찾아야 함

사진대장 I	사진대장 II	사진대장 III
		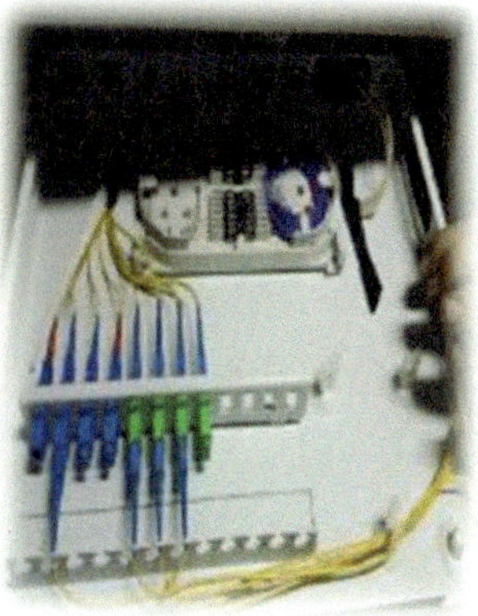

상세내용
접속팀이 함체 결선 작업 후 유닛 자체에 밴딩을 가한 채 함체 뚜껑을 닫아 장애가 발생하는 경우로, 장애 개소 코아에 대해 상위국에서 OTDR 측정시 모두 밴딩 파형으로 나타난다. 상/하위국에서 OTDR 측정을 통하여 유닛 밴딩 지점을 찾아야 하며 함체 개방 후 유닛 밴딩 해소를 통하여 장애를 복구할 수 있다. 또한 랙에 시설된 OFD 여장판에서 유닛 밴딩이 발생할 수도 있다. 사례) '16. 3. 24 고창 FTTH 6개셀 작업자에 의한 함체내 일부 유닛 밴딩 발생 '17. 3. 27 광주 북구 크레인 차량에 의한 함체내 일부 유닛 밴딩 발생

KEYWORD
함체, 유닛, 밴딩

■ 광선로 장애유형 【14】

장애구분	케이블손상형태	장애유형코드
코아장애	일부 코아 손상(밴딩)	FAULT CODE - 14

장애원인
RN이후 단 1코아 밴딩 및 단선

장애특성 및 조치
마스터 ~ 슬레이브 단자 구간 점검이 필요하며, 상위국에서 OTDR 측정은 마스터단까지만 가능, RN 선번 파악이 중요

사진대장 I	사진대장 II	사진대장 III
	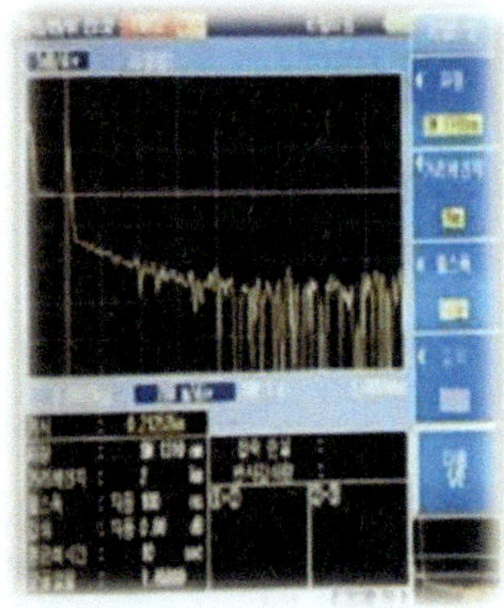	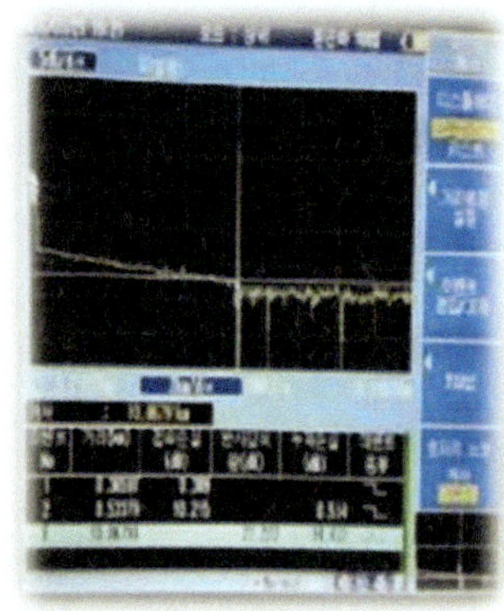

상세내용
RN마스터단 이후 장애시 자주 발생하는 오류는 상위국 OTDR 측정 과정과 장애규모 파악 혼선에 대한 부분이다. 1가입자 장애인지 전체 수용가입자 장애인지 가입자망과 확인한 후 1가입자 장애시 슬레이브단자 ~ 장애가입자 점검, 전체 장애시에는 마스터단에서 광신호 측정 후 LOSS시 상위국~마스터단 구간 OTDR 대조를 해야 한다. 상위국에서 OTDR측정시 RN까지만 측정되기 때문에 하위국까지 OTDR이 측정된다고 착각해서는 안 된다. 광선로 장애 외에 장비단 GBIC모듈 불량 장애시에도 하위국에서 광신호값들이 -30dB 이상 측정되기 때문에 광선로와 장비 양단으로 장애원인 가능성을 두고 그 원인에 맞게 조치해야 한다. 실제 OTDR 측정 오류, GBIC모듈 장애, RN마스터 뒷단으로 10km 경로로 1가입자가 개통된 경우 등 장애처리시 혼선을 주는 다양한 요인이 있었다. 추가로 마스터에서 광신호 측정 LOSS시 상위국향 코아를 단선 후 OJC 연결하여 OTDR을 측정해 장애처리 하는 방안도 생각해봐야 한다.

KEYWORD
마스터단자, 스플리터, 상/하위국 OTDR측정

■ 광선로 장애유형【15】

장애구분	케이블손상형태	장애유형코드
코아장애	일부 코아 손상(밴딩)	FAULT CODE - 15

장애원인
슬리브내 코아 접속불량으로 장애

장애특성 및 조치
OTDR로 단선, 밴딩 파형인지 확인해야 하며, 재접속 후 복구

사진대장 I	사진대장 II	사진대장 III
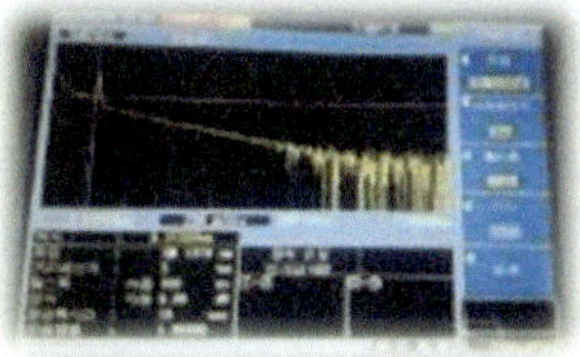 	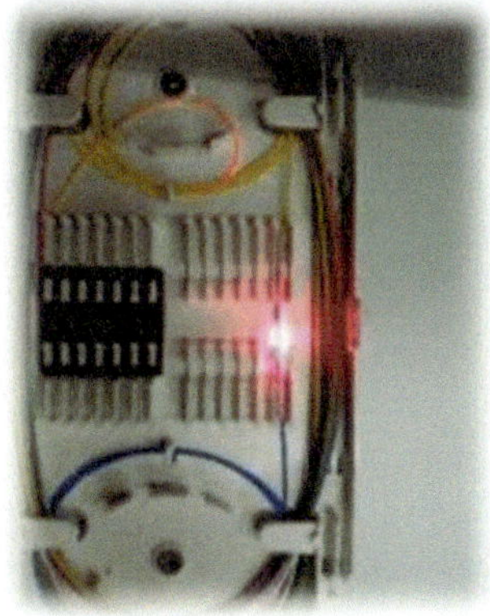	

상세내용
슬리브내 코아 접속 불량은 현장에서 상당히 많은 빈도수로 발생되고 있으며, 주된 발생 원인은 히팅 후 여장판 슬리브 고정시 중간 부분에 물리적 압력(열 제거 후 여장판 고정 원칙), 접속기 불량, 강제 융착 접속, 습하고 우천시의 접속시(날씨가 맑은 주간 접속이 표준)이 발생하는 것으로 나누어 생각해볼 수 있다. 하위국 장비단 레벨 측정기준으로 평균 -8dB ~ -28dB 손실값(Thres Hold)으로 광선로 구성이 되면 장비단에서는 정상으로 인식되어 운용할 수 있으나 접속 불량으로 품질저하인 채 최대 손실치로 겨우 운용된다면 추가 레벨 저하시 장애로 연계될 수 있다. OTDR측정과 병행하여 가시광으로 쉽게 장애지점을 파악할 수 있으나 주간에도 함체 주변을 옷 등으로 주변 환경을 어둡게 해서 확인할 수 있다. 실제 이 유형의 장애는 대부분 재접속을 통해 조치할 수 있다. 여장판내 슬리브 고정은 반드시 슬리브 히팅 후 완전히 열을 식힌 다음에 고정하는 것이 중요하다.

KEYWORD
슬리브내 단선, 밴딩, 융착접속, 재접속

■ 광선로 장애유형 【17】

장애구분	케이블손상형태	장애유형코드
코아장애	케이블 전체 / 부분 손상(밴딩)	FAULT CODE - 17

장애원인
설치류(쥐)에 의한 코아 단선

장애특성 및 조치
OFD 성단 케이블 또는 장비단 OJC 손상인지 확인하여 재성단 또는 OJC 케이블 교체로 복구

사진대장 I	사진대장 II	사진대장 III
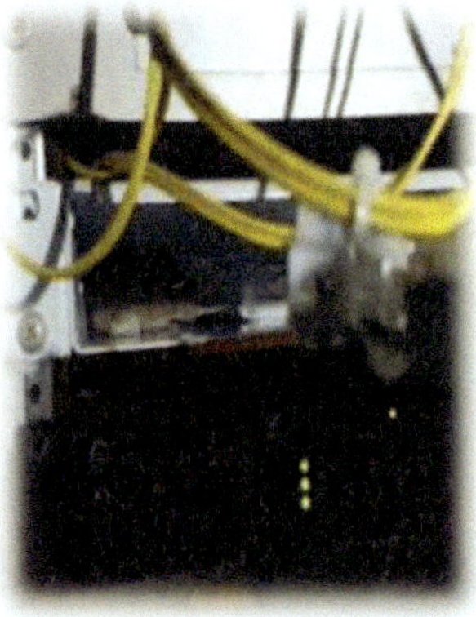	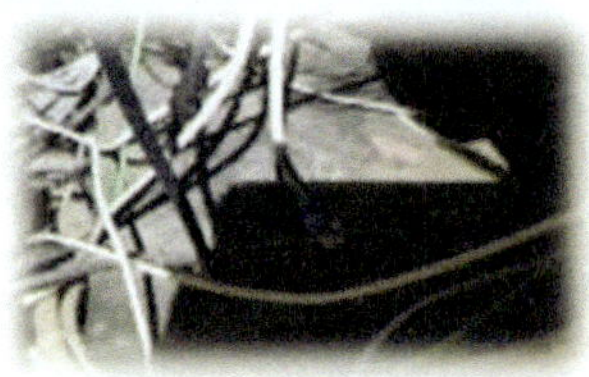 	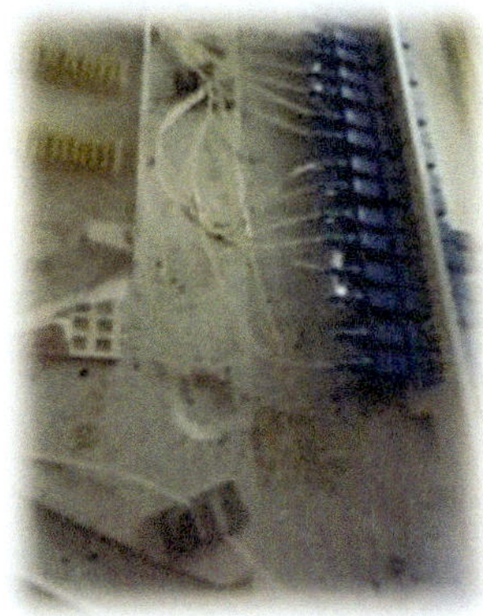

상세내용
설치류의 입장에서 랙 안의 공간은 훌륭한 놀이터이자 장비의 따뜻한 온기로 인해 편안한 휴식처가 될 수 있다. 설치류, 즉 쥐는 생물학적 특성상 이빨을 갈면서 살아가는 경향이 있어서 이로 인해 OJC 케이블을 갉아서 장애를 발생시키는 경우가 상당히 많다. 장애 발생으로 현장 도착시 육안으로 바로 확인되는 경우가 많으며, 가시광을 통해서 정확한 장애지점을 확인할 수 있다. RN전단 Main코아 장애시 재접속을 통한 복구가 가능하며 단순 스플리터만 손상을 입었다면 스플리터 교체 후 복구할 수 있다. 현장 여건이 열악하여 스플리터 교체가 어렵다면 피그테일 타입의 광점퍼코드(다발형 OJC)를 이용하여 개별 접속 후 복구할 수 있다. 장애 예방으로 쥐덫을 놓는다거나 랙 입구를 폼 또는 테이프로 막는 등의 방법이 있으나 좀 더 실효성 있는 방안을 강구해야 한다. 최근에는 메탈 OJC 시설을 통하여 설치류로부터 피해를 막는 공법도 개발되었다.

KEYWORD
설치류, 쥐, OJC단선, 재접속, 스플리터 교체

■ 광선로 장애유형 【20】

장애구분	케이블손상형태	장애유형코드
구내장애	케이블 전체 / 부분 손상(밴딩)	FAULT CODE - 20

장애원인
장비단 OJC 커넥터 인위 탈거 또는 접촉 불량

장애특성 및 조치
인위탈거로 장애, OFD~하위국 장비 OJC 연장시 SC타입 커넥터 접촉 불량으로 장애 지속되는 경우이며, 상/하위국 신호대조로 장애 확인

사진대장 I	사진대장 II	사진대장 III
	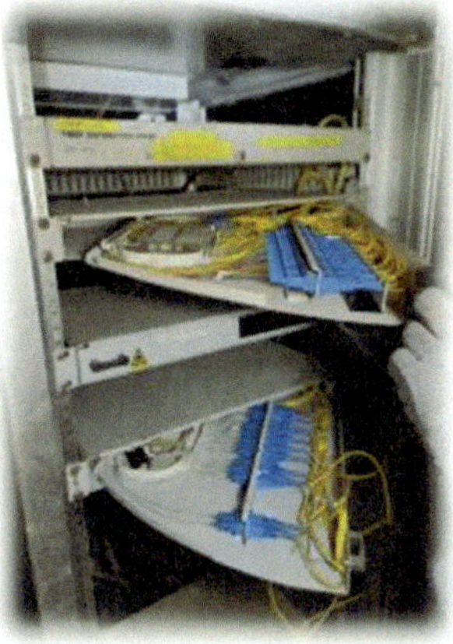	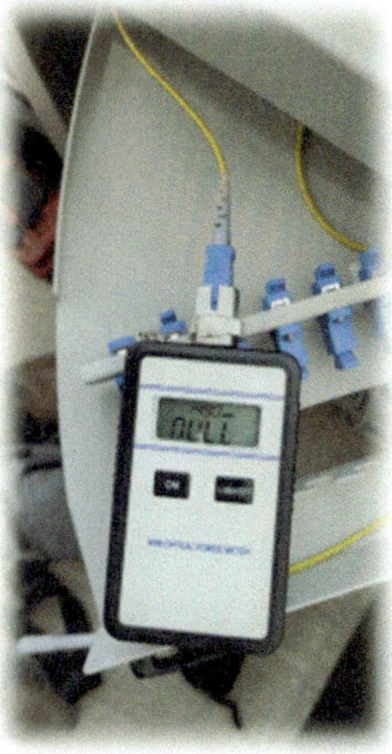

상세내용
OFD단 장애는 광선로 루트 구성에서 융착 구간이 아닌 국사내 장비 연결 또는 패치 구간에서 작업자의 단순 실수에 의한 오탈거로 발생하거나 아답터 불량, OJC 커넥터간 접촉 불량에 의해서 발생한다. OJC커넥터간 접촉 불량인 경우 어댑터 사이에 커넥터의 정확한 접촉(Air 제거)을 통해 해결할 수 있으며 현장에서 이 장애는 발생 빈도수가 높다. 오탈거에 의한 장애는 비교적 복구가 빠른 편이지만 어댑터가 불량이거나, OJC 커넥터의 불량(인입성단코아도 해당)시 원인을 찾기까지 다소 시간이 걸릴 수 있다. 국사내 FDF는 SC-PC타입의 커넥터를 주로 사용하지만 만약 SC-APC 타입의 OJC커넥터 케이블을 사용하였을 경우에는 그 단면의 접촉 단차(8도)에 의해서 광선로 품질 확보가 어려울 뿐만 아니라 장애로 이어질 수 있다. 정확한 타입의 OJC 커넥터를 사용해야 하며 만약 어댑터 불량시에는 어댑터 교체를 통해 복구가 가능하다.

KEYWORD
인위탈거, 어댑터, OJC커넥터, 접촉면

■ 광선로 장애유형 【27】

장애구분	케이블손상형태	장애유형코드
환경장애	케이블 전체 / 부분 손상(밴딩)	FAULT CODE - 27

장애원인
횡단구간 차량에 의한 케이블 단선

장애특성 및 조치
장력에 의한 추가 단선 및 함체 탈락 발생하기 때문에 사고 지점 전/후 함체 점검(접속팀 함체 개방 필) 및 사고지점 OTDR 신호 대조 필요

사진대장 I	사진대장 II	사진대장 III

상세내용
횡단구간 케이블 단선 장애는 굉장히 많은 빈도수로 발생하는데 자칫 초기대응을 잘못하면 최종 장애 조치까지 많은 시간이 소요될 수 있다. 그 이유는 횡단 구간 장애시 대부분 육안으로 단선 장애 케이블을 확인하고 그 지점만 복구하려는 경향이 있기 때문이다. 장애조치 오류를 방지하기 위해서는 케이블 단선 지점 양단 함체에서 케이블 탈락 여부를 확인하고 함체를 개방하여 광신호를 검출해야 한다. 횡단구간에서 주로 크레인이나 집게차 등의 중장비 차량에 의해 단선이 발생되며 횡단구간 광케이블은 차량에 의해 당겨지면서 양단의 함체에 물리적인 힘이 전달되어 케이블 탈락이 발생한다. 실제 '15년 5월에 여수에서 발생한 장애는 횡단구간 단선지점에서 700m 거리에 위치한 함체에서 케이블이 탈락되었다. '17년 12월에 장수에서 발생한 횡단구간 장애도 함체 탈락여부를 확인하지 못해 조치가 지연되었다.

KEYWORD
횡단구간, 케이블 단선, 함체내 케이블 탈락

■ 광선로 장애유형 【28】

<table>
<tr><th>장애구분</th><th>케이블손상형태</th><th>장애유형코드</th></tr>
<tr><td>환경장애</td><td>케이블 전체 /
부분 손상(밴딩)</td><td>FAULT CODE - 28</td></tr>
<tr><th colspan="3">장애원인</th></tr>
<tr><td colspan="3">화재로 인한 케이블 손상</td></tr>
<tr><th colspan="3">장애특성 및 조치</th></tr>
<tr><td colspan="3">장애구간 소방서 통제를 따라 여건확보 후 지면에 케이블 신규포설을 원칙으로 하고,
예비코아 확보작업도 병행, 전체 또는 부분 소손인지 판단이 필요함</td></tr>
<tr><th>사진대장 I</th><th>사진대장 II</th><th>사진대장 III</th></tr>
<tr><td></td><td></td><td></td></tr>
<tr><th colspan="3">상세내용</th></tr>
<tr><td colspan="3">화재로 광케이블의 소손 장애 발생시 현장의 안전확보가 최우선이다. 건물화재, 나대지 전주 옆 건초 등 발화물로 화재, 변압기 화재, 농촌 둑 태우기 화재 등 그 원인은 다양하며 현장의 안전을 절대적으로 확보한 채 케이블 손상 규모를 정확히 파악한 후 장애복구 계획을 수립해야 한다. 케이블 전체가 소손이라면 인위절단 후 긴급복구키트를 통한 복구가 가장 이상적이며 장애 현장에 도착한 외선팀이 케이블 손상 규모와 상관없이 장애구간을 커버하여 신규포설(우회루트 포설 포함)을 진행하는 것이 예비코아 확보가 어려울 경우를 대비한 적절한 대책이 되겠다. 화재 구간이 광범위하다면 케이블에 가해지는 열에너지가 상이한 채 유닛마다 일부 코아 손상이 발생하는데 그 손상 범위가 매우 불규칙하게 발생할 수 있다. 실제 '18년 3월 나주에서 둑 태우기에 의해 발생한 72C 소손장애는 2번, 4번 유닛에서 손상지점이 불규칙하게 발생하였다.</td></tr>
<tr><th colspan="3">KEYWORD</th></tr>
<tr><td colspan="3">화재, 소손, 케이블 손상, 유닛 손상</td></tr>
</table>

■ 광선로 장애유형 【29】

장애구분	케이블손상형태	장애유형코드
환경장애	케이블 전체 / 부분 손상(밴딩)	FAULT CODE - 29

장애원인
함체결빙에 의한 코아 단선

장애특성 및 조치
결빙함체에 커피포트로 끓인 물을 지속적으로 부어 녹여서 해빙하고, 절대 물리적인 충격을 가해서는 안 됨

사진대장 I	사진대장 II	사진대장 III

상세내용
결빙함체장애가 발생하는 주요 원인은 수축관 고정불량, 함체결합 불량 등에 의해 눈/빗물 등이 유입되어 그 물이 얼어 코아에 영향을 주기 때문이다. 즉 함체안의 물이 얼어가는 과정(물의 분자 운동시 부피 팽창)에서 코아에 압력이 가해져 밴딩이 발생한다. 결빙함체의 장애처리시 물리적인 힘으로 함체 케이스를 열려고 하는데 이는 매우 잘못된 방법이다. 결빙함체를 녹이려면 우선적으로 뜨거운 물이 준비되어야 한다. 커피포트 등 물을 가열할 수 있는 기구를 준비하여 함체와 함체케이스 주변에 지속적으로 뜨거운 물을 부어 얼음을 녹여야 한다. 결빙함체 발생에 대비해서 차량 등에 커피포트를 가지고 다니면 좋겠으나 장애빈도수가 낮기 때문에(지역 및 날씨에 의해 편차 많음) 현실성이 결여되므로, 가장 현실적인 방안은 사무실 및 인근 상점 등에서 커피포트를 확보하여 물을 끓여서 함체에 여러 차례 부어서 녹인 후 장애처리를 하는 것이다.

KEYWORD
함체결빙, 얼음, 커피포트, 온수

■ 광선로 장애유형 【30】

장애구분	케이블손상형태	장애유형코드
환경장애	케이블 전체 / 부분 손상(밴딩)	FAULT CODE - 30
장애원인		
총기류에 의한 산탄장애		
장애특성 및 조치		
함체 대 함체 케이블 경간에 산탄에 의한 장애로 예비코아 확보 후 복구해야 하며, 예비코아 확보 불가능 시에는 신규포설 후 복구		
사진대장 I	**사진대장 II**	**사진대장 III**
	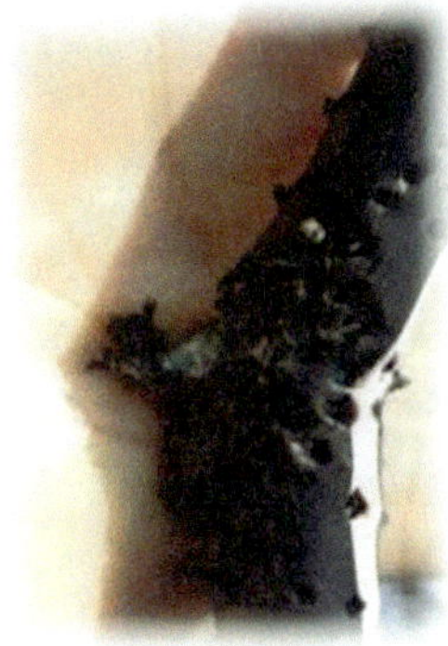	
상세내용		
산탄 장애는 조류를 잡기 위한 총격으로 인해 가공케이블에 코아 손상이 발생되는 장애이다. 도심지에서는 발생되지 않는 장애이며, 외곽 나대지 구간에서 가끔씩 발생되는 장애유형이다. 장애지점을 파악하기가 쉽지 않아 상/하위국에서 OTDR을 측정한 후 함체에서 코아 밴딩을 통해 실제 손상 지점을 확인하는 방법이 가장 정확하다. 장애 위치파악을 위해 육안 순시중 지상에 탄피가 있다면 그 인근이 장애 지점일 수 있다는 것도 의심해봐야 한다. 일부 코아 장애시 예비코아로 절체가 가능하나 전체 코아 손상이 발생되었다면 장애지점 케이블 인위 절단 후 키트로 절체 복구해야 한다. 코아 손상개소가 많고 규칙적이지 않다면 예비코아 확보 과정이 어렵기 때문에 장애조치에 과다한 시간이 소요될 수 있는 난이도 상급 유형이다. 평균적으로 겨울에서 초여름 사이에 산탄 장애가 주로 발생하는 편이다.		
KEYWORD		
산탄, 총격, 코아손상, 예비코아 절체, 케이블 절단 복구		

■ 광선로 장애유형【36】

<table>
<tr><th>장애구분</th><th>케이블손상형태</th><th>장애유형코드</th></tr>
<tr><td>환경장애</td><td>케이블 전체 /
부분 손상(밴딩)</td><td>FAULT CODE - 36</td></tr>
<tr><th colspan="3">장애원인</th></tr>
<tr><td colspan="3">강풍에 날린 시설물(지붕, 광고판)로 케이블 손상</td></tr>
<tr><th colspan="3">장애특성 및 조치</th></tr>
<tr><td colspan="3">케이블 손상 구간 예비코아 복구 또는 신규포설로 복구</td></tr>
<tr><th>사진대장 I</th><th>사진대장 II</th><th>사진대장 III</th></tr>
<tr><td></td><td>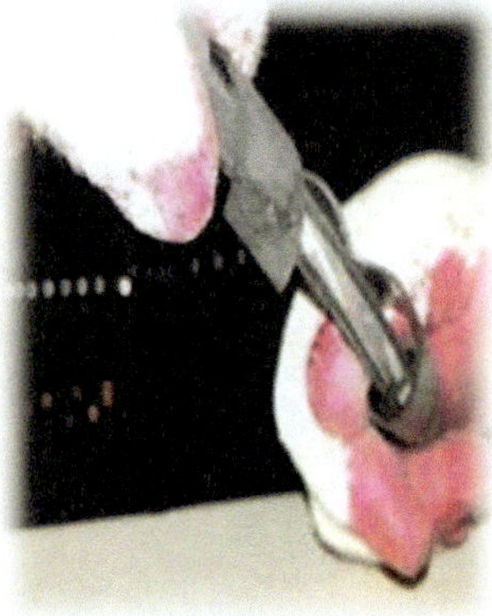</td><td></td></tr>
<tr><th colspan="3">상세내용</th></tr>
<tr><td colspan="3">태풍, 장마 등 강풍이 불 때 시설물의 손상이 발생될 가능성이 많다. 전주도괴, 케이블 혼촉, 시설물에 의한 손상 등이 대표적인 장애유형이다. 강풍에 의한 전주도괴로 광케이블 손상, 신호등 및 가로등 지지대와 케이블 혼촉으로 유닛 손상, 지붕, 광고판 등 강풍에 의해 날린 시설물에 의해 케이블 손상이 발생할 수 있다. 전주 및 IP주가 폭우로 지반이 약화되고 강풍에 의해서 쓰러짐으로 케이블이 손상될 수 있다. 일례로 바람이 많은 해안가나 제주도에서는 아파트 인입 가공 구간에 케이블 손상이 자주 발생되기도 한다. 그러나 이 지역뿐만 아니라 타 지역에서도 많은 빈도수로 발생되는 장애이다.</td></tr>
<tr><th colspan="3">KEYWORD</th></tr>
<tr><td colspan="3">강풍, 혼촉, 시설물 손상</td></tr>
</table>

■ 광선로 장애유형 【38】

<table>
<tr><th>장애구분</th><th>케이블손상형태</th><th>장애유형코드</th></tr>
<tr><td>환경장애</td><td>케이블 전체 /
부분 손상(밴딩)</td><td>FAULT CODE - 38</td></tr>
<tr><th colspan="3">장애원인</th></tr>
<tr><td colspan="3">개미, 벌 등 곤충류에 의한 코아 및 유닛 손상</td></tr>
<tr><th colspan="3">장애특성 및 조치</th></tr>
<tr><td colspan="3">함체 또는 RN단자에 개미가 침투하여 코아를 갉아 먹어 생기는 장애로
함체내 코아 전체 점검 및 개미 침투를 방지할 해결책 필요</td></tr>
<tr><th>사진대장 I</th><th>사진대장 II</th><th>사진대장 III</th></tr>
<tr><td>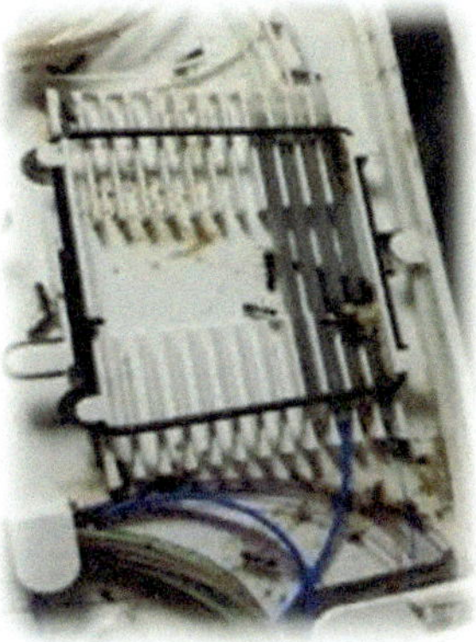</td><td></td><td>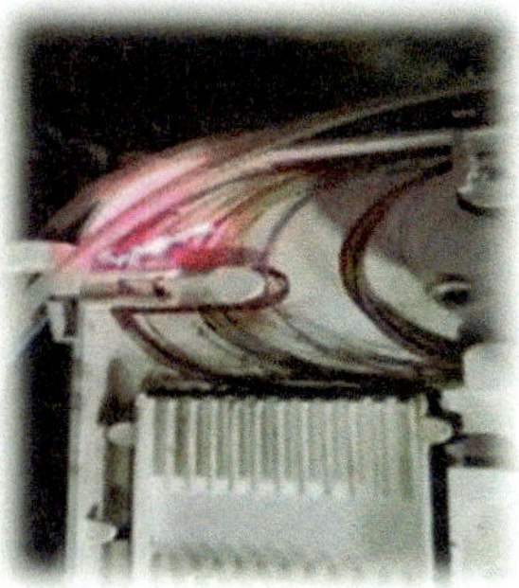</td></tr>
<tr><th colspan="3">상세내용</th></tr>
<tr><td colspan="3">곤충류인 개미는 자신의 몸집보다 큰 물체를 이동하기 위해 턱이 매우 발달해 있다. 평상시 발달된 턱으로 함체내 젤리가 묻어 단 냄새가 나는 코아를 갉는다면 코아 손상 장애가 발생할 수 있다. 장애발생시 장애 함체내 손상 코아의 재접속으로 복구할 수 있다. 또한 추가 장애 대비 전체 코아를 점검할 필요가 있으며, 재발 방지를 위해 개미 침투가 불가능하도록 함체의 입구를 막는 등 별도의 조치가 필요하다.</td></tr>
<tr><th colspan="3">KEYWORD</th></tr>
<tr><td colspan="3">개미, 코아 손상</td></tr>
</table>

CHAPTER

04

OTDR

4.1 OTDR이란?

4.2 OTDR 파형 해석

4.3 표준SMF 광학적 특성표

4.4 데드존의 이해

4.5 펄스폭의 이해

4.6 펄스폭의 종류

4.7 1310nm, 1550nm 측정의 차이점

4.8 OTDR을 공부해야 하는 이유

4.9 OTDR 측정 예시

4.1 OTDR이란?

광섬유에 광펄스를 시간에 따라 입사시키면 그 입사된 빛의 일부가 산란되어 입사단쪽으로 되돌아오는데, 광섬유 측정기 OTDR(Optical Time-Domain Reflectometer)은 이 산란된 빛(후방산란파)을 통하여 광섬유의 손실, 접속점, 파단점 등을 확인할 수 있는 계측 장비이다. 즉, 광섬유에 입사된 광펄스 반사광의 파워 레벨로 광섬유의 접속점, 굴절부 및 개방단 등에 관한 정보를 알 수 있으며 시간에 따라 빛이 되돌아오는 후방산란광의 정보로 입사단부터 출사단까지의 거리를 알 수 있다.

다시 말해 OTDR법은 펄스를 신호(signal)로 써서 피측정 광섬유에 빛을 입사(input)시켜 파단점에서의 프레넬 반사(fresnel reflections) 또는 광섬유 내의 레일리 산란광(rayleigh scattering)을 검출함으로써 광섬유의 장애 지점, 밴딩 등 손실특성(loss characteristics)을 측정하는 방법이다.

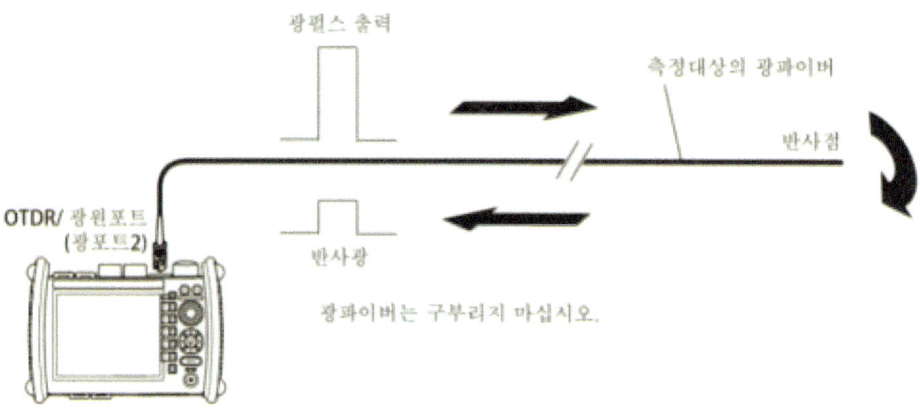

[그림 4-1-1] OTDR의 측정
[출처] AQ1200 한글설명서 - 광펄스 측정

입사한 광펄스가 반사해 돌아오는 시간으로 입사단부터 출사단까지의 거리를 구하는 식은 다음과 같다.

[표 4-1-1] OTDR상 거리 계산

L(거리) = C × T/N // 거리 = (속도/굴절률)*시간
C : 진공중 진행하는 광의 속도 2.99792×10^8 [m/s] // 초당 30만 km
T : 광펄스를 입사한 후 산란 후 입사단까지 되돌아오는 시간
N : 굴절률

빛의 진공중 속도는 C = 300,000,000m/s이지만 석영(유리)이라는 매질을 지나갈 때 속도는 C/N이다. 석영(유리)에서의 굴절률 N은 1.46이지만 1.5로 가정하자. 참고로 굴절률이란 광물로 빛을 입사할 때, 광물 내에서 빛의 속도가 줄어든 비율이다. N = C/V에서 V는 광물내에서의 빛의 속도를 가리킨다. 즉 유리의 굴절율은 1.46이며, 이는 진공에서의 빛의 속도가 유리 내에서 빛의 속도보다 약 1.46배 큼을 의미한다. 석영의 굴절율이 1.5이기 때문에 석영 내에서 1초당 빛의 속도는 다음과 같다.

$$\frac{300,000,000}{1.5} = 200,000,000$$

빛이 석영이라는 매질에서 1초당 20만 km로 이동한다고 할 때 1m당 가는 시간을 비례식으로 생각해보면 1:200,000,000 = X:1이다. 즉 200,000,000*X = 1이고 X = 1/200,000,000이니 1m당 빛이 이동하는 시간은 5ns임을 알 수 있다. 예를 들어 1.4㎲ 시간동안 빛이 진행하는 거리는 1:5ns = x:1.4㎲의 계산값으로 알 수 있다.

$$\frac{1.4\mu s}{5ns} = \frac{\frac{14}{10,000,000}}{\frac{5}{1,000,000,000}} = \frac{1400}{5} = 280m$$

앞의 비례식의 결과 1.4㎲/5ns = 280m(빛이 직진해서 다시 되돌아오는 왕복 총거리)이기 때문에 이를 2로 나누면 실제 빛의 이동거리는 140m가 된다. OTDR에서는 140m가 화면상에서 자동출력이 되도록 설계되어 있다. OTDR에서 광펄스를 통해 코아(유리)로 보내는 빛은 이미 출사단에 도착하여 입사단으로 후방산란하였겠지만 이를 OTDR기기 특성상 화면에 디스플레이하는 시간은 수 초가 걸린다.

4.2 OTDR 파형 해석

광섬유 내에서 빛펄스의 진행 경로와 측정 파형에 대해서 알아보자. 광섬유에 입사한 광펄스는 접속점, 굴절부 및 개방단 등에서 반사해 손실이 발생한다. 수평 방향을 거리, 수직방향을 손실 레벨로 해서 측정 결과를 파형으로 표시할 수 있다. OTDR 측정 파형상에서 검출된 손실이나 반사를 이벤트라고 부른다.

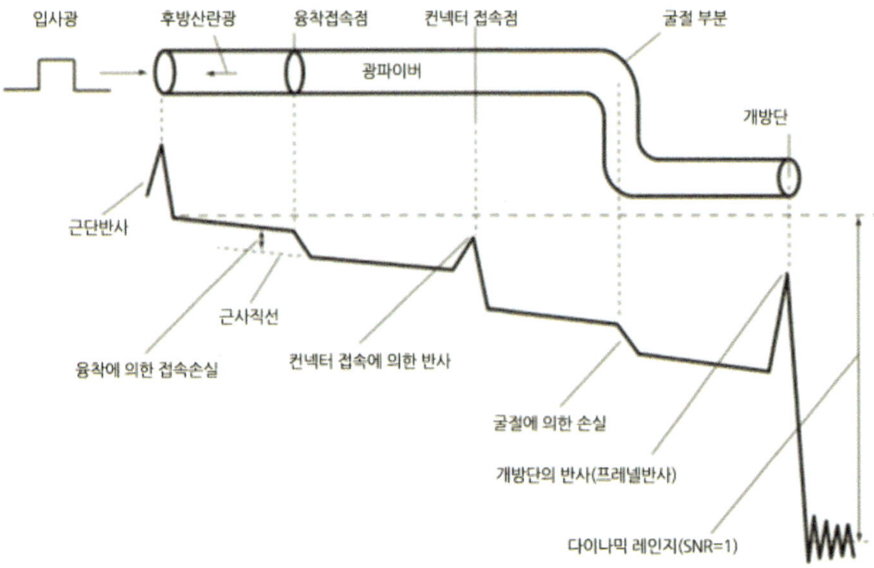

[그림 4-2-1] OTDR의 해석
[출처] AQ1200 한글설명서 - 파형표시

1) 근단 반사

OTDR과 광섬유의 연결점, 즉 OTDR의 페럴부(Peripheral)와 OJC 커넥터의 접속점의 반사 파형이다. 이 부분에서는 OTDR 기기의 반사도 더해진다. 근단 반사가 검출되고 있는 구간이라면 다른 접속점이 있어도 그 손실이나 반사를 검출할 수 없다. 이 사각영역 구간을 근단 Dead Zone이라고 하는데 이 Dead Zone에 대해서는 차후 자세히 알아보자.

2) 후방산란광

광섬유 안으로 빛이 진행될 때 빛의 파장보다 작은 물질의 밀도 변화(이물질, 손상, Air)나 성분의 불균일성에 의해 레일이 산란이 발생한다. 빛의 진행 방향과는 반대 방향으로 광원을 향하여 산란하는 것을 후방산란광(Back Scattering Light)이라고 한다.

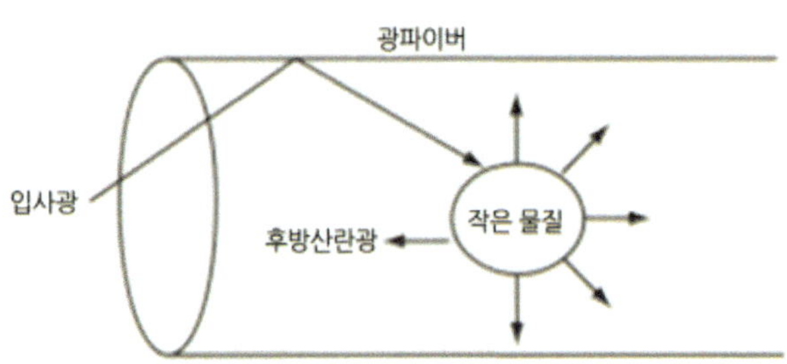

[그림 4-2-2] 후방산란광
[출처] AQ1200 한글설명서 - 파형표시

3) 후방산란법

후방산란법(Back Scattering Method)은 출사단에서 레일리 산란에 의해 입사광의 일부가 전파 방향과 반대방향인 입사단으로 되돌아오는 현상(후방산란광)을 이용하여 광섬유 손실 특성을 측정하는 방법이다. 광섬유의 단면이 수직일 경우 입사한 광파워의 약 3%(-14.7dB)가 입사부로 반사된다. OTDR은 계속해서 반사되어 나오는 후방산란 파워를 측정하여 광섬유 경로상에서 발생되는 손실값을 알아낸다. 커넥터와 융착 접속점에서 전송 파워가 갑자기 줄어드는 현상을 감지하고 손실에 대한 이벤트로 표현한다.

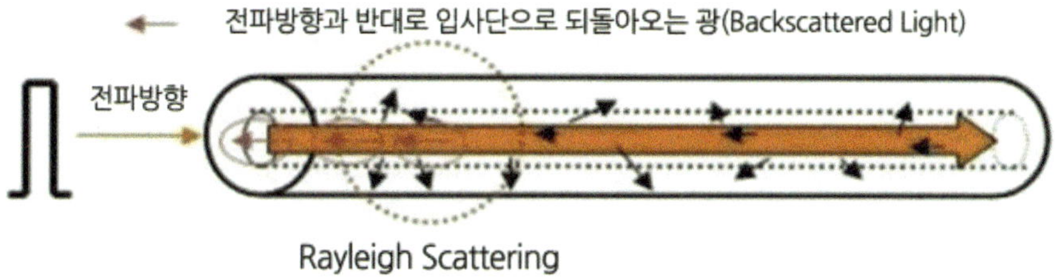

[그림 4-2-3] 후방산란광의 원리

4) 융착접속점의 손실

광코아 융착 부분에서 물질의 밀도나 성분의 불균일 차가 커지기 때문에 레일리 산란으로 접속 손실이 발생되는데 통신업에서는 보통 0.05dB로 생각한다.

5) 커넥터 접속점의 반사

OJC연결부 등 커넥터 접속점은 융착과 달리 접촉 부분에 Air 공간과 같은 어느 정도의 빈틈이 생긴다. 이 빈틈에서는 굴절률이 바뀌기 때문에 반사가 발생하여 손실이 발생한다. 보통 통신업에서 0.5dB 정도로 생각한다.

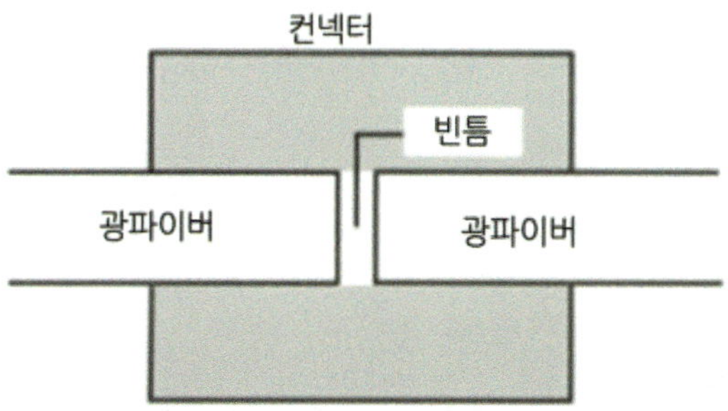

[그림 4-2-4] 커넥터 접속점의 반사

[출처] AQ1200 한글설명서 - 파형표시

6) 프레넬 반사와 고스트 에코

광섬유의 파단점이나 종단에서 굴절률이 변화하는 곳(유리→공기)에서 발생하는 반사를 프레넬 반사(Fresnel reflection)라고 한다. 광섬유의 단면을 정밀 컷팅기로 컷팅하여 수직일 경우 입사한 광파워의 약 4% 이하가 입사부로 반사된다고 한다. 이때 단면이 정확한 수직이라면 입사한 빛이 OTDR 연결지점으로 되돌아와 다시 재반사하여 광섬유로 재입사 후 2배 지점에서 반사 파형이 보이는 것을 고스트 에코(Ghost Echoes)라고 한다. 즉, 입사광이 반사광이 되어 되돌아오는 빛의 세기로 빛이 광섬유 내에서 진행한 거리를 알 수 있는데 출사단이 거울과 같이 반사할 수 있는 직각 단면이라면 입사단으로 되돌아오는 반사광이 다시 광섬유로 인입되는 것이다. 이로 인해 예상하지 않는 결과가 OTDR화면상 2배 지점에 나타나게 되는데 이 반사파형을 고스트(Ghost)라고 한다.

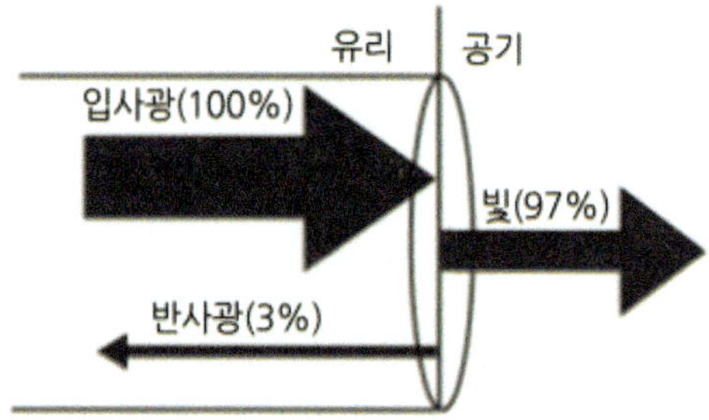

[그림 4-2-5] 개방단의 프레넬 반사
[출처] AQ1200 한글설명서 - 파형표시

7) 다이나믹 레인지

측정 가능한 광파워 레벨의 범위 전체를 다이나믹 레인지(Dynamic Range)라 부른다. 다이나믹 레인지가 큰 만큼 장거리의 광펄스 측정이 가능하게 된다. 단, 프레넬 반사 에너지가 OTDR 수신회로에 문제를 일으킬 만큼 높아서는 안 될 것이다. 또한 입사된 빛 에너지는 광섬유 케이블을 통해 이동함으로써 그 에너지는 점점 약해지고 결국 잡음신호로 변질될 것이다. 입력파워의 최고 수치와 감지할 수 있는 최소 파워의 차이가 OTDR의 다이나믹 레인지이다.

펄스 대역과 광섬유 손실 등을 고려하여 유용한 측정 범위를 결정하여야 한다. 만약 OTDR의 다이나믹 레인지가 36dB이고, 2dBkm의 손실을 가진 케이블이 있다면 최대 18km의 측정이 가능할 것이고, 0.5dBkm의 손실을 가진 케이블이 있다면 72km까지 측정이 가능할 것이다. 이는 36dB에 대한 곱셈 조합으로 쉽게 만들 수 있다.

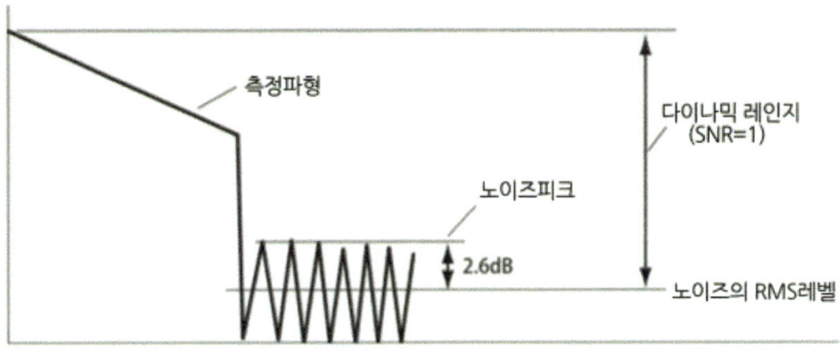

[그림 4-2-6] 다이나믹 레인지

[출처] AQ1200 한글설명서 - 파형표시

4.3 표준SMF 광학적 특성표

[표 4-3-1] 표준SMF 광학적 특성표

항목			단위	규격치	비고
손실특성	손실계수	1310 nm	dB/km	0.36 이하	
		1550 nm		0.22 이하	
		1625 nm		0.27 이하	
	구부림손실	1625 nm	dB	0.1 이하	직경 75 nm, 100회
	손실균일성(운용파장)		dB	0.05 이하	
	파장별 손실차	1285~1330 nm	dB	0.05 이하	1310 nm 기준
		1525~1565 nm	dB	0.03 이하	최대값-최소값 기준
		1565~1610 nm	dB	0.03 이하	최대값-최소값 기준
색분산특성	색분산 계수	1290~1330 nm	ps/km·nm	2.8 이하	
		1550 nm		18 이하	
	영분산 파장		nm	1300~1322	
	색분산 기울기	영분산 파장	$ps/nm^2 \cdot km$	0.095 이하	
		1550 nm		0.065 이하	
차단파장			nm	1260 이하	λcc
모드필드 직경		1310nm	μm	9.3 ±0.5	
		1550nm	μm	10.5 ±1.0	
모드필드 동심오차			μm	0.8 이하	
클래딩 직경			μm	125 ±1	
클래딩 비원율			%	1 이하	
편광모드분산(PMD)			$ps/\sqrt{km}$	0.4 이하	
코딩 외경			μm	250 ±15	

4.4 데드존의 이해

데드존(Dead Zone)은 불감지대/사각지대/음영지대/무응답구간 등으로 해석될 수 있으며 광통신에서는 OTDR의 입사단 광커넥터에서 발생하는 반사광(이벤트 발생) 등으로 측정 불능하게 되는 입사 거리 범위, 즉 입사단에서 OTDR이 아무것도 검출/측정을 할 수 없는 구간으로 정의된다. 어댑터 불량, 성단 OJC 종단부 및 커넥터 내 손상, cm 단위의 근거리에서의 코아 손상 등이 그 원인일 수 있다. 참고로 일본제 OTDR YOKOGAWA 모델에서는 Dead Zone을 80cm로 제품 스펙에 규정하고 있다. 최근 국산 벤더인 FISCAN OTDR처럼 내부에 기본 100m가 자동 측정되게 하여 Dead Zone을 극복할 수 있고 설정 해제를 통해 100m를 증가 없이 실거리를 측정할 수 있는 제품도 등장하였다.

[표 4-4-1] YOKOGAWA AQ7270 제품 스펙

[출처] AQ1200 한글설명서

세부사항	• 세계에서 가장 짧은 데드존 : 80cm • 살아있는 파이버 입력 시 알람 경고 표시 • 한글 라벨 입력 가능 • 빠른 시스템 부팅 가능 시간 : 10초 이내 • 내부 저장메모리 : 128M(파형 1,000개) • LD광원 내장(1310/1550nm) • 광파워 모니터 내장(1310/1490/1550/1625/1650nm) • 원버튼 측정(초보자도 사용 가능) • 고선명 8.4인치 TFT-LCD • 내장프린터 * 규격 * • 측정파장 : SM 1310/1550nm • 거리레인지 : 500m에서 400km • 펄스폭 : 3ns에서 20us • 데드존(dead zone) : 최소 80cm(SM) • 심플링분해능 : 최소 5cm • LD 안정화광원내장 : 1310/1550nm(광출력파워 : -5 dBm) • 광파워모니터내장 : 교정파장 : 1310/1490/1550/1625/1650nm • 입력광커넥터 : 유니버셜어댑터(SC 또는 FC) • 고속내장프린터 • 디스플레이 : 8.4인치 TFT-LCD(작업현장에서 선명하게 보임) • 데이터저장장치 : 내부메모리 125M(1,000개 파형 이상), USB 메모리 • 크기 및 무게 : W287 X H182 X D75mm 2.8kg

4.5 펄스폭의 이해

OTDR에서 흔히 펄스폭(Pulse Width)을 자동으로 놓고 측정하며 펄스 및 펄스폭에 대한 정확한 이해가 필요하다. 펄스란 사전적으로 '맥박처럼 짧은 시간에 생기는 진동 현상'이고, 펄스폭이란 **'펄스의 상승 시간과 하강 시간에서 진폭이 1/2이 되는 시각의 간격'**이라고 할 수 있다. 광섬유에 들어가는 빛은 통신을 위해 펄스 형태로 만들어진다. OTDR에서 펄스폭을 쉽게 말하자면 OTDR에서 광섬유(유리로 이루어진 빛 파이프)에 광신호를 쏘는 데 그 시간 간격을 말한다. 즉, 펄스폭에 따라 빛이 이동하는 거리가 달라진다고 할 수 있다.

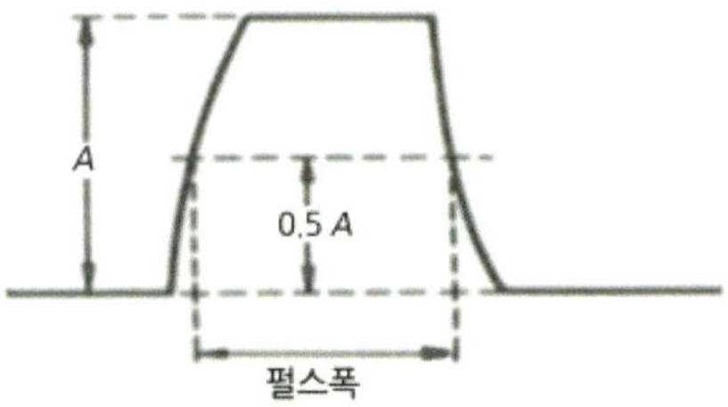

[그림 4-5-1] 펄스폭

다시 말하면 OTDR 광신호를 기관총처럼 촘촘히 쏘면 광신호가 광섬유 경로를 측정하는 진동 간격이 짧게 되어 상세한 이벤트 파형을 분석을 할 수 있다. 그러나 OTDR 광신호를 단발총으로 쏘면 광코아 경로의 진동 간격이 넓게 되어 이벤트 지점을 스킵한 채 측정된다.

좀 더 이해하기 쉽게 말하자면 100m 파이프 관에 동일한 실선을 Wave 형태로 넣는데 그 간격이 바로 펄스폭이 되는 것이다. 광섬유에서 광신호의 파장 간격을 짧게 한다면 나아가는 종단 거리는 짧은 대신 정확하게 측정이 가능하고, 파장 간격을 길게 한다면 정확성은 떨어지나 멀리 측정할 수 있다. OTDR에서는 통상적으로 거리레인지를 설정하는 것에 따라 자동적으로 펄스폭이 선택되는 자동 모드로 사용된다. 그러나 경우에 따른 짧은 거리를 측정하는 경우 선택적으로 펄스폭을 변경하여 정확한 측정을 시도할 수 있으며 이를 활용할 수 있는 기능도 익혀야 한다. 광선로 운용 입장에서 알아야 할 중요한 포인트는 구축 완료 후 OTDR 측정 자료가 임의 설정된 펄스값에 의해 그 결과가 왜곡되었는지를 판단하는 일이다. 참고로 광섬유에는 색깔에 따라 빛의 속도가 달라지는 색분산이라는 현상이 생기는데, 이런 색분산이 통신 상태의 펄스를 왜곡시킨다.

펄스는 앞서 말한 바와 같이 아주 짧은 진동형태이다. 그런데 각각의 색 성분들은 속도가 각기 다르기 때문에 수십 km 이상의 먼 거리를 진행하게 되면 도착 시간이 달라져 펄스의 애초 형태가 망가지고 이럴 경우 초고속 대용량 광통신은 불가능해진다. 따라서 광섬유의 색분산 정도를 정확히 측정, 이를 보정해주는 것이 매우 중요하다.

4.6 펄스폭의 종류

OTDR에서 펄스폭은 3ns ~ 20us까지 단거리에서부터 장거리까지 측정할 수 있게 설정되어 있다. YOKOGAWA OTDR은 3ns에서 1us까지 측정할 수 있다.

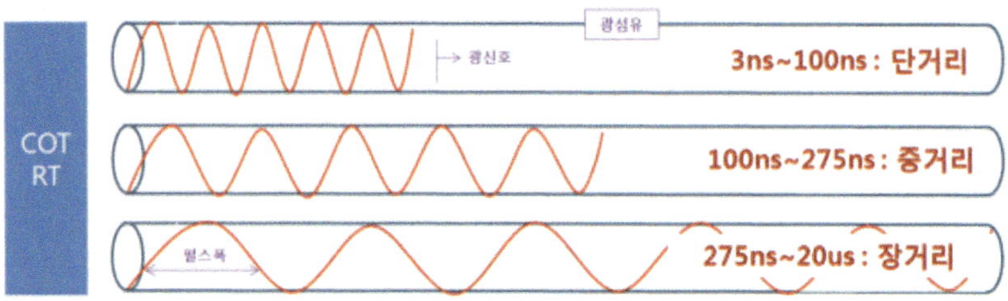

[그림 4-6-1] 펄스폭에 따른 광코아 도달 거리

아래 표는 펄스의 종류에 따른 장단점을 요약한 자료이다.

[표 4-6-1] 펄스폭의 종류에 따른 차이점

〈짧은 펄스의 경우〉 - 장점 : 짧은 거리와 손실이 낮은 광 루트에 대하여 정확도가 높음 - 단점 : 먼 거리와 손실이 높은 광 루트에 대하여 정확도가 낮음
〈중간 펄스의 경우〉 - 장점 : 어느 정도의 정확도를 가지고 중거리까지 측정 가능 - 단점 : 아주 정확한 분석 불가, 광 루트 손실이 클 경우 종단까지 테스트 불가
〈긴 펄스의 경우〉 - 장점 : 먼 거리에 대하여 정확한 광 루트 손실 측정 가능 - 단점 : 각 이벤트의 정확한 분석 불가, 복수의 근접한 이벤트가 1개로 보일 수 있음

다음 페이지부터는 펄스폭의 종류에 따른 OTDR 파형의 차이점을 알기 위해 462m의 거리를 2km/1km 거리 레인지 간격으로 펄스폭 3ns, 10ns, 20ns, 50ns, 100ns, 200ns, 500ns, 1us에서 측정한 결과이다. OTDR 측정시 광섬유를 통과하는 광신호가 펄스폭의 크기가 커질수록(OTDR에서 3ns에서 1us 방향으로 선택) 파형이 잡음이 없다는 것을 확인할 수 있다. 각 파형별 차이점을 눈여겨보고 현업에 적용할 수 있도록 하자.

◈ 펄스폭에 따른 파형 종류(총 거리 462m / 거리레인지 1km / YOKOGAWA 1200 모델)

3ns	10ns
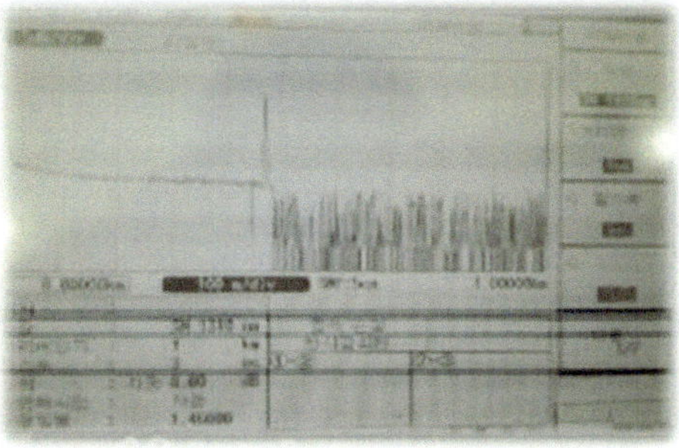	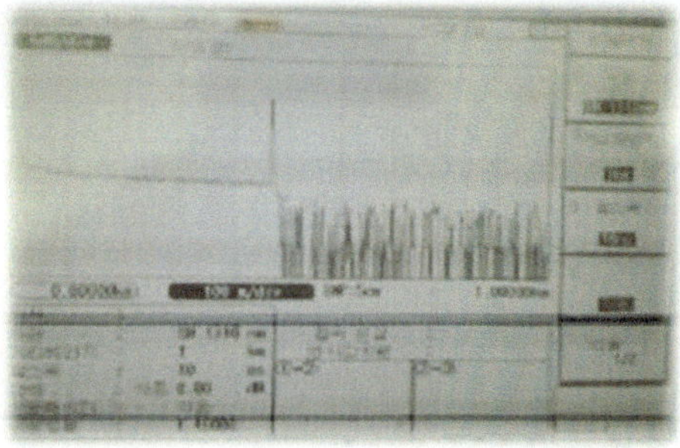
20ns	**50ns**
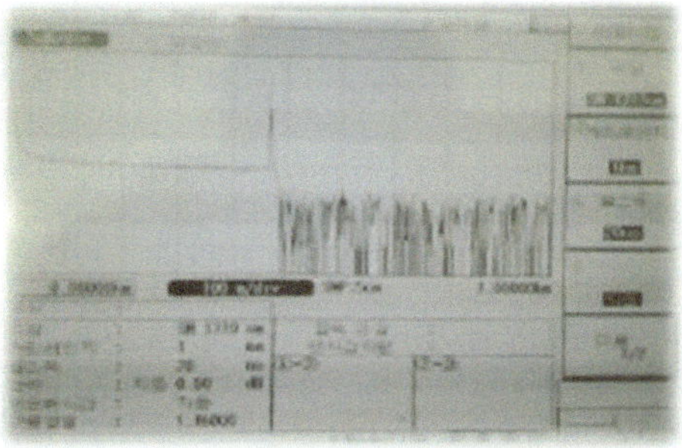	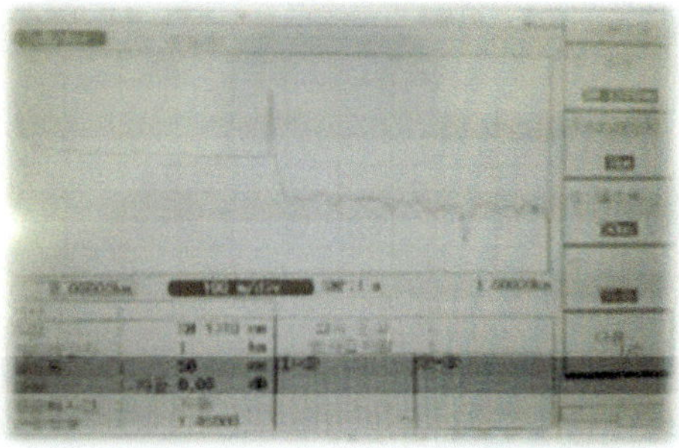
100ns	**200ns**
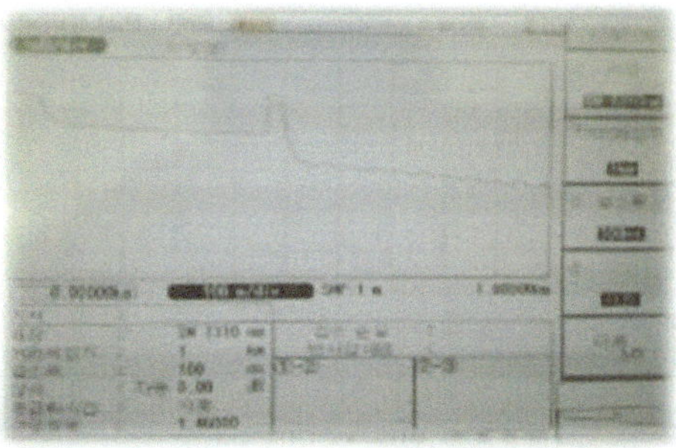	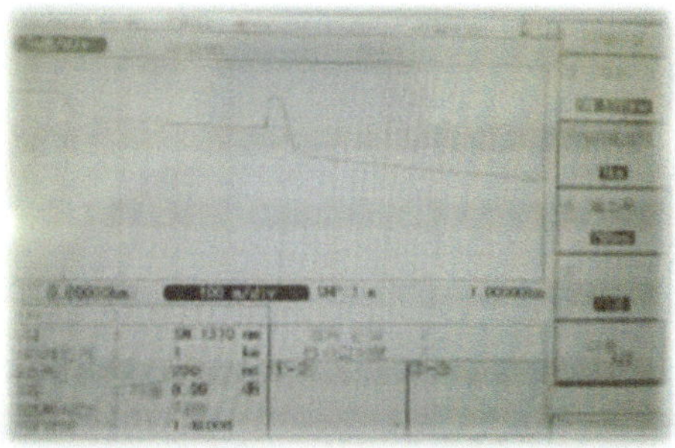
500ns	**1us**
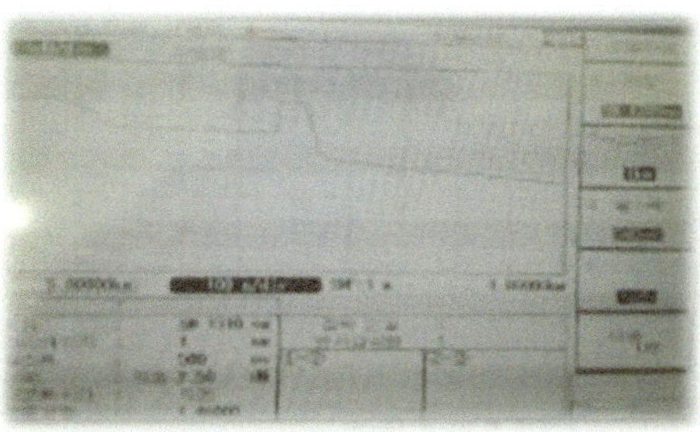	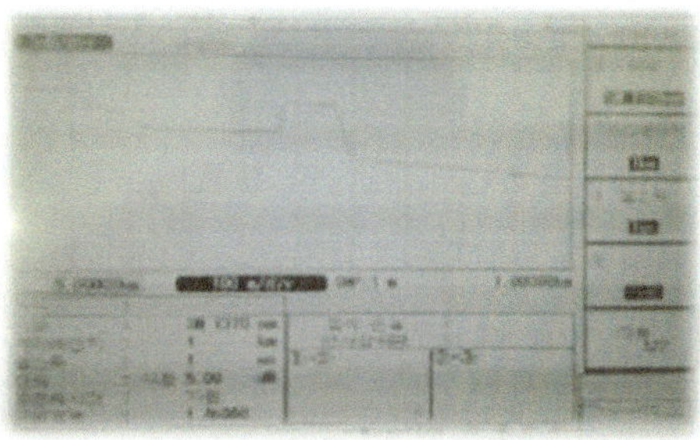

◈ 펄스폭에 따른 파형 종류(총 거리 462m / 거리레인지 2km / YOKOGAWA 1200 모델)

3ns	10ns
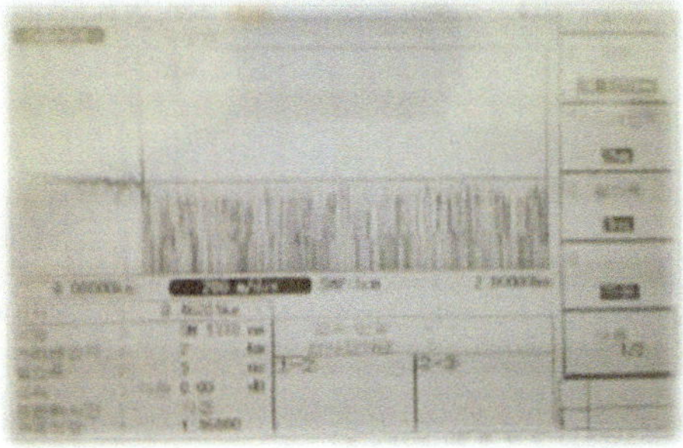	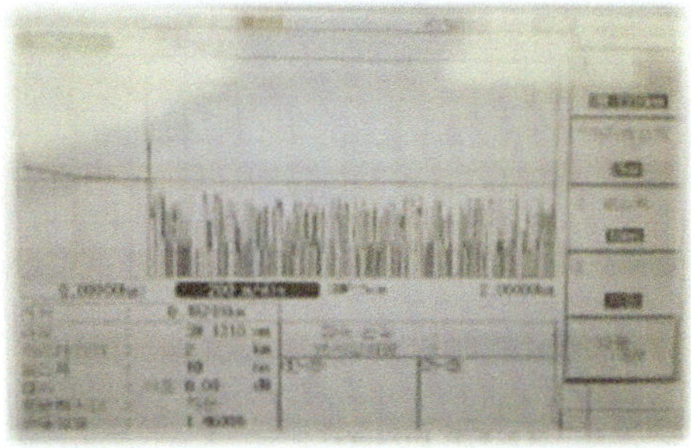
20ns	**50ns**
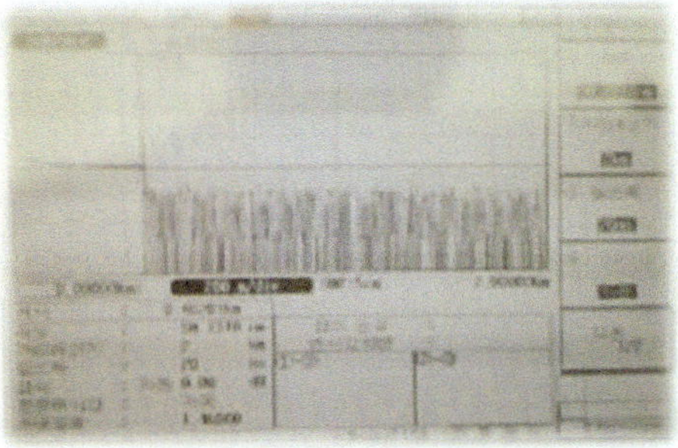	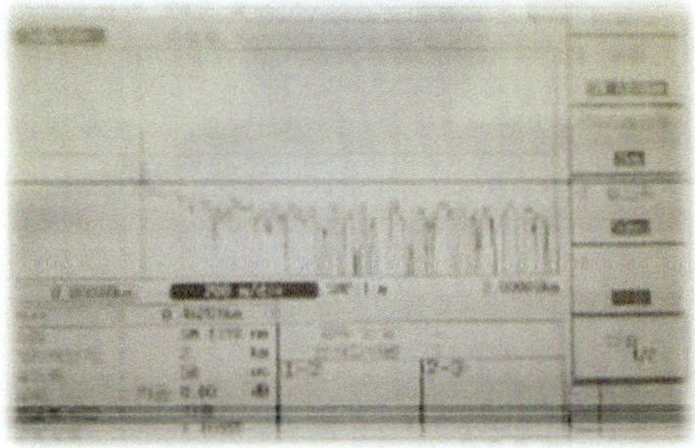
100ns	**200ns**
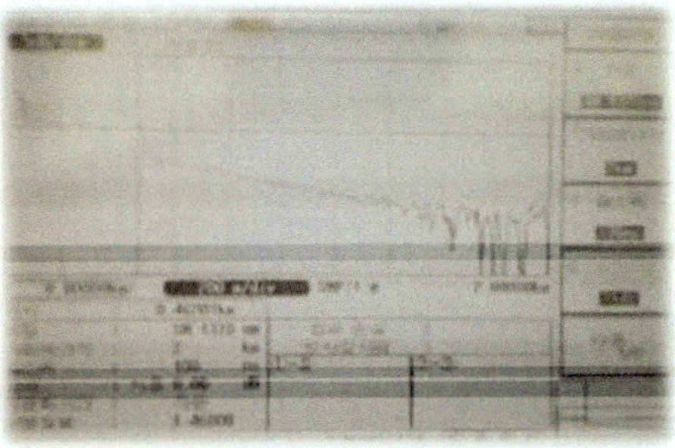	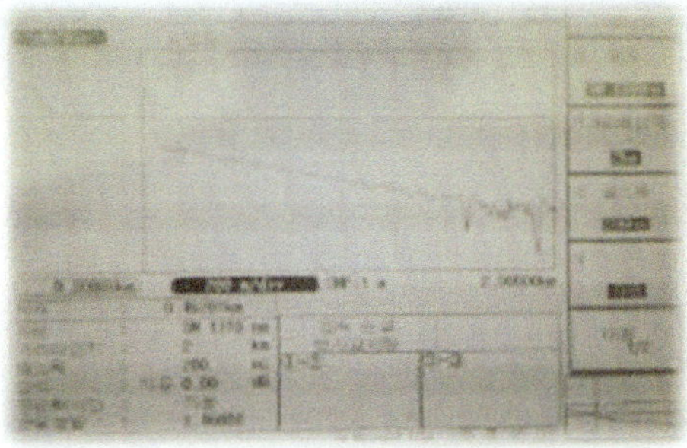
500ns	**1us**
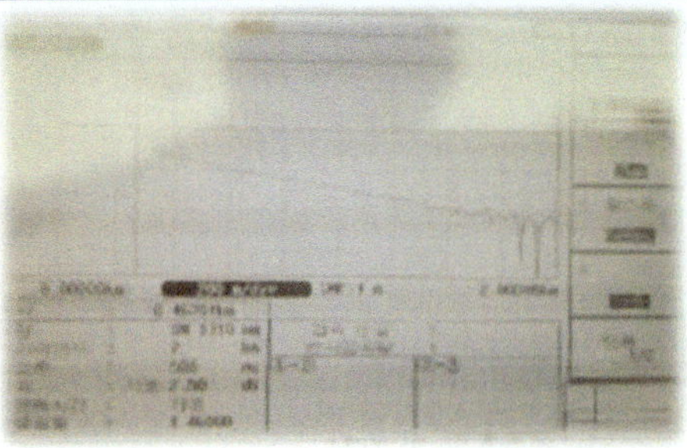	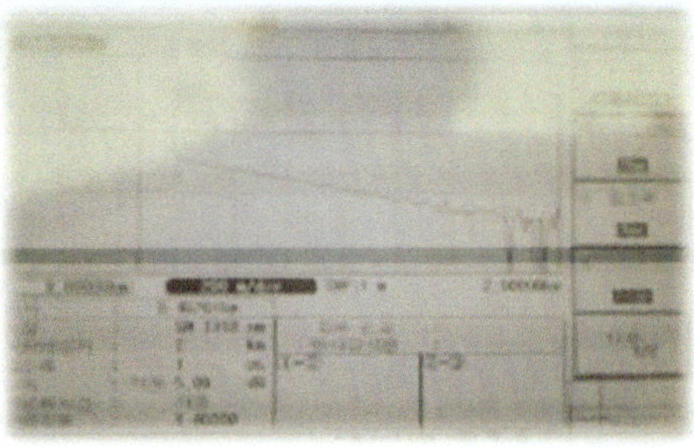

4.7 1310nm, 1550nm 측정의 차이점

1310nm, 1550nm 파장에 따른 손실 특성에 대해 알아보자.

- 1310nm : 이벤트 발생지점의 손실계위가 1550nm 파장 측정시보다 작게 나타난다.
- 1550nm : 이벤트 발생지점의 손실계위가 1310nm 파장 측정시보다 크게 나타난다.

4.8 OTDR을 공부해야 하는 이유

OTDR이 광선로 분야에서의 가장 기본적인 계측기라고 하지만 현업에서 접속팀을 제외하고 광선로 유지보수 인원이 전문가의 역량을 갖춘 사례는 생각보다 많지 않다. 또한 OTDR 기기조작 미흡이나 해석법을 잘못 알고 있는 경우에는 장애처리를 비롯하여 현장 업무가 잘못된 방향으로 흘러가는 경우도 비일비재하다.

최근 통신 분야의 시설물 증가와 고도화로 현장에서 OTDR 이론과 그 해석법이 수학 공식처럼 모두 정확하게 적용되지 않을 수도 있다. 그러나 광통신 분야의 종사자라면 OTDR의 기본 기능을 이해하고 학습하여 현장에서 측정된 결과를 정확히 해석함으로써 문제의 해답을 즉각 구할 수 있는 역량을 갖춰야 한다. 최선을 다해 현장 사항을 반영한 이 OTDR에 관한 자료가 광선로 분야를 새로 시작하거나 현업에 종사하는 모든 분들에게 그 해결책이 되길 바란다. 참고자료로 OTDR에서 사용되는 계측단위(SI)를 아래에 첨부한다.

[표 4-8-1] SI 단위

인자	접두어	기호	인자	접두어	기호
10^{24}	yotta(요타)	Y	10^{-1}	deci(데시)	d
10^{21}	zetta(제타)	Z	10^{-2}	centi(센티)	c
10^{18}	exa(엑사)	E	10^{-3}	milli(밀리)	m
10^{15}	peta(페타)	P	10^{-6}	micro(마이크로)	μ
10^{12}	tera(테라)	T	10^{-9}	nano(나노)	n
10^{9}	giga(기가)	G	10^{-12}	pico(피코)	p
10^{6}	mega(메가)	M	10^{-15}	femto(펨토)	f
10^{3}	kilo(킬로)	k	10^{-18}	atto(아토)	a
10^{2}	hecto(헥토)	h	10^{-21}	zepto(젭토)	z
10^{1}	deka(데카)	da	10^{-24}	yocto(욕토)	y

4.9 OTDR 측정 예시

OTDR 측정 후 파형 분석 오류, OJC 연결 오류, 데드존의 발생 등과 같은 사유로 장애처리 지연이 발생되는 사례가 빈번하다. 따라서 현장에서 측정한 다양한 OTDR 결과를 정형화된 유형으로 정리하여 학습한다면 이러한 오류를 방지하는 데 많은 도움이 될 것이다.

다음 표는 현업에서 측정한 OTDR 결과를 정리한 사항이다. 본 교재에 서술된 내용 외에도 추가적인 유형을 알고 있다면 sonic0900@naver.com으로 제보해 주시면 매우 감사하겠다.

[표 4-9-1] OTDR 파형 유형 정리

유형코드	측정 유형	측정 장소	측정일
OTDR-01	함체내 코아 밴딩 후 고스트 확인	전주 인후 두산위브	'16. 04. 11
OTDR-02	OJC 타입 오류에 의한 측정 불가	고창 헤라리움	'16. 06. 08
OTDR-03	코아 밴딩 위치에서 단선 지점 거리 측정	군산 해망희망루	'16. 06. 17
OTDR-04	케이블내 밴딩으로 함체내 코아에 OJC 연결 후 측정	제주시 7725H881 함체	'16. 07. 06
OTDR-05	함체내 슬리브내 코아 밴딩시 측정 파형	행암동 휴먼시아3단지	'16. 09. 30
OTDR-06	단거리에서의 고스트 파형	광주 북구국사	'16. 10. 11
OTDR-07	하위국에서 300m RN 통과하여 상위국까지 측정	무안 동일산업2	'16. 03. 21
OTDR-08	장거리구간에서 중간 지점 패치 파형	정읍 CJ헬로비전	'14. 09. 18
OTDR-09	사각함체내 유닛 루즈튜브 눌림으로 인한 밴딩	팔덕기지국 순창 51-5셀	'16. 10. 19
OTDR-10	케이블 상이할 시 접속점 측정(일반-배선망 접속)	곡성중심국 곡성 10-2셀	'16. 10. 20
OTDR-11	데드존 발생으로 인입 70m 단선 지점 정교한 측정	광주 월곡 투브로스 PC방	'15. 11. 29
OTDR-12	데드존 발생으로 인입 60m, 300m 단선 지점 측정	목포 산정동 중앙하이츠	'15. 05. 02
OTDR-13	가시광원으로 코아 크랙(Core Crack) 발생 위치 확인	광주 남구 미르건축사무소	'17. 02. 13
OTDR-14	OTDR측정시 RN시설 구간까지만 측정	광주 남구 무등파크맨션	'18. 09. 01
OTDR-15	함체내 코아 밴딩 2개 지점 발생 측정	광주 서구 클럽PC방	'20. 04. 22
OTDR-16	고스트로 혼동되기 쉬운 함체내 코아 밴딩 측정	전북 삼례기지국	'20. 04. 21
OTDR-17	근단반사 후 OTDR의 페럴 오염 측정	부산광역시	2020년 추정
OTDR-18	종단 OFD PC-APC 타입시 밴딩 파형	전남 염산기지국 전남 대동기지국	'20. 08. 04

◈ OTDR 측정 예시(유형 01~02)

유형 코드 OTDR-01	
측정 목적	일반 매스 가입자 장애처리
측정 유형	함체내 코아 밴딩 후 고스트 확인
측정 장소	하위국 전주 인후 두산위브
측정 일자	2016. 4. 11
측정 장비	YOKOGAWA AQ7275
측정 내용	함체내 코아 밴딩
측 정 자	권 O 구
OTDR 사진	파형 설명
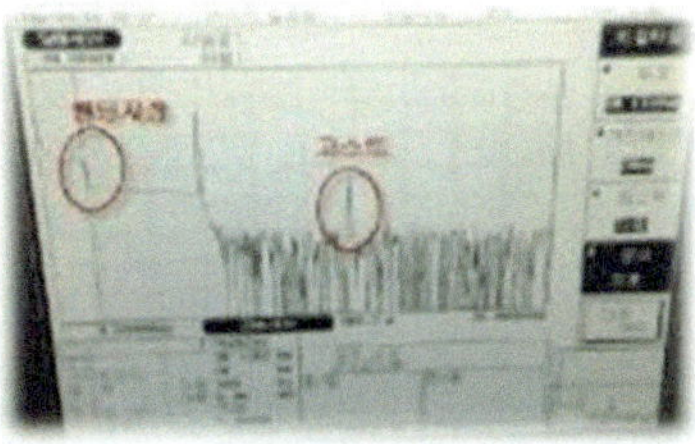	1.56km 지점 함체내 밴딩 발생으로 재접속 후 밴딩 해소로 복구했으며 총거리 4.9km에서 하위국 성단에 의한 두 배 지점에 고스트 발생을 확인했다.

유형 코드 OTDR-02	
측정 목적	비즈광랜 장애처리
측정 유형	OJC 타입 오류에 의한 측정 불가
측정 장소	하위국 고창 헤라리움
측정 일자	2016. 6. 8
측정 장비	YOKOGAWA AQ1200
측정 내용	하위국에서 장애 코아 측정
측 정 자	고 O 현
OTDR 사진	파형 설명
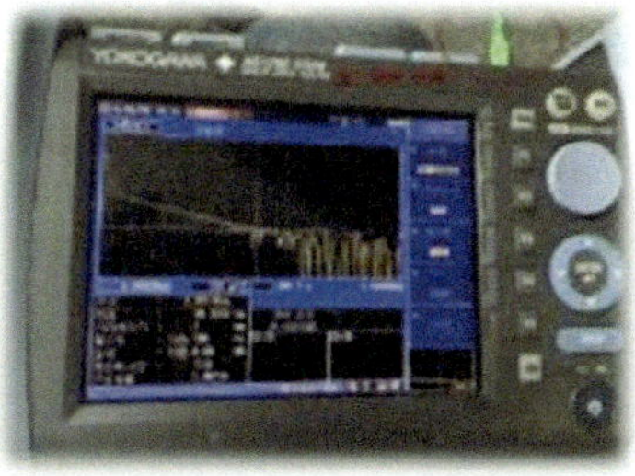	YOKOGAWA OTDR은 SC-PC 타입의 OJC를 사용해서 측정해야 하지만 SC-APC 타입의 OJC를 사용함으로써 광거리 측정 오류가 발생했다.

◈ OTDR 측정 예시(유형 03~04)

유형 코드 OTDR-03	
측정 목적	일반 매스 가입자 장애처리
측정 유형	코아 밴딩 위치에서 단선 지점 거리 측정
측정 장소	하위국 군산 해망희망루
측정 일자	2016. 6. 17
측정 장비	Anritsu MW9070B
측정 내용	함체내 코아 밴딩
측 정 자	송 O 섭
OTDR 사진	파형 설명
	OLT 전진배치 국소 링오픈으로 하위국에서 OTDR 측정시 2.6km 지점에서 밴딩이나 접속팀은 하위국향으로 226m 지점에서 밴딩을 주어 실제 장애 밴딩 지점이 2.3km 지점임을 알 수 있다. 상/하위국 OTDR 측정자는 밴딩을 통한 장애 지점을 찾는 것이 중요하다.

유형 코드 OTDR-04	
측정 목적	제주 삼도에코빌리지 케이블내 코아 밴딩 확인
측정 유형	케이블내 밴딩으로 함체내 코아에 OJC 연결 후 측정
측정 장소	제주시 7725H881 함체
측정 일자	2016. 7. 6
측정 장비	YOKOGAWA AQ7525
측정 내용	케이블내 코아 밴딩
측 정 자	고 O 훈
OTDR 사진	파형 설명
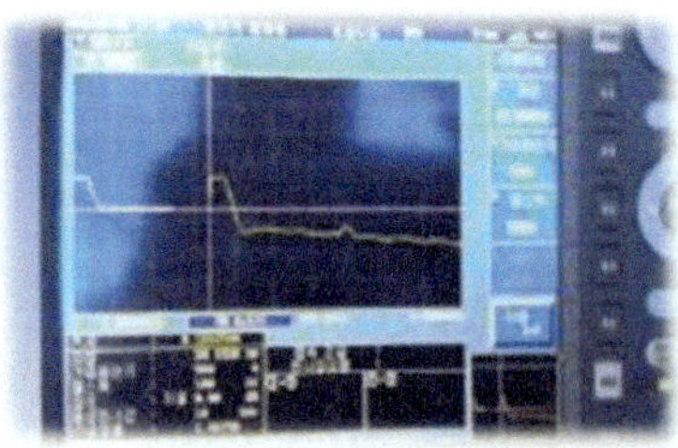	상위국에서 OTDR 측정 결과 4.4km 밴딩 확인이나 장애 지점이 함체가 아닌 케이블내 밴딩으로 7725H881 함체에서 OJC를 연결 측정으로 166m지점 밴딩을 확인할 수 있다.

◈ OTDR 측정 예시(유형 05~06)

유형 코드 OTDR-05	
측정 목적	OLT 이원화 국소 예비코아 측정
측정 유형	함체내 슬리브내 코아 밴딩시 측정 파형
측정 장소	행암동 휴먼시아3단지
측정 일자	2016. 9. 30
측정 장비	YOKOGAWA AQ7525
측정 내용	함체내 코아 밴딩
측 정 자	문 O 채
OTDR 사진	파형 설명
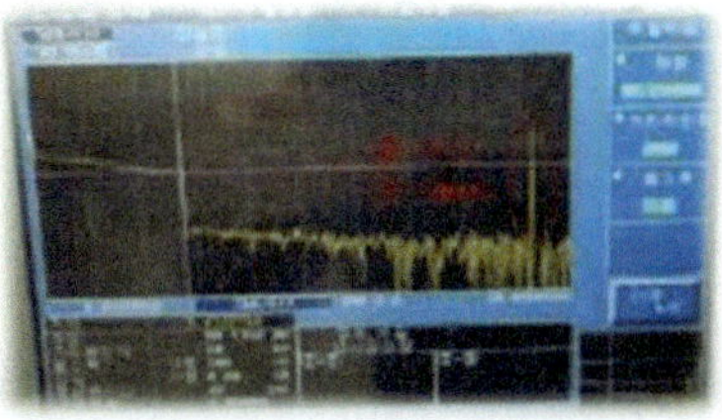	 하위국에서 OTDR 측정시 슬리브 내 밴딩으로 광신호가 통과하여 끝단까지 총거리 확인이 가능하며 밴딩지점 파형도 같이 확인할 수 있다.

유형 코드 OTDR-06	
측정 목적	광주 북구 ~ 동구국사간 예비 코아 측정
측정 유형	단거리에서의 고스트 파형
측정 장소	광주 북구국사
측정 일자	2016. 10. 11
측정 장비	EXPO 715B
측정 내용	단거리에서의 고스트 파형
측 정 자	신 O 한
OTDR 사진	파형 설명
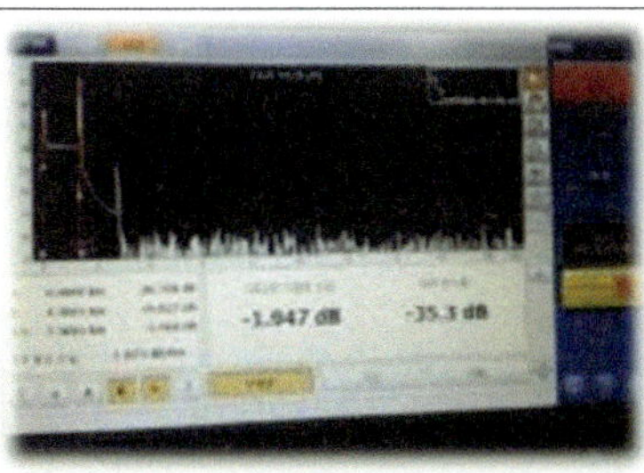	1.3km 지점에서 단선 지점을 확인할 수 있으나 2.6km 고스트 파형 위치까지 일반적인 광신호 산란이 아닌 나선형의 파형을 확인할 수 있다. 유사 사례로 '14년 영광 KPS 장애시 700m 지점에 OJC가 탈거 장애시에도 동일 파형(1.4km 지점 고스트 확인)을 확인할 수 있었다. 실제 단거리 성단 구간 측정시 고스트까지의 광신호 파형이 이런 나선형 모양을 띄는지는 좀 더 연구가 필요하다.

◈ OTDR 측정 예시(유형 07~08)

유형 코드 OTDR-07	
측정 목적	광가입자국 광선로 구축 후 OTDR 측정
측정 유형	하위국에서 300m 지점 RN 통과하여 상위국까지 측정
측정 장소	무안 동일산업2
측정 일자	2016. 3. 21
측정 장비	YOKOGAWA AQ1200
측정 내용	하위국에서 RN 통과 파형
측 정 자	홍 O 성
OTDR 사진	파형 설명
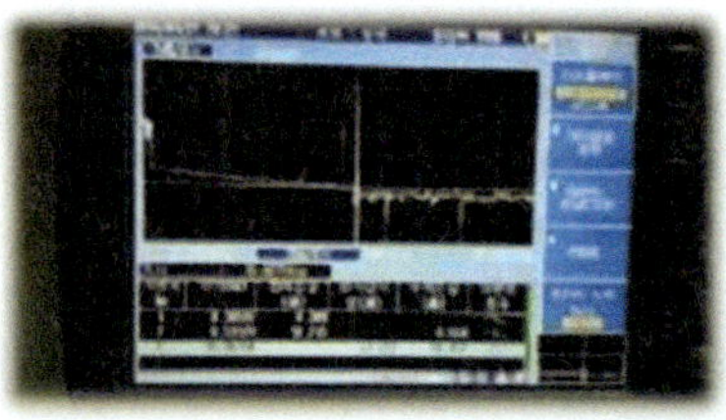	광가입자국 신규 구축 후 하위국에서 300m 지점의 신설 RN을 통과하여 상위국까지 10.8km 거리 측정이 가능함을 알 수 있다. 만약 상위국에서 OTDR을 측정했다면 RN까지만 측정되기 때문에 10.5km의 파형을 확인할 수 있다.

유형 코드 OTDR-08	
측정 목적	SKB VVIP 고객 CJ헬로비전 인수시험
측정 유형	장거리구간에서 중간 지점 패치 파형
측정 장소	정읍 CJ헬로비전
측정 일자	2014. 9. 18
측정 장비	YOKOGAWA AQ7525
측정 내용	정읍 CJ헬로비전 ~ 장성 ~ 광산국사 구간 OTDR 측정
측 정 자	신 O 한
OTDR 사진	파형 설명
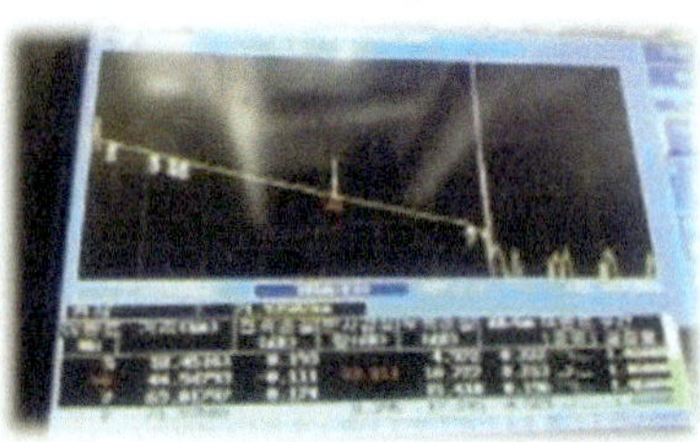	정읍 CJ헬로비전 ~ 장성 ~ 광산국사 구간 총거리는 71.9km이며 중간 장성중심국에서 파형이 위로 튀는 패치 구간을 확인할 수 있다.

◈ OTDR 측정 예시(유형 09~10)

유형 코드 OTDR-09	
측정 목적	순창 FTTH 단자 광신호 임계치 초과(-30dB 이상)로 점검
측정 유형	사각함체내 유닛 루즈튜브 눌림으로 인한 밴딩
측정 장소	상위국 팔덕기지국 순창 51-5셀
측정 일자	2016. 10. 19
측정 장비	YOKOGAWA AQ7525
측정 내용	측정함체내 코아 밴딩
측 정 자	문 O 채
OTDR 사진	파형 설명
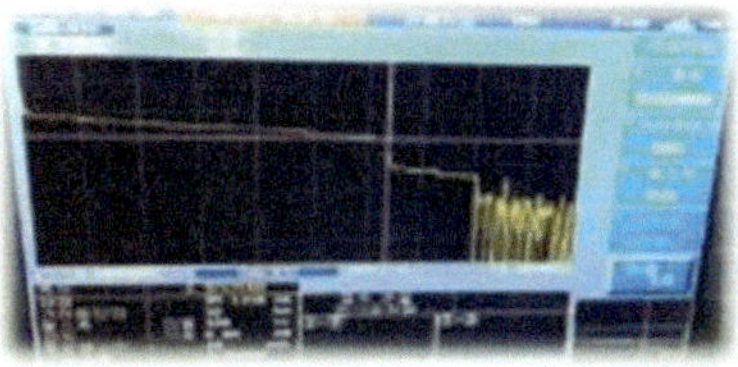	순창 FTTH 마스터단자에서 신호값 -30dB 이상으로 상위국에서 8.5km 지점의 마스터단자까지 OTDR 측정시 6.3km 지점에서 5dB 밴딩을 확인할 수 있다(밴딩 해소 후 마스터단자 신호값 -22dB 확인으로 실제 -8dB 이득을 얻음)

유형 코드 OTDR-10	
측정 목적	곡성 FTTH 신규 구축에 따른 인수인계
측정 유형	케이블 종류 상이할 시 접속점 측정(일반-배선망 접속)
측정 장소	상위국 곡성중심국 곡성 10-2셀
측정 일자	2016. 10. 20
측정 장비	YOKOGAWA AQ7525
측정 내용	일반 코어와 배선망 코아 접속점 측정
측 정 자	문 O 채
OTDR 사진	파형 설명
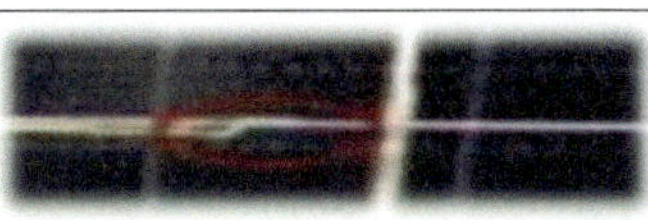 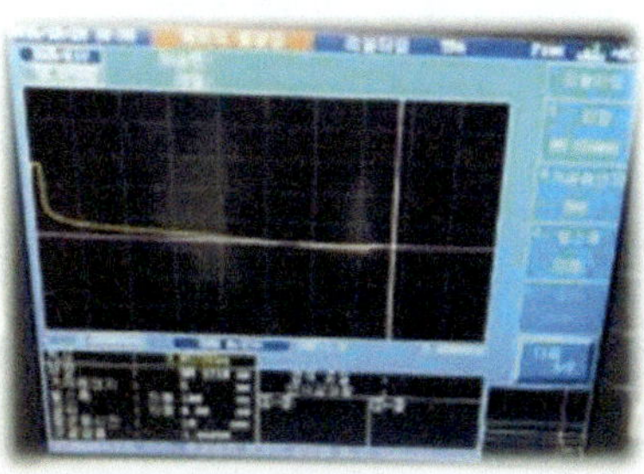	광케이블 MSLT 12C 케이블과 배선망 12C 케이블 코아 접속으로 만나는 지점에서는 파형이 위로 살짝 튄 형태를 손실이 아닌 이득(gain)이라 한다(하위국 측정시 파형이 반대며 이는 흔히 손실이라고 봄). 광레벨의 이득을 얻는 구간, 즉 이득(gain)의 원인은 이종케이블의 코아 접속시 직경, 굴절률이 상이할 시 발생하며 이를 손실로 보기는 어렵다. 상/하위국 OTDR 측정 후 손실 평균값으로 손실치를 계산한다.

◈ OTDR 측정 예시(유형 11~12)

<table>
<tr><th colspan="3">유형 코드 OTDR-11</th></tr>
<tr><td>측정 목적</td><td colspan="2">매우 짧은 거리 단선시 OTDR 데드존(Dead Zone) 극복</td></tr>
<tr><td>측정 유형</td><td colspan="2">데드존 발생으로 인입 70m 단선 지점 정교한 측정</td></tr>
<tr><td>측정 장소</td><td colspan="2">광주 월곡 투브로스 PC방</td></tr>
<tr><td>측정 일자</td><td colspan="2">2015. 11. 29</td></tr>
<tr><td>측정 장비</td><td colspan="2">YOKOGAWA AQ1200 / EXPO 715B</td></tr>
<tr><td>측정 내용</td><td colspan="2">인입구간 광코아 단선</td></tr>
<tr><td>측 정 자</td><td colspan="2">홍 O 성</td></tr>
<tr><td>OTDR 사진</td><td colspan="2">파형 설명</td></tr>
<tr><td>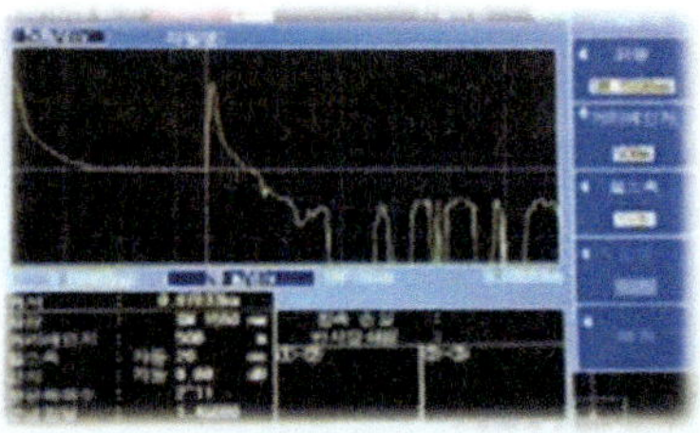</td><td>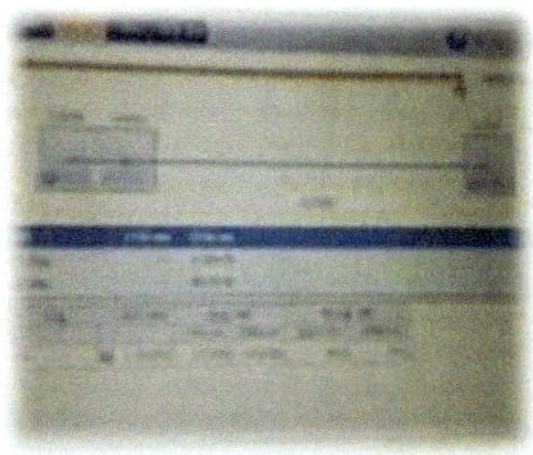</td><td>인입구간 73m 단선시 OTDR측정시 거리 Range를 500m로 단거리로 조정 후 측정이 필요하며 EXPO 715B 모델은 iOLM 기능으로 단선지점 확인 가능하다.</td></tr>
<tr><th colspan="3">유형 코드 OTDR-12</th></tr>
<tr><td>측정 목적</td><td colspan="2">목포 산정동 중앙하이츠 장애처리</td></tr>
<tr><td>측정 유형</td><td colspan="2">데드존 발생으로 인입 60m, 300m 단선 지점 측정</td></tr>
<tr><td>측정 장소</td><td colspan="2">하위국 산정동 중앙하이츠</td></tr>
<tr><td>측정 일자</td><td colspan="2">2015. 5. 2</td></tr>
<tr><td>측정 장비</td><td colspan="2">YOKOGAWA AQ7260</td></tr>
<tr><td>측정 내용</td><td colspan="2">인입구간 광코아 단선</td></tr>
<tr><td>측 정 자</td><td colspan="2">황 O 명</td></tr>
<tr><td>OTDR 사진</td><td colspan="2">파형 설명</td></tr>
<tr><td>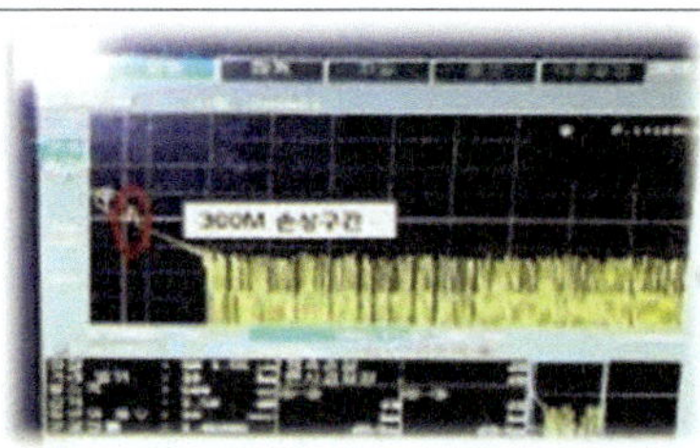</td><td>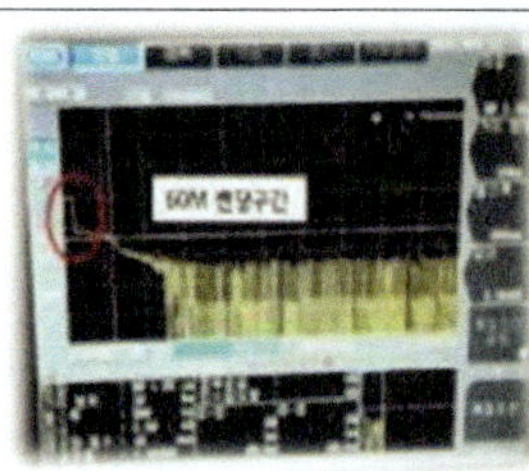</td><td>케이블 화재 후 강풍에 의한 코아 뒤틀림으로 인입구간 60m, 300m 밴딩시 파형이라고 하나 OTDR 거리 Range를 10km로 측정했으므로 오류가 의심된다.</td></tr>
</table>

◈ OTDR 측정 예시(유형 13~14)

유형 코드 OTDR-13	
측정 목적	하위국 -30dB 발생으로 가시광원 대조
측정 유형	가시광원으로 코아 크랙(Core Crack) 발생 위치 확인
측정 장소	광주 남구 미르건축사무소
측정 일자	2017. 02. 13
측정 장비	가시광원 발생기
측정 내용	함체내 RN 구간 코아 크랙 확인
측 정 자	문 O 채
OTDR 사진(가시광원 발생기 대체)	파형 설명
	하위국 미르건축사무소 -30dB 광신호 품질 저하 발생으로 하위국에서 가시광 대조 결과 RN함체내 코아 크랙 발생으로 선번 변경 조치 복구했다(-18dB).

유형 코드 OTDR-14	
측정 목적	하위국 광신호 없음으로 상위국향 측정
측정 유형	OTDR측정시 RN시설 구간까지만 측정
측정 장소	광주 남구 주월무등파크 101동
측정 일자	2018. 09. 1
측정 장비	YOKOGAWA AQ7525
측정 내용	OTDR측정시 RN단까지만 측정됨
측 정 자	이 O 석
OTDR 사진	파형 설명
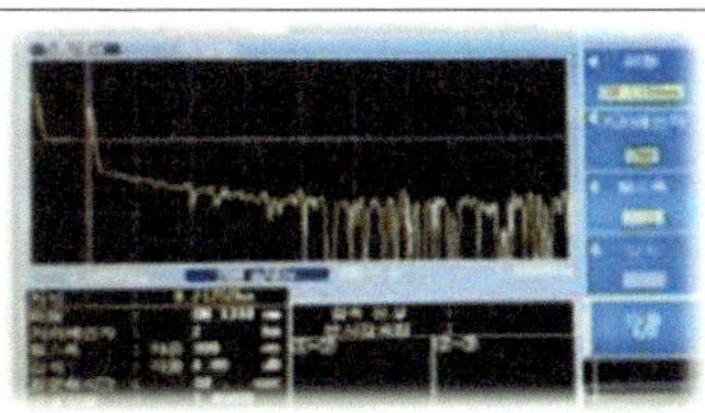	전체 아파트(101동, 102동) 장애가 아닌 101동 장애로만 인지한 후 101동에서 측정결과 RN이 시설된 102동까지의 거리 212m가 OTDR로 측정됨을 알 수 있다. 파형의 특성은 레일리 산란이 바로 일어나지 않고 일정거리를 지나서(1km) 레일리 산란이 일어나는 형태를 띤다.

◈ OTDR 측정 예시(유형 15~16)

유형 코드 OTDR-15	
측정 목적	하위국 -30dB 발생으로 OTDR측정
측정 유형	함체내 코아 밴딩 2개 지점 발생 측정
측정 장소	광주 서구 클럽PC방
측정 일자	2020. 04. 22
측정 장비	YOKOGAWA AQ7525
측정 내용	코아밴딩 2개 지점 및 종단 프레넬 반사측정
측 정 자	문 O 채
OTDR 사진	파형 설명
	하위국에서 상위국으로 OTDR 측정시 총거리 10.4km 종단 파형(프레넬 반사)과 중간에 2.2km, 4.8km 2군데 밴딩 파형을 확인할 수 있다.

유형 코드 OTDR-16	
측정 목적	기지국간 신호 불량으로 측정
측정 유형	고스트로 혼동되기 쉬운 함체내 코아 밴딩 측정
측정 장소	삼례기지국
측정 일자	2020. 04. 21
측정 장비	YOKOGAWA AQ7525
측정 내용	OTDR측정시 함체내 코아 밴딩 발생
측 정 자	김 O 상
OTDR 사진	파형 설명
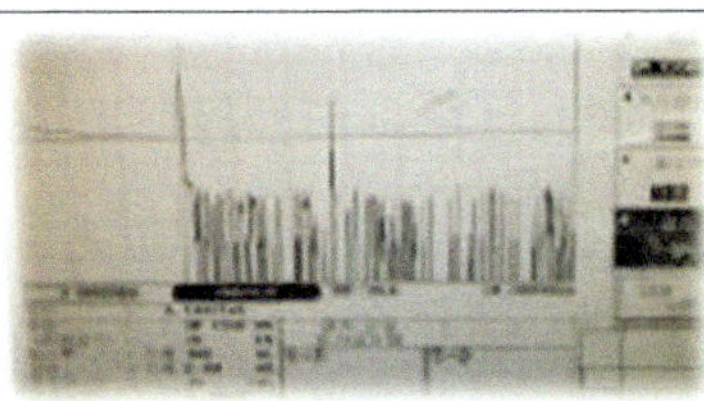	중간지점의 반사파형과 2배 지점의 프레넬 반사를 고스트라 가정하여 삼례~3공단기지국간 코아는 정상으로 생각할 수 있으나 총거리 11.5km 기준 중간지점이 아닌 6.1km 지점에서 밴딩이 발생하였다.

◈ OTDR 측정 예시(유형 17~18)

유형 코드 OTDR-17	
측정 목적	OTDR 코아 접촉면 불량 확인
측정 유형	근단반사 후 OTDR의 페럴 오염 측정
측정 장소	부산광역시
측정 일자	2020년 추정
측정 장비	EXPO FTB-200
측정 내용	근단반사 후 광코아 인입점 불량 확인
측정자	홍 O
OTDR 사진	파형 설명
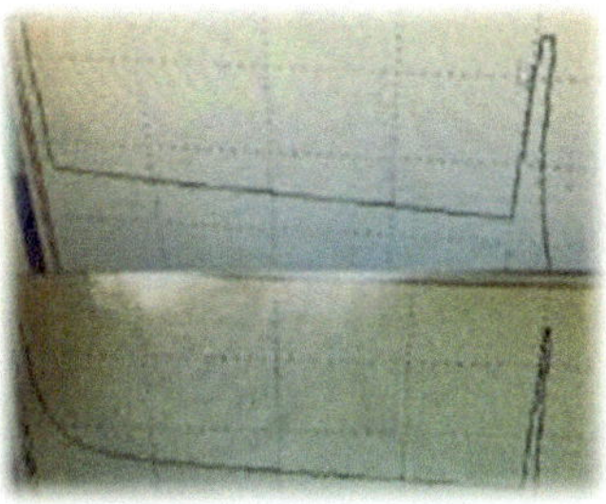	상단 파형은 OTDR의 정상적인 파형이다. 하단 파형은 근단반사 후 OTDR의 페럴(OJC가 접촉되는 종단부를 지칭. Peripheral)의 오염으로 인해 파형이 곡선으로 보임을 알 수 있다.

유형 코드 OTDR-18	
측정 목적	염산~손불~대동 루트에서 손불향 광선로 측정
측정 유형	종단 APC 타입 OFD OTDR 측정
측정 장소	전남 염산, 대동기지국
측정 일자	2020. 09. 04
측정 장비	AQ1200 / AQ7260
측정 내용	손불기지국 이설(장비철거) 후 OJC 패치 미구성
측 정 자	김 O 상, 김 O 석
OTDR 사진	파형 설명
	염산~손불~대동 루트 구성에서 염산, 대동기지국에서 손불향으로 OTDR 측정시 손불기지국은 SKT OFD로 PC-APC 성단이라 OTDR 종단 파형이 마치 밴딩처럼 보이는 경우이다. 광선로점검 사유는 BcN 영광2링 손불기지국 이설시 CWDM 장비는 철거하였고 광선로 이설 작업 후 OJC 패치 구성을 하지 않아 고립이 발생하였고 이에 대한 점검이 목적이다. 염산~손불 : 11.4km, 대동~손불 : 8.9km

【부록 : OTDR 교수학습지도안】

<table>
<tr><td>단원명</td><td>OTDR 이론 학습 및 측정 실습</td><td>교과서 쪽수</td><td colspan="2">-</td><td>차시</td><td>1</td></tr>
<tr><td>강의주제</td><td>OTDR 측정 이해,
OTDR 측정 예시</td><td>수업방법</td><td colspan="2">자리학습/실습</td><td>대상</td><td>광선로운용 구성원</td></tr>
<tr><td>강의목표</td><td colspan="6">OTDR 이론을 이해하고 실제 기구성 광선로 OTDR을 측정할 수 있다.</td></tr>
<tr><td rowspan="2">준비물</td><td>강사</td><td colspan="5">교과서, OTDR 계측기</td></tr>
<tr><td>학생</td><td colspan="5">필기도구</td></tr>
</table>

시간(분)	단계	학습 주제	교수 - 학습 활동	학습자료 및 유의점
10"	동기 유발	OTDR 정의	◎ 도입 ◇ 강의 개요 설명 - OTDR에 대해 들어보지 못한 사람은 없지만 제대로 배워본 사람은 없다. OTDR에 대해 정확히 배울 수 있는 기회를 강조하여 학생들의 흥미를 유발한다. ◇ 학습 준비(학생) 학생들은 학습 자료를 준비한다.	
50"	전개	OTDR 측정 원리	◎ 이론학습 ◇ OTDR 계측기의 원리 및 측정파형 해석 - OTDR 해석(교과서 1Page) 그림 설명시 밴딩, 손실, 프레넬반사 레일리 산란을 설명한다. - 프레넬반사, 레일리 산란 어원 설명(17C 프랑스, 19C 영국 물리학자) - 프레넬 : 빛은 뉴턴의 주장처럼 입자가 아니라 파동이라고 증명. 등대의 광원에서 나오는 불빛을 더 잘 모아주는 렌즈를 발명 - 파동 : 공간이나 물질의 한 부분에서 생긴 주기적인 진동이 시간의 흐름에 따라 주위로 멀리 퍼져나가는 현상 - 레일리 : 빛의 파장보다 더 작은 공기분자와 입자들에 의한 산란 - 일상에서의 레일리 산란 : 하늘이 파랗게 보이는 이유는 태양의 빛이 지구에 도착해서 지구의 산소, 질소 등을 만나게 되면 빛이 산란하기 때문임. 파장이 긴 빨간색보다 파장이 짧은 파란색은 아주 작은 입자에 부딪혀 산란하기 쉬움. 아침저녁으로 태양이 밑에 있을 땐 빛이 대기를 통과하는 길이가 길어져서 빨간색의 파장이 긴 빛이 남아 하늘이 붉게 보이는 것이 노을. 구름의 색이 하얀색인 것도 빛의 산란 때문(Mie 산란)  〈빛의 파장〉 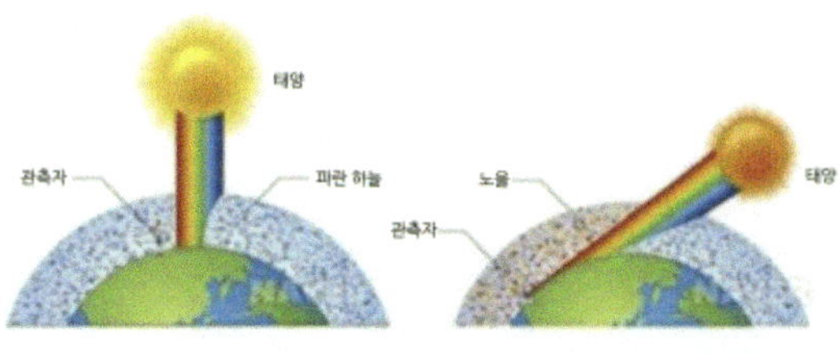 〈태양빛의 산란〉	OTDR 교육 자료 (OTDR 이해 및 파형정리) OTDR 결과를 쉽게 설명하고 질의응답을 통해 이해를 돕는다.

OTDR은 후방산란법을 이용해서 거리를 측정한다.

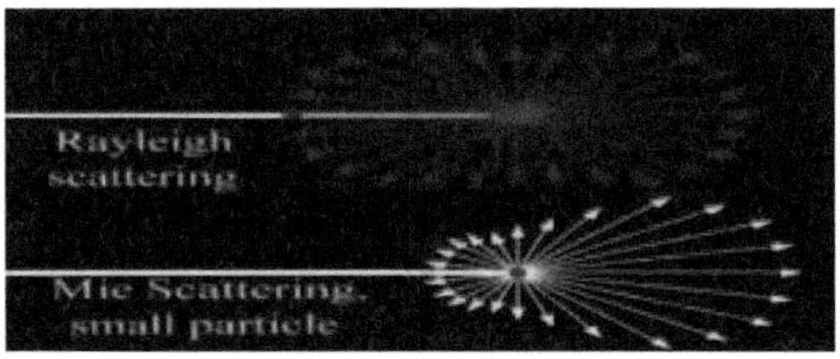

〈레일리 및 미 산란〉

광손실 특성

◇ 표준SMF 광학적 특성표
-1310nm, 1550nm 파장에서의 광선로 손실 치 설명
(예시 : 1310nm로 측정시 10km의 총 누적 손실은 -3.6dB
0.36dB X 10 = 3.6dB, 1km당 0.36dB 손실, 1550nm 0.22dB)

◇ OTDR 데드존의 이해
-입사단에서 OTDR이 아무것도 검출/측정할 수 없는 구간으로 정의

OTDR 예시

항목			단위	규격치	비고
손실 특성	손실계수	1310 nm	dB/km	0.36 이하	
		1550 nm		0.22 이하	
		1625 nm		0.27 이하	
	구부림손실	1625 nm	dB	0.1 이하	직경 75mm, 100회
	손실균일성 (운용파장)		dB	0.05 이하	
	파장별 손실차	1285 ~ 1330 nm	dB	0.05 이하	1310nm 기준
		1525 ~ 1565 nm	dB	0.03 이하	최대값-최소값 기준
		1565 ~ 1610 nm	dB	0.03 이하	최대값-최소값 기준
색분산 특성	색분산계수	1290 ~ 1330 nm	ps/km-nm	2.8 이하	
		1550 nm		18 이하	
	영분산 파장		nm	1300~1322	
	색분산 기울기	영분산 파장	ps/nm²-km	0.095 이하	
		1550 nm		0.065 이하	
차단파장			nm	1260 이하	λcc
모드필드 직경		1310 nm	㎛	9.3 ±0.5	
		1550 nm	㎛	10.5 ±1.0	
모드필드 동심오차			㎛	0.8 이하	
클래딩 직경			㎛	125 ±1	
클래딩 비원율			%	1 이하	
편광모드분산(PMD)			ps/√km	0.4 이하	
코팅 외경			㎛	250 ±15	

◇ 다양한 유형의 OTDR 측정
다양한 유형의 OTDR 결과를 예시를 통해 설명한다.

50“ | 중심 활동 | OTDR 측정

◎ 실험/실습
◇ 벤더사별 측정
EXPO 벤더사 OTDR을 측정해 본다.
YOKOGAWA 벤더사 OTDR을 측정해 본다.
◇ 심화학습
펄스폭에 대해 이해하고 짧은 펄스와 긴 펄스의 차이점을 이해한다.
1310nm, 1550nm 측정의 차이점에 대해 이해한다.
· 1310nm : 이벤트 발생지점의 손실계위가 1550nm 파장 측정시보다 작게 나타난다.
· 1550nm : 이벤트 발생지점의 손실계위가 1310nm 파장 측정시보다 크게 나타난다.

EXPO, YOKOGAWA OTDR

조별단위로 OTDR을 직접 측정해 본다.

10“ | 정리 | OTDR 학습 이유

◎ 정리 활동
◇ OTDR을 공부해야 하는 이유
현업에서 전문가 부재로 장애처리 등 나타나는 문제점을 강조한다.
최근 통신 분야의 시설물 증가와 고도화로 OTDR 측정의 중요성이 더욱 대두되고 있다.
본 강의를 통해 OTDR에 대해 이해하는 시간이 되길 바란다.

OTDR 학습 이유에 대해 강조한다.

CHAPTER

05

광케이블 실무 I

5.1 RN

5.2 GBIC

5.3 광케이블 선번

5.4 288C 케이블 장애대비

5.1 RN

1) 스플리터의 종류

흔히 통신에서 RN(Remote Node)은 OTB(Optical Termination Box)에 스플리터를 사용한 경우를 통칭한다. 현장에서 주로 쓰이는 스플리터는 1:4, 1:8, 1:16, 1:32 분기 종류가 있고 4, 8, 16, 32 분기를 사용할수록 dB 손실은 높기 때문에 FTTH 및 일반가입자망 설계시 반드시 스플리터 규격을 고려하여야 한다.

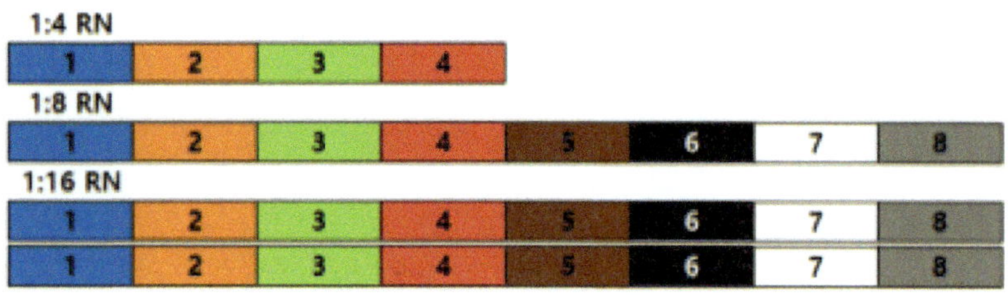

[그림 5-1-1] RN 선번

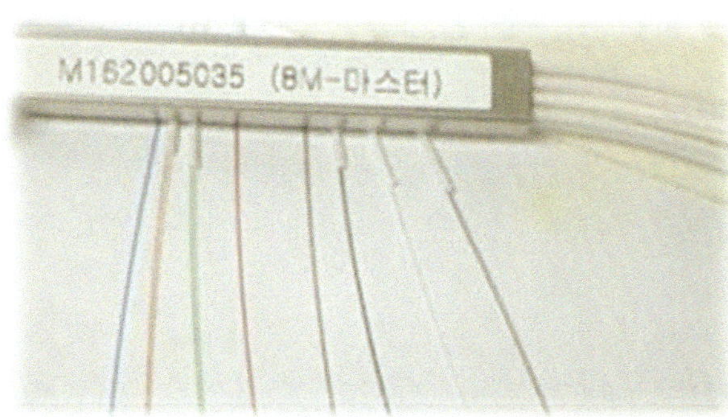

[그림 5-1-2] RN 사진

[표 5-1-1] 스플리터 손실값

구 분	손 실(dB)	비고
1:4	-6.02	최대 손실치(접속손실제외)
1:7(불균등)	3port : -6.02, 4port : -12.04	최대 손실치(접속손실제외)
1:8	-9.03	최대 손실치(접속손실제외)
1:16	-12.04	최대 손실치(접속손실제외)
1:5	1port : -3.01, 4port : -9.03	최대 손실치(접속손실제외)

[표 5-1-2] 스플리터 손실값 계산식

손실값 산술 공식 : $10\log_{10}^{\text{스플리터분기}}$ + 접속손실

【1:4】

$10 \times \log_{10}^{4} = 2 \times 10 \times \log_{10}^{2}$, $\log_{10}^{2} = 0.3010.....$

$20 \times 0.3010 = 6.02\text{dB}$

【1:8】

$10 \times \log_{10}^{8} = 3 \times 10 \times \log_{10}^{2}$, $\log_{10}^{2} = 0.3010.....$

$30 \times 0.3010 = 9.03\text{dB}$

【1:16】

$10 \times \log_{10}^{16} = 4 \times 10 \times \log_{10}^{2}$, $\log_{10}^{2} = 0.3010.....$

$40 \times 0.3010 = 12.04\text{dB}$

【현장의 소리】

2015년 8월 6일 오전 9시 30분경 기업 고객인 전남 나주의 기술벤처XXX주식회사에서 장애 접수가 되었다. 고객은 ONT(약자 기입)를 통해 인터넷 서비스를 제공 받는 중이였으나 아침에 출근하여 인터넷이 되지 않자 장애 신고를 하였다.

ONT의 상위장비인 OLT는 산포중심국에 수용되어 있었고 관제상 당일 새벽 3시부터 ONT가 Deactive되었다고 한다. 그렇다면 간밤에 대체 무슨 일이 있었던 걸까?

새벽에 장애가 발생되었다는 전제 아래 확인해 본 결과 장비팀에서는 상위 장비가 시설된 산포중심국에서 OLT 포트를 절감하기 위해 1:16 스플리터를 취부했다고 한다. 기존에 상위국으로부터 6.3km 지점에 1:4 RN을 취부하여 운용중이였다.

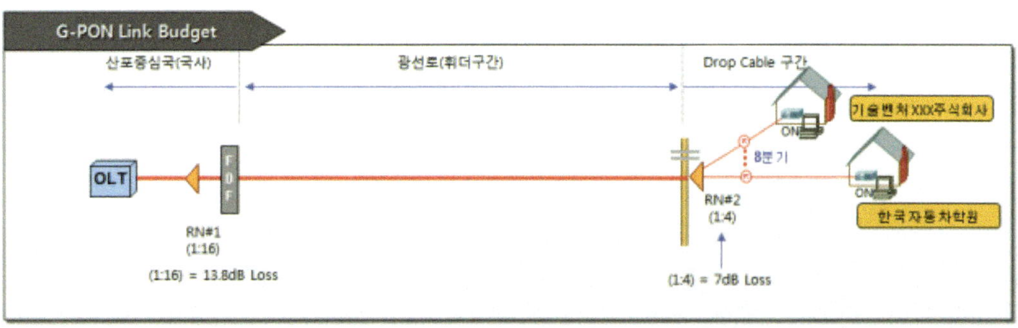

[그림 5-1-3] 고객단 망 구성도

그렇다면 왜 하위단에서 장애가 발생되었을까?

당일 새벽 상위국에서 시설한 1:16 RN에서는 이론상으로 -12.04dB의 손실이 있고 기존 1:4 RN에서는 -6.02dB의 손실이 발생되어 있는 상태이고 고객장비에 -10dB의 신호 감쇄기를 시설하여 -28.06dB(-12.04 + -6.02 + -10dB)의 손실이 발생되었다고 볼 수 있다(이해를 돕고자 Connector 당 0.3dB, 융착접속 0.01dB 손실율은 생략하고 순수하게 손실값 산출 공식에 의해 구해진 손실율로만 계산함).

결국 고객단에서는 ONT의 허용 dB값인 -8 ~ 28dB를 충족하지 못해 장애가 발생되었다고 볼 수 있다. 물론 고객단에서 신호감쇄기를 제거하고서야 정상적으로 서비스가 복구되었다.

번호	케이블관리번호	케이블구분	제조번호	코어	시설물관리번호	시설물명	시설물구분	접속정보	부가정보	포설거리	지도거리	코어수	T/B
				1	나주시RT151 (M05079)	나주 하나로빌딩_기술	8_광가입자국						
1	나주시CA7132 (9084EBP002_	8_광케이블_지중	1855	1	나주시JP4435 (9084EB	하나로프라자3층 EPS	8_접속점_자가	직결-B1		80	15.65	24	SKB
2	나주시CA7086 (9084EN04_9(	8_광케이블_지중	1855	1	나주시JP4380 (9084EN	13H	T_접속점_자가	직결-B1		70	70	24	SKB
3	나주시CA7017 (9084EN02_9(	T_광케이블_지중	2051	25	나주시JP4379 (9084EN	12H	T_접속점_자가	직결-B1		159	154.36	48	SKT
4	나주CA5907 (9084GN02_908-	T_광케이블_지중	0504	25	나주JP3729 (9084GN02	7H	T_접속점_자가	직결-B1		523	152.14	48	SKT
5	나주시CA6318 (9084GP01_9(	8_광케이블_지중	2915	13	나주JP3646 (9084GP01	나주혁7H-1	8_접속점_자가	직결-B1		0.5	0.39	48	SKB
6	나주CA5740 (9084DP02_908-	8_광케이블_지중		73	나주JP3645 (9084DP02	나주혁신7H	8_접속점_자가	직결-B2		47	382.63	144	SKB
7	나주시CA7035 (9084DN02_9(	8_광케이블_지중	RN<->Tie용 가상케	3	나주시JP4391 (9084DN	나주혁신7H(임시RN)	8_접속점_GE	RN-B1	나주시CA7035	0.17	0.17	12	SKB
8	나주시CA7035 (9084DN02_9(	8_광케이블_지중	RN<->Tie용 가상케	1	나주JP3645 (9084DP02	나주혁신7H	8_접속점_자가	TIE-B1		0.17	0.17	12	SKB
9	나주CA5756 (9084DN02_908-	8_광케이블_지중		75	나주JP3644 (9084KN16	나주혁신13H	8_접속점_자가	직결-B1		810	838.86	288	SKB
10	나주CA5775 (9084KN16_908-	8_광케이블_지중		75	나주JP3643 (9084KN11	나주혁10H	8_접속점_자가	직결-B1		464	446.64	288	SKB
11	나주CA5778 (9084KN11_918-	8_광케이블_지중		75	나주JP3642 (9184CP01	나주혁신8H-1	8_접속점_자가	직결-B1		693	699.38	288	SKB
12	나주CA5783 (9184CP01_918-	8_광케이블_지중		75	나주JP3641 (9184AP01	나주혁신6H	8_접속점_자가	직결-B1		550	544.28	288	SKB
13	나주CA5786 (9184AP01_918:	8_광케이블_지중		75	나주시JP4302 (9185RN	나주혁신6H1	8_접속점_자가	직결-B1		464	435.65	288	SKB
14	나주시CA6815 (9185SN21_9:	8_광케이블_지중		97	나주시JP4264 (9185SN	산포2	8_접속점_자가	직결-B1		642	590.33	144	SKB
15	나주시CA6814 (9185W322_9	8_광케이블_가공		97	나주시JP4263 (9185W:	산포1	8_접속점_자가	직결-B1		810	799.91	144	SKB
16	나주시CA6813 (46170505742	8_광케이블_가공		97	나주시TP535 (4617050	나주산포(T중심국)	T_중심국_국사	2R-25-97P		1880	1766.4	144	SKB
합계										7192.84	6896.96		

[그림 5-1-4] E-T-E 경로

상기 E-T-E 경로를 보면 7번째 라인에 RN이 취부됨을 알 수 있다.

GIS내 RN 결선도를 보면 2코아가 직결됨을 알 수 있는데 여기서 한 가지 의문점을 가져야 한다. 1:4의 동일 RN에 수용되어 있는 다른 고객(한국자동차학원)은 장애가 발생되지 않았던 걸까? 정답은 '그렇다'이다. 그 이유는 한국자동차학원에는 신호감쇄기가 시설이 되지 않았기 때문이다.

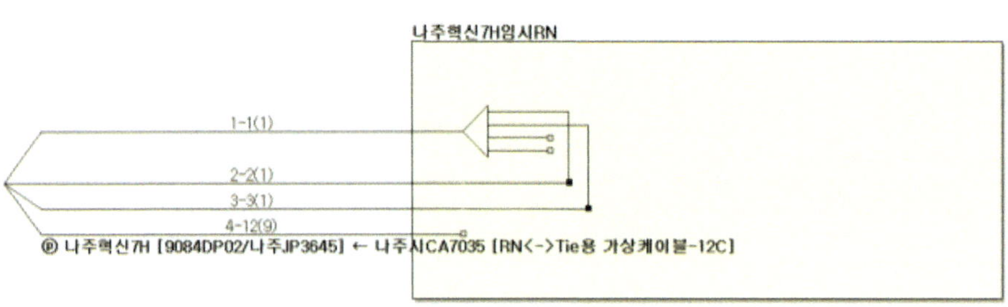

[그림 5-1-5] 1:4 RN 결선도

한 가지 더 아쉬운 점이 있다면 1:16 스플리터를 취부하기 전 상위장비 OLT에서 하위국 고객단의 dB값을 확인할 수 있었을 텐데 이 부분을 정확히 확인하지 않고 작업했다는 점이다.

5.2 GBIC

1) GBIC이란?

흔히 GBIC(GigaBit Interface Converter)이라고 하면 스위치 및 OLT와 같은 장비의 광 포트에 꽂아 쓰는 광모듈이라고 생각하기 쉽다. 하지만 광파장에 따라 쓰이는 종류도 다르고 벤더의 종류도 다양하다. GBIC은 일반적으로 알고 있는 GBIC과 Mini GBIC인 SFP(Small Form-factor Pluggable)로 나뉜다.

[그림 5-2-1] GBIC 및 SFP
[출처] blog.naver.com/ssamba

2) GBIC의 구분

대부분의 스위치 장비에서 가장 많이 쓰이는 SFP의 커넥터 타입은 LC-Type이다.

[표 5-2-1] LC TYPE

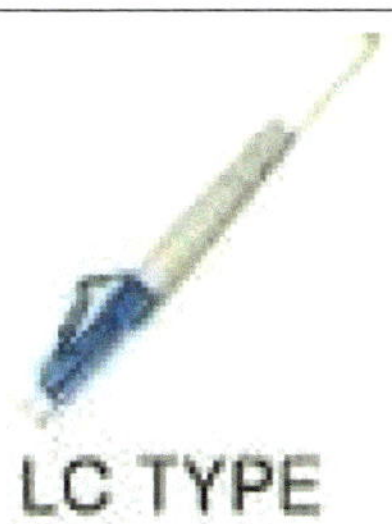	SFP에서 LC-type 커넥터는 MSPP와 같은 전송장비에서 RX, TX로 나뉘어 역할을 수행한다. 만약 SFP와 연결된 FDF TX 포트에서 광파워를 측정한다면 1~3 dB를 확인할 수 있다. TX포트에서 발생한 1~3 dB의 광신호가 몇십 km 거리를 지나가면서 접속손실 등이 발생하여 -25dB 전후로 측정되는 것이다.

SFP를 다시 구분하면 거리에 따라 3가지 종류로 나뉜다.

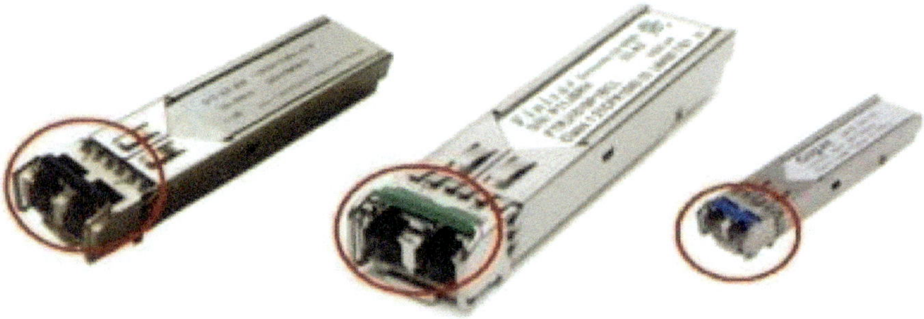

[그림 5-2-2] 손잡이 색으로 구분하는 SFP

[출처] blog.naver.com/ssamba

검정색 손잡이는 Multi Mode이고 파란색과 녹색 손잡이는 Single Mode이다. 즉, 스위치간 근거리 통신 연결을 위해서는 검은색(멀티모드) SFP를 사용하고 원거리용은 파란색이나 녹색을 사용하게 되어 있다. 실제 상위국의 MSPP장비에서 쓰이는 SFP를 보면 녹색이나 파란색을 쓰고 있는 것을 알 수 있다.

[표 5-2-2] SFP 구분

구분	파장 / 기능	용도
GBIC SX 멀티모드	850nm / VCSEL 사용	500m 이내 근거리용
GBIC LX 싱글모드	1310nm / FP LD 사용	10km ~ 20km 이내 중 장거리용
GBIC ZX 싱글모드	1550nm / DFB LD 사용	40km ~ 120km 장거리용

3) GBIC 불량 VS 광선로 장애

가끔 가입자망에서 4가입자가 동시에 장애가 났다고 장애신고가 들어온다. 즉 OLT 포트 전체가 장애가 발생되었으니 광선로팀에서 출동하여 장애처리를 해달라고 하는 것이다.

초기에는 경험이 없던 광선로팀에서는 하위국 4곳의 광신호를 측정하였고 곧 -30dB 정도의 손실치를 확인하고 광선로 밴딩이라고 판단했다. 그러나 결국 GBIC 불량으로 GBIC 교체 후 가입자는 복구되었다. 후에 동일한 장애 발생시 OLT에서 가입자 광레벨을 확인한 결과 전체가 -30dB 이상임을 확인했고 GBIC 교체 후 정상 복구됨을 확인했다.

5.3 광케이블 선번

1) 144C 유닛 및 선번 색상

구형 36C 이하 광케이블은 '청등녹적황자' 순서로 6개 선번이 동일하게 반복된다. 유닛 색상도 마찬가지로 '청등녹적황자' 순이다. 최근에는 24C 케이블에 2개의 유닛으로 구성된 케이블도 생산되고 있다.

** 36C 이하선번	청	등	녹	적	황	자
1번 유닛	1	2	3	4	5	6
2번 유닛	7	8	9	10	11	12
3번 유닛	13	14	15	16	17	18
4번 유닛	19	20	21	22	23	24
5번 유닛	25	26	27	28	29	30
6번 유닛	31	32	33	34	35	36

[그림 5-3-1] 36C 이하 광케이블

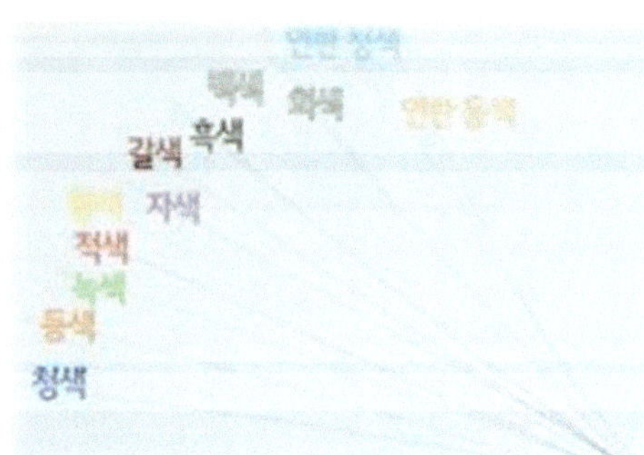

1	2	3	4	5	6	7	8	9	10	11	12
청	등	녹	적	황	자	갈	흑	백	회	연청	연등

[그림 5-3-2] 광코아 선번

** 48C 이상선번	청	등	녹	적	황	자	갈	흑	백	회	연청	연등
1번 유닛	1	2	3	4	5	6	7	8	9	10	11	12
2번 유닛	13	14	15	16	17	18	19	20	21	22	23	24
3번 유닛	25	26	27	28	29	30	31	32	33	34	35	36
4번 유닛	37	38	39	40	41	42	43	44	45	46	47	48
5번 유닛	49	50	51	52	53	54	55	56	57	58	59	60
6번 유닛	61	62	63	64	65	66	67	68	69	70	71	72
7번 유닛	73	74	75	76	77	78	79	80	81	82	83	84
8번 유닛	85	86	87	88	89	90	91	92	93	94	95	96
9번 유닛	97	98	99	100	101	102	103	104	105	106	107	108
10번 유닛	109	110	111	112	113	114	115	116	117	118	119	120
11번 유닛	121	122	123	124	125	126	127	128	129	130	131	132
12번 유닛	133	134	135	136	137	138	139	140	141	142	143	144
13번 유닛	145	146	147	148	149	150	151	152	153	154	155	156
14번 유닛	157	158	159	160	161	162	163	164	165	166	167	168
15번 유닛	169	170	171	172	173	174	175	176	177	178	179	180
16번 유닛	181	182	183	184	185	186	187	188	189	190	191	192
17번 유닛	193	194	195	196	197	198	199	200	201	202	203	204
18번 유닛	205	206	207	208	209	210	211	212	213	214	215	216
19번 유닛	217	218	219	220	221	222	223	224	225	226	227	228
20번 유닛	229	230	231	232	233	234	235	236	237	238	239	240
21번 유닛	241	242	243	244	245	246	247	248	249	250	251	252
22번 유닛	253	254	255	256	257	258	259	260	261	262	263	264
23번 유닛	265	266	267	268	269	270	271	272	273	274	275	276
24번 유닛	277	278	279	280	281	282	283	284	285	286	287	288

[그림 5-3-3] 48C 이상 광케이블

20번째 유닛이 투명색이라는 점이 특징이다. 20번째 순번인 검정색 유닛에 검정색 스트라이프를 표현할 수 없기 때문에 투명색으로 유닛을 구성하였다.

2) 288C 신형 VS 구형 케이블

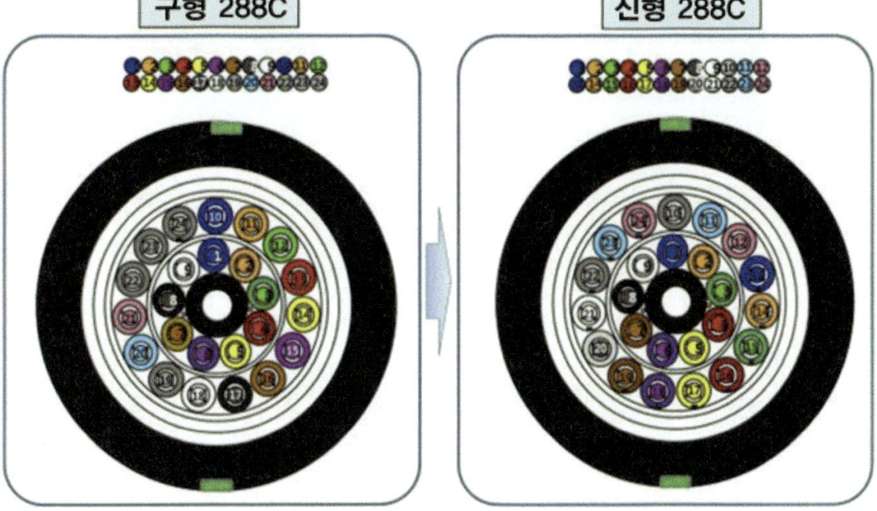

[그림 5-3-4] 구형 VS 신형 288C 케이블 단면도

기본적으로 '청등녹적황자갈흑백회'의 순으로 유닛이 반복되기 때문에 13번 청색 유닛에는 검정색 띠를 세로로 페인팅하여 1번 유닛과 구분한다. 이렇게 되면 20번 검정색 유닛에 검정색 띠를 입히는 것이 아무 의미 없어지므로 광케이블 벤더에서는 투명색으로 생산한다.

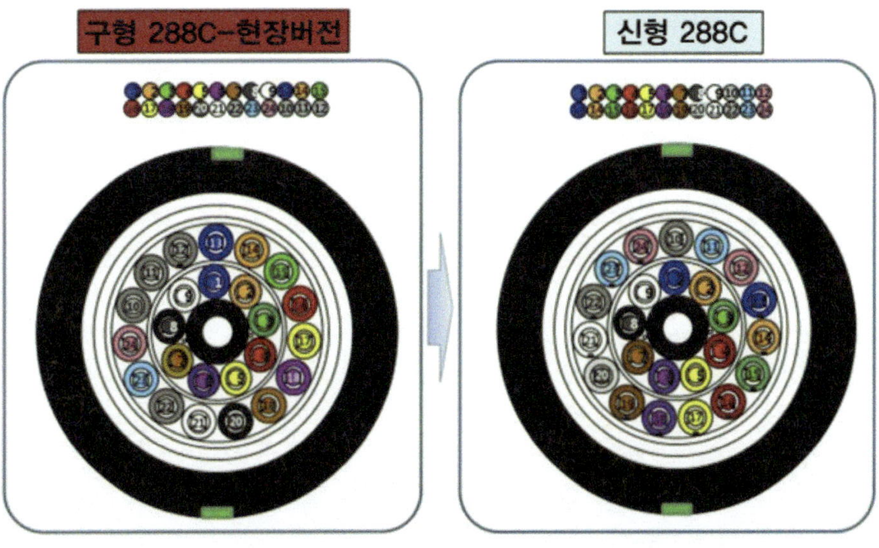

[그림 5-3-5] 현장에서의 구형 288C 선번

[그림 5-3-6] 288C 신형 및 구형 단면도

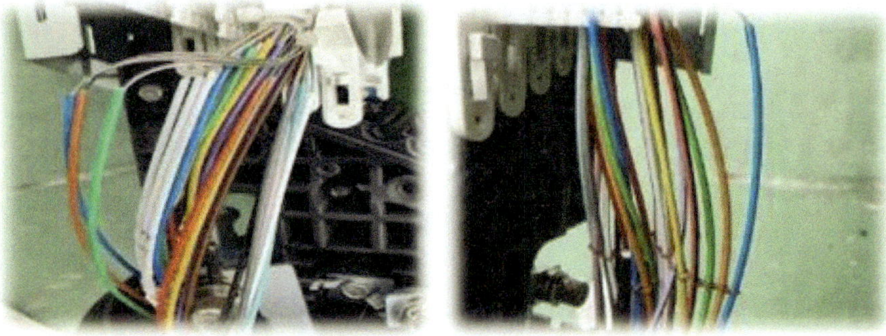

[그림 5-3-7] 구형 288C 백색 유닛 및 신형 288C 스프라이트

현장에서는 기존 22, 23, 24번 유닛을 10, 11, 12로 쓰면서 13번부터 우리가 알고 있는 '청등녹적황자갈흑백회' 순으로 사용하는 경우도 있다.

가. 288C 구형은 23~25번 유닛은 회색이나 현장은 10~12번으로 사용하기도 함

나. 288C 신형은 20번 유닛이 투명색이며 13번부터는 검정색 스프라이트 구성

3) 서부권 288C 현황 및 구축 특성

[표 5-3-1] 서부권 288C 구축 현황('16년 기준)

권역	지중	가공	총계	구축 특성
광주	121.8	20.3	142.1	288C 22, 23, 24번을 10번부터 사용하는 경우가 대부분임
전남	49.3	21.4	70.7	288C 22, 23, 24번을 10번부터 사용하는 경우가 대부분임
전북	34.8	32.6	67.4	288C 22, 23, 24번을 22번부터 사용하는 경우가 대부분임
제주	6.1	1.6	7.7	SKT는 22번을 제조사버전, SKB는 22번을 10번부터 사용함
총계	212	75.9	287.9	-

※ 288C 신형케이블은 전남 16.5km, 서구 3.5km, 광산구 13km, 전북 5.5km 시설되었으며 점차 증가하는 추세임.

※ 288C 신형케이블은 '15년도부터 생산하여 현장에 구축됨(유통사 : 원일전선, 디아이티엔지, 엠케이)

※ 구형 288C을 광주 · 전남권은 현장 버전으로, 전북 · 제주권은 제조사 버전으로 구축함.

4) 288C 케이블 선번배정 지침

가. 기간망 → 기업망 등 주요망순으로 1번 유닛 1번 코아부터 여장판 하단에 수용

☞ 함체 하단부터 수용해야 차후 작업시 여장판 정리 작업 빈도수가 낮아지게 됨

나. 288C 유닛 보호 튜브는 반드시 1~12번 코아색상순 튜브 사용

다. 구형 288C 케이블로 구축시 22~24번 회색 유닛은 10~12번 유닛으로 사용

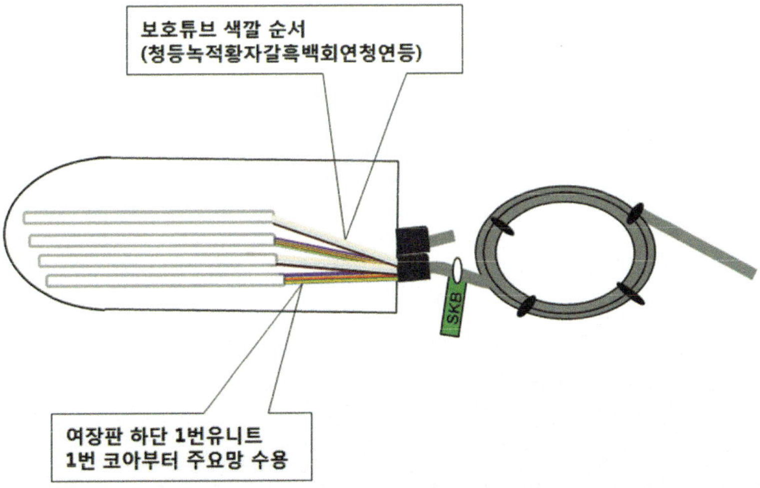

[그림 5-3-8] 288C 유닛 선번 배정

【현장의 소리】

2016년 5월 19일부터 26일까지 광주/전남/전북/제주권 접속인원들과 288C 케이블에 대해 고민해본 내용을 담아본다.

[표 5-3-2] 288C 현장구축 이슈사항

논의 내용	시사점
• 신형 288C 20번 유닛 색상은 투명색(LGU+ 288C 케이블의 20번은 검정색에 흰색 줄무늬임) • 3m 이상 탈피시 보조인력 2명 필요하며 여건상 2m 탈피가 장애처리에 원활함 • 신형 288C 접할 수 있는 기회가 드물기 때문에 하반기 별도의 1회 훈련 필요 • 구형케이블 22~24번 유닛을 포함해서 24개 유닛의 순차 고정이 중요함 • 288C 회색 22번을 찾기 위해 앞단 함체 대조 및 국측에서 OTDR로 장애코아 대조 필요함 • 1~12번 유닛 보호튜브 색상별 필수 구비 필요 • 288C 유닛 구분은 튜브색상 구분이 매우 중요	• LGU+ 업무를 다년 수행한 접속팀은 288C 20번 혼선이 오니 상시 교육 필요함 • 2m 이상 탈피를 반드시 현장에서 장애처리시 원칙으로 하되 여건에 맞게 여장 정리 • Emergency 신형 288C 케이블(녹색 띠가 두꺼움)을 장애처리 학습용으로 사용할 수 있게 건의하여 하반기에 신형대 구형 복구 훈련 추진 예정 • 구형의 22~24번 유닛을 찾기 위한 방안 2가지 방안 현장 적용 1) 국사에서 OTDR을 측정하면서 장애케이블 코아 대조 2) 장애 위치 앞단 함체를 확인하여 4번째 여장판에 22~24번 회색이 수용되어 있는지 확인 • 1~12번 유닛(청등녹적황자갈흑백회연청연등)의 색상별 튜브를 접속팀이 필히 사용할 수 있게 지침 전파, 색상과 동시에 숫자형 표기 가능한 유닛 개발 제안 필요

5) 두루넷(구 인터넷서비스업체) 케이블

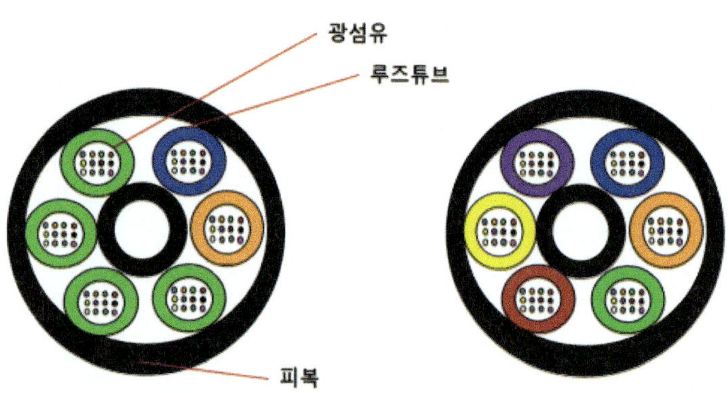

[그림 5-3-9] 두루넷 케이블과 일반 케이블 72C 단면도

일반적인 '청등녹적황자' 순이 아닌 '청등녹녹녹녹'으로 제작되어 현장에서 유닛 순서에 따라 선번을 구분하는 방법으로 운용하고 있다.

[그림 5-3-10] 두루넷 72C 케이블 유닛

5.4 288C 케이블 장애대비

1) 288C 케이블 단선시 키트 복구

[그림 5-4-1] 288C 긴급복구키트 및 네이밍 라벨

실제 장애시 기존 케이블과 복구케이블 구분을 위해 락카칠을 하였다. 락카칠을 해 놓음으로써 기존 케이블과의 혼선을 방지할 수 있고 야간에 시인성을 높일 수 있다.

[그림 5-4-2] 288C 긴급복구키트 네이밍 라벨

유닛의 순차적 배열을 위해 유닛마다 네이밍 라벨을 붙여서 구분하였다.

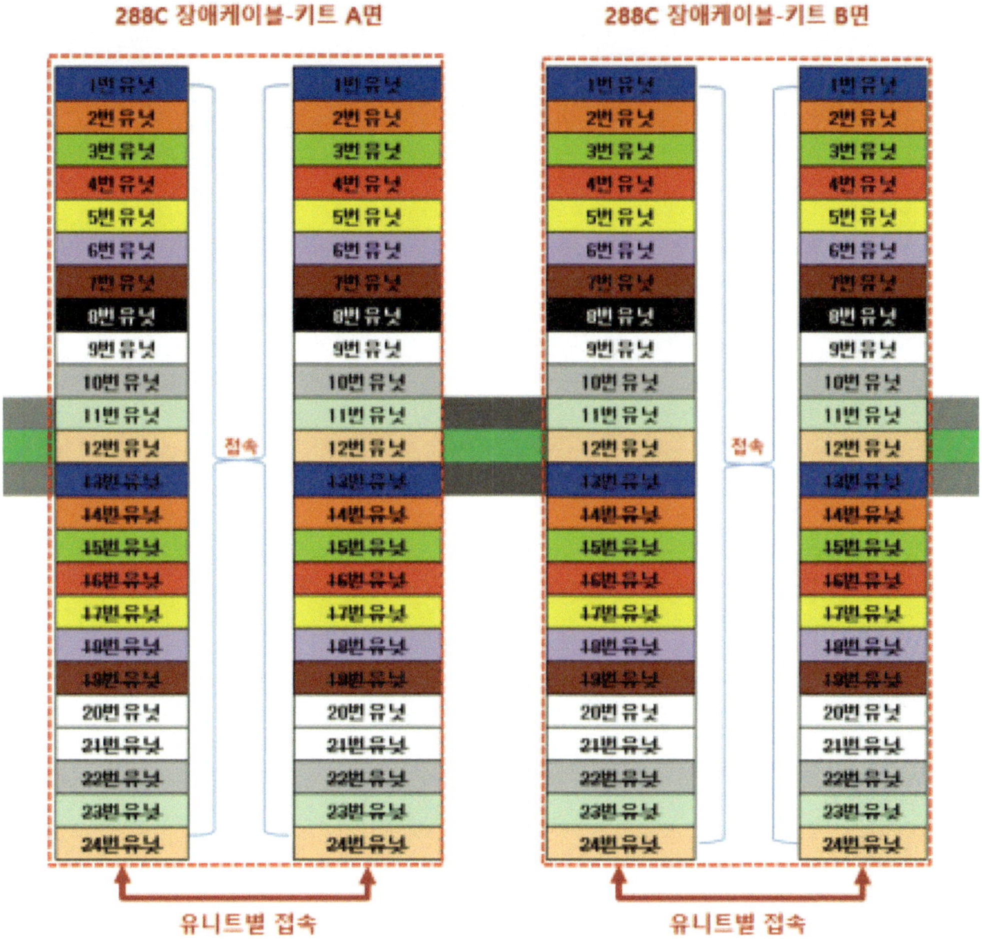

[그림 5-4-3] 288C 신형케이블 대 신형 긴급복구키트

288C 신형케이블은 알고 있듯이 13번 유닛부터 24번(20유닛은 투명색)까지 검정색 스트라이프 줄무늬가 있다. 이 신형케이블로 제작된 288C 긴급복구키트와 신형 288C 단선 장애시 복구 진행사항을 살펴보자. 288C 신형 장애케이블 내 유닛을 1~24번까지 순차적으로 배열하는 것이 중요하다. 특히 '청등녹적황자갈흑백회연청연등' 순으로 1~12번 유닛이 구성되지만, 13번부터는 '청등녹적황자갈투명회연청연등'이니 장애케이블 순번 배열시 주의해야 한다.

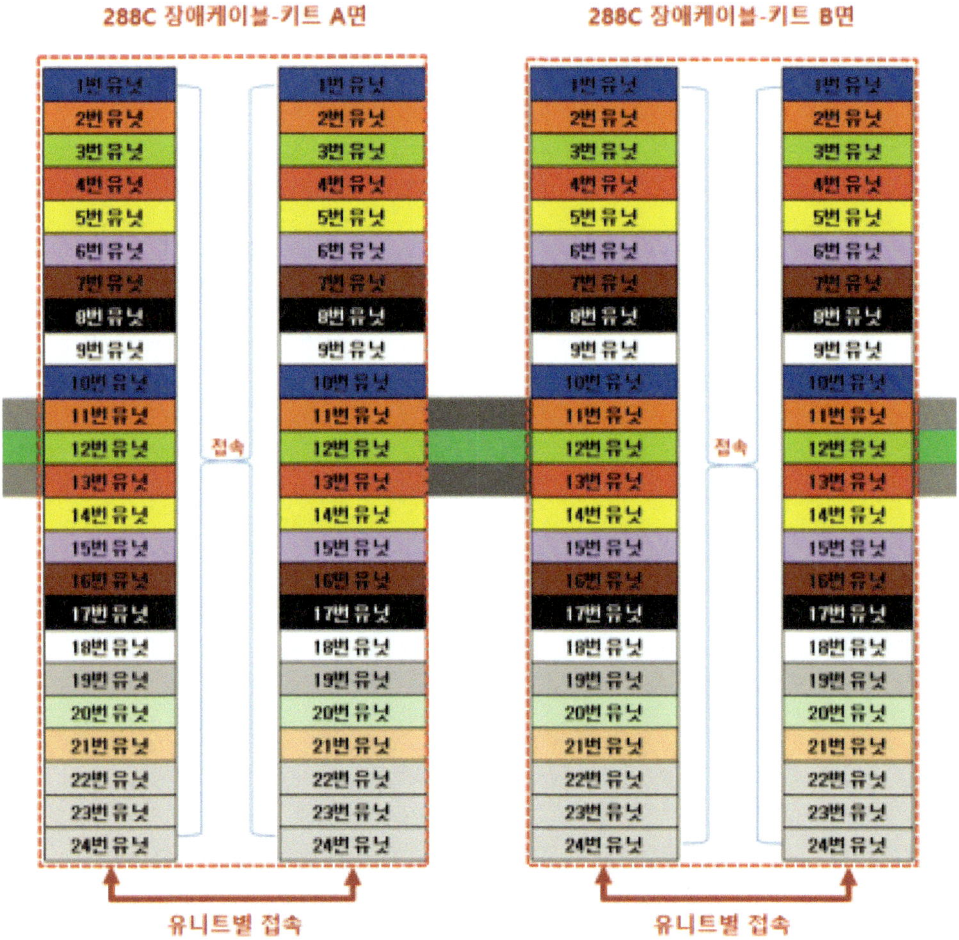

[그림 5-4-4] 288C 구형케이블 대 구형 긴급복구키트(Type A형)

장애가 발생된 288C 구형케이블과 구형 긴급복구키트를 제조사 버전대로 1~24번까지 순차적으로 유닛을 배열하고 접속하는 경우이다. 사전에 288C 긴급복구키트는 제조사 생산대로 2번째 열에 있는 청색 유닛을 10번 유닛으로 배열한 상태이다. 장애케이블과 긴급복구키트의 유닛을 동일한 순번으로 접속하는 경우가 되겠으며, 288C 구형 장애케이블의 '회회회' 유닛의 위치가 10번부터인지 22번부터인지 확인하는 것이 매우 중요하다. 이를 위해 앞단 함체에서 '회회회' 유닛이 10번째인지 22번째인지 확인이 필요하다. 실제 장애시 앞단 함체를 개방해서 확인하는 방안을 현장 여건에 따라 진행해야 한다. 또한 국사측에서 OTDR로 장애구간 선번 대조를 통해 유닛 순서를 확인하는 방법도 있다.

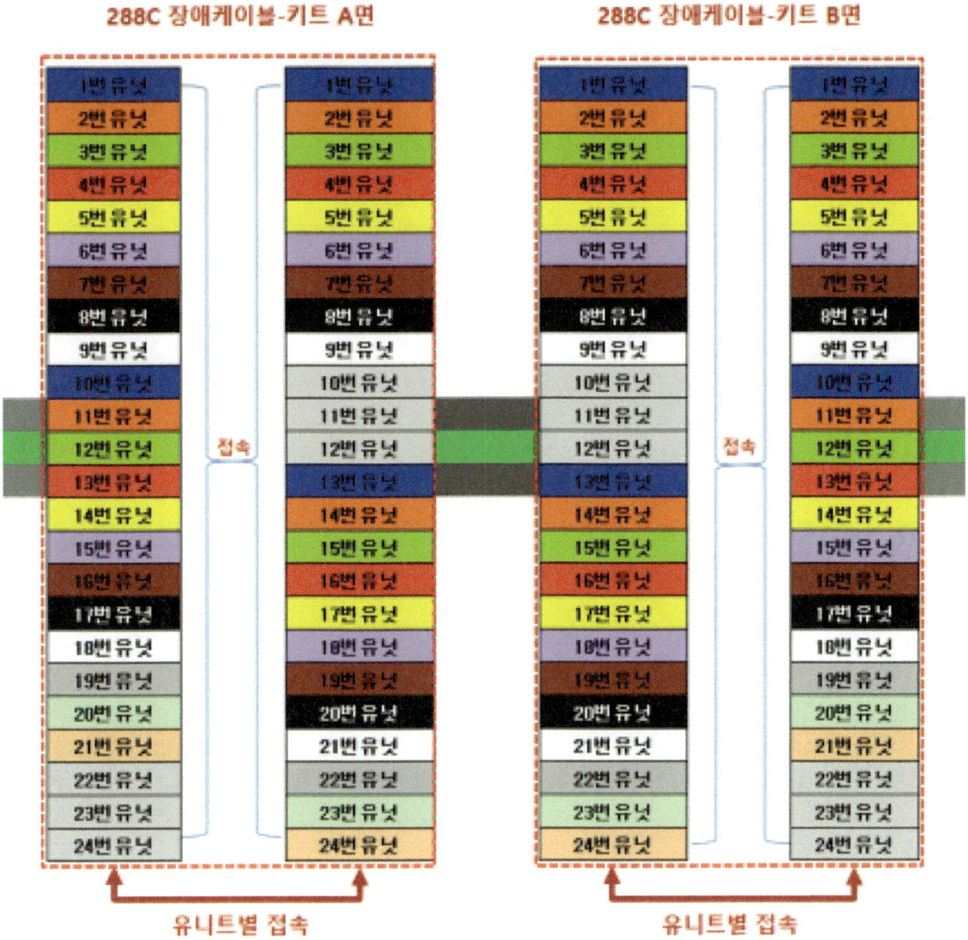

[그림 5-4-5] 288C 구형케이블 대 구형 긴급복구키트(Type B형)

구형 긴급복구키트를 제조사 버전이 아닌 원래의 22, 23, 24번 유닛을 임의로 10, 11, 12번에 배치하여 13번 유닛에 청색이 오도록 순서를 맞춘 방식이다. 288C 긴급복구키트를 제작시 13번이 청색이 오기 때문에 신형 288C 케이블과 같이 '청등녹적황자갈흑백회연청연등' 순으로 유닛을 배열할 수 있는 장점이 있다. 물론 회색의 3개 유닛을 10, 11, 12번에 정확히 배열하는 것이 중요하다.

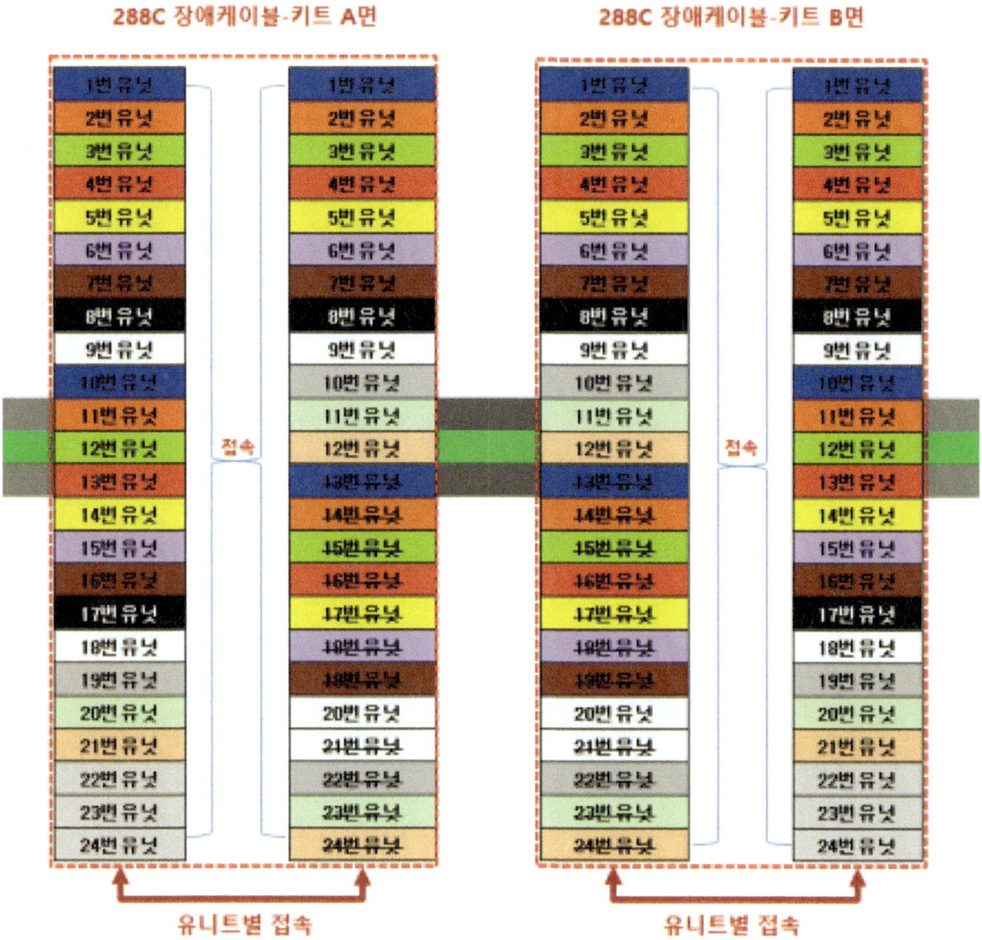

[그림 5-4-6] 288C 구형케이블 대 신형 긴급복구키트

신형 긴급복구키트와 구형케이블의 유닛 순서를 임의 조정 없이 제조사에서 생산한 대로 배치하여 복구하는 방법이다. 신형 긴급복구키트는 유닛이 '청등녹적황자갈흑백회연청연등' 순으로 2번 반복(2번째 청색 유닛부터는 검정색 스프라이트로 표시)되며 장애 케이블은 구형이기 때문에 유닛을 1~24번까지 순차적으로 혼선 없이 배열하는 것이 중요하다. 288C 구형 케이블과 신형긴급복구키트의 코아 오접속을 방지하기 위해 A지점과 B지점에서 유닛 배열 사항을 반드시 서로 공유해야 한다. 또한 주의해야 할 점으로 22~24번 유닛은 모두 동일한 회색이기 때문에 A지점 및 B지점에서 이 유닛 배열 순서를 반드시 상호 확인해야 한다. 22~24번 유닛 순서 파악을 위해 각 유닛 내 1코아씩 OJC 연결 후 반대향에서 OTDR 밴딩 또는 가시광으로 확인하는 방법도 있다.

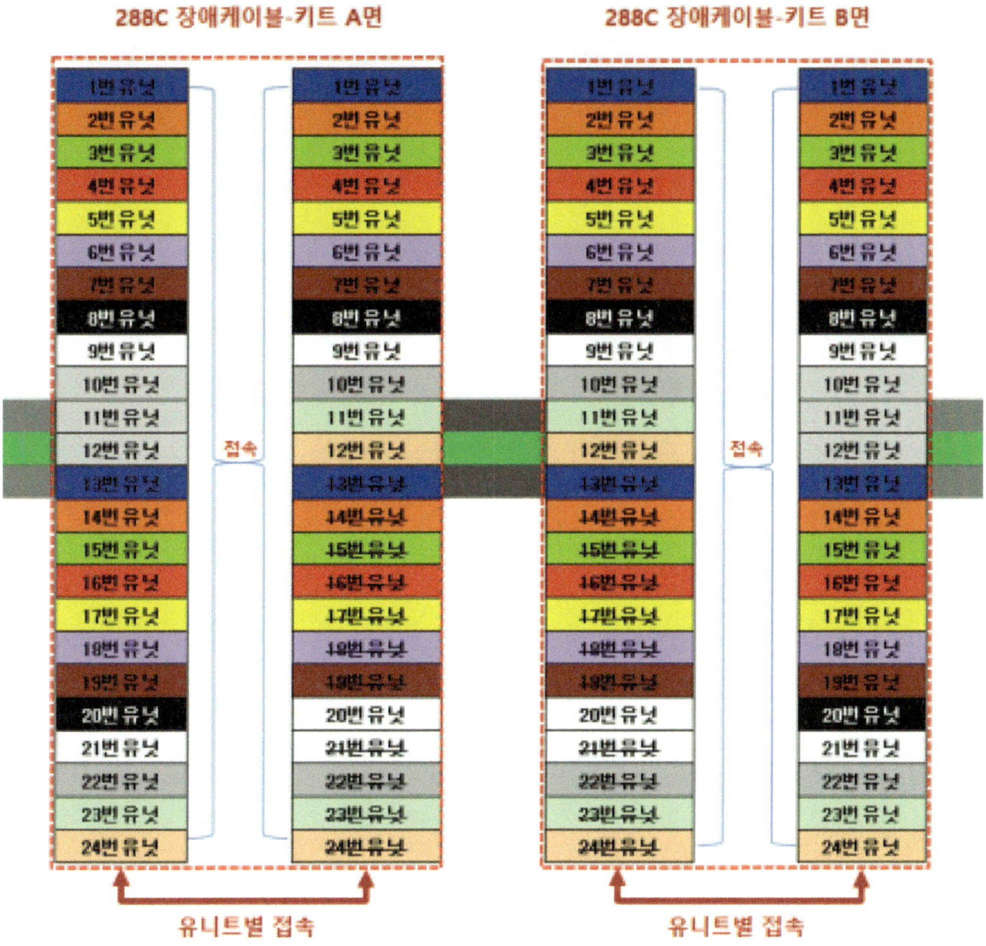

[그림 5-4-7] 288C 구형케이블(유닛변경) 대 신형 긴급복구키트

신형 긴급복구키트 순차적 24개 유닛과 구형케이블의 '회회회' 유닛을 10~12번으로 배열하여 복구하는 방법이다. 구형 장애케이블의 '회회회' 유닛을 10번부터 배열하기 때문에 유닛 순번에 혼선이 생기지 않도록 정확히 배열해야 한다. 이 같은 경우는 장애 케이블 위치 기준으로 전/후단 함체에서 '회회회' 유닛이 10번 유닛으로 쓰인 경우에 시도할 수 있는 방법이다. 주의해야 할 점으로 10~12번 유닛은 모두 동일한 회색이기 때문에 A지점 및 B지점에서 이 유닛 배열 순서를 반드시 상호 확인해야 한다. 10~12번 유닛 순서 파악을 위해 각 유닛 내 1코아씩 OJC 연결 후 반대향에서 OTDR 밴딩 또는 가시광으로 확인하는 방법도 생각해봐야 한다.

CHAPTER

06

광케이블 실무 II

6.1 광케이블
6.2 광케이블의 설치
6.3 광접속함체
6.4 광케이블 시험
6.5 광케이블 유지관리

6.1 광케이블

1) 광케이블 구성

광케이블은 광통신 시스템에서 데이터 전송의 효율성과 신뢰성을 보장하는 핵심 매개체이다. 석영(유리)으로 구성된 광섬유의 코아와 그 주변을 감싸는 클래딩, 외부 보호층으로 구성된 광케이블은 전통적인 동축케이블에 비해 여러 가지 우수한 특성을 지닌다. 광케이블의 가장 큰 특성은 광섬유를 통해 빛의 형태로 데이터를 전송하면서 매우 높은 대역폭과 긴 전송 거리를 보장한다는 것이다. 특히, 전자기 간섭에 강하고 데이터 손실이 적은 것은 매우 큰 강점이다. 물론, 광케이블은 온도 변화나 외부의 물리적인 충격에 취약할 수 있으며 설치 초기 비용이 높다는 단점도 있다. 그러나 현대에는 광케이블이 가지는 우수한 특성 때문에 인터넷 백본망, 데이터 센터, 고속 네트워크 구축에 필수적인 요소가 되었다. 다음으로 광케이블의 구조와 종류를 알아보자.

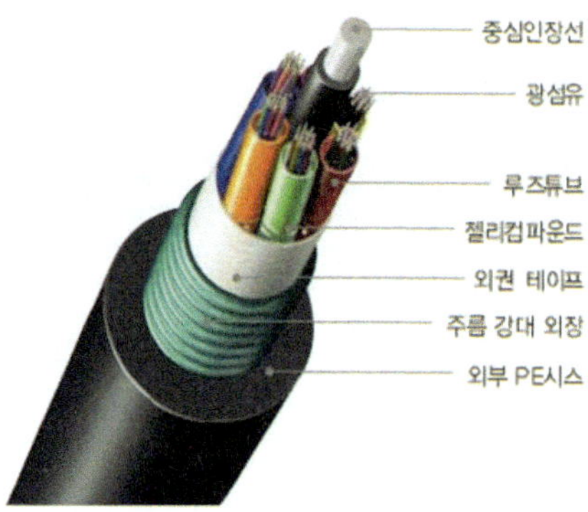

[그림 6-1-1] 광케이블 구조

- **중심인장선** : 광케이블의 중심에 위치하여 케이블의 인장 강도를 제공하며, 케이블이 늘어나거나 구부러지는 것을 방지한다.
- **광섬유** : 실제 데이터 전송을 담당하는 유리 또는 플라스틱으로 만든 매우 얇은 섬유. 광섬유는 일반적으로 단일 모드(Single-mode)와 다중 모드(Multi-mode) 2가지 유형이 있다.
- **루즈 튜브** : 광섬유를 보호하기 위해 각 섬유를 포함하는 플라스틱 튜브를 지칭한다.
- **외부 PE시스(PE Sheath)** : PE시스는 폴리에틸렌(Polyethylene) 소재로 만든 외부 보호층을 의미하고 케이블을 환경적 요인(수분, 자외선, 화학 물질 등)으로부터 보호하는 역할을 한다. 폴리에틸렌(Polyethylene)은 내구성이 뛰어나고 물에 잘 견디는 성질을 가진 플라스틱이며 가격이 저렴하고 가벼워서 다양한 케이블 외피에 널리 사용된다. 시스(Sheath)는 사전적 의미로 피복을 의미한다.

2) 광케이블 종류

일반적인 광통신 현장에서는 단일 모드 광케이블을 사용한다. 광코어의 수량에 따라 규격을 달리하여 생산할 수 있으며, "12C", "24C", "48C", "72C", "144C", "288C", "576C" 등으로 나눌 수 있다. 이 책에서는 동축케이블보다는 광케이블 위주로 학습하기로 한다.

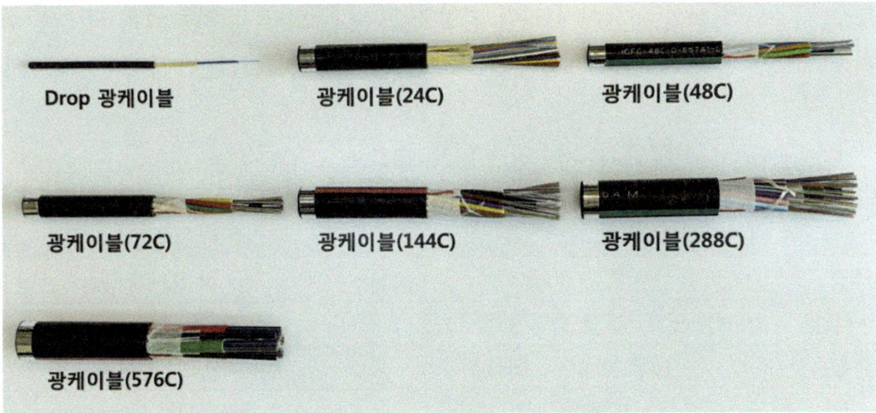

[그림 6-1-2] 광케이블 종류

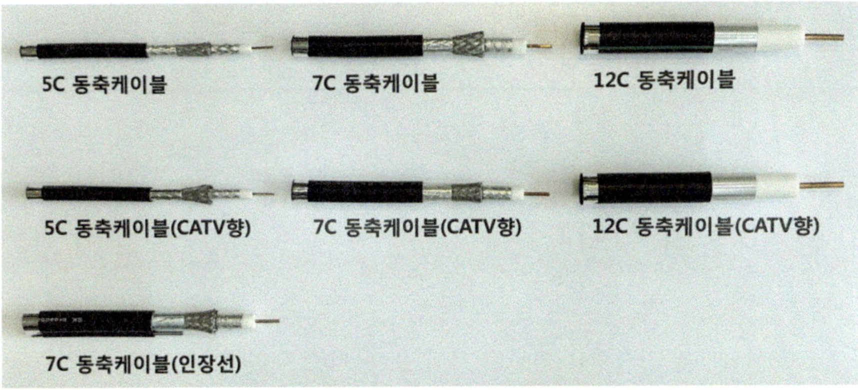

[그림 6-1-3] 동축케이블 종류

- 24C 광케이블(24 Cores) : 6개의 루즈 튜브(유니트) 안에 각각 4개의 광섬유(광코아) 또는 2개의 루즈 튜브 안에 각각 12개의 광섬유로 구성된다.
- 48C 광케이블(48 Cores) : 4개의 루즈 튜브(유니트)에 각각 12개의 광섬유로 구성된다.
- 72C 광케이블(72 Cores) : 6개의 루즈 튜브(유니트)에 각각 12개의 광섬유로 구성된다.
- 144C 광케이블(144 Cores) : 12개의 루즈 튜브(유니트)에 각각 12개의 광섬유로 구성된다.
- 288C 광케이블(288 Cores) : 24개의 루즈 튜브(유니트)에 각각 12개의 광섬유로 구성된다.

3) 전송방식에 따른 광케이블 구분

광케이블을 전송 방식에 따라 단일 모드(Single-mode)와 다중 모드(Multi-mode) 광케이블로 나눌 수 있다. 단일 모드 광케이블은 주로 장거리 통신에 사용되며 높은 대역폭을 제공한다. 직경이 작은 코어를 사용하여 빛이 한 가지 방식으로만 전송되어 모드 분산이 없고 이로 인해 데이터 전송 속도와 거리가 증가한다. 반면에 다중 모드 광케이블은 주로 건물 내부와 같이 단거리 설치 용도로 사용되며 설치 비용이 비교적 저렴한 편이다. 또한 직경이 넓은 코어를 사용하여 빛이 여러 가지 경로를 통해 전송되며, 이는 모드 분산이 발생하여 전송 거리에 제약이 따른다.

[표 6-1-1] 단일 모드와 다중 모드 광케이블

특징	단일 모드 광케이블 (Single-mode Fiber)	다중 모드 광케이블 (Multi-mode Fiber)
코어직경	약 8~10㎛	약 50~62.5㎛
광섬유 타입	보통 단일 경로를 통해 빛이 전송됨	여러 경로를 통해 빛이 전송됨
대역폭	매우 높음(수십 GHz)	상대적으로 낮음(수백 MHz)
전송 거리	최대 100km 이상 가능	일반적으로 2km 이내
주 사용처	장거리 통신, 백본 네트워크	데이터 센터, LAN
비용	높음	낮음
파장	주로 1310nm, 1550 nm 사용	주로 850nm, 1300nm 사용
특성	광원으로 레이저 사용	광원으로 LED 또는 VCSEL 사용

6.2 광케이블의 설치

기본적으로 광케이블은 전신주와 전신주 사이 또는 지중 구간에 매설하는 방식으로 시설을 한다. 이들 구간에 광케이블을 포설하는 것은 단순한 일이 아니며 철저한 계획 수립과 현장 수행 능력을 요구한다. 광케이블 설치시 유의 사항과 운용 중점 사항에 대해서 생각해보자.

1) 전신주와 전신주 사이(가공)에 광케이블 설치

(1) 설계 및 계획

- **경로 조사** : 경로를 사전에 조사하고, 장애물이나 기타 위험 요소를 확인한다.
- **장력 계산** : 케이블의 무게와 외부 환경 조건을 고려하여 적절한 장력을 계산한다. 장력이 너무 강하면 케이블이 손상될 수 있고, 너무 약하면 처질 수 있기 때문에 밴드 등으로 고정은 필수사항이다.

(2) 설치 과정

- **적절한 고정** : 케이블을 전신주에 단단히 고정해야 하며, 이를 위해 케이블 밴드나 클램프 등을 사용한다.
- **처짐 방지** : 케이블이 처지지 않도록 중간에 지지대를 설치하거나, 와이어를 사용할 수 있다.
- **보호 장치 사용** : 외부 충격으로 인해 케이블 손상되지 않도록 보호 튜브나 커버를 사용한다.

(3) 안전

- **전기적 안전** : 전신주에 전력선이 있을 경우 케이블과 전기선이 마찰 되지 않도록 전기적 안전을 최우선으로 고려해야 한다.
- **작업자 안전** : 고소 작업이 필요할 경우 안전 장비(안전모, 안전벨트, 활선경보기 등)를 반드시 착용하고 안전 작업 절차를 준수한다.

2) 지중 구간에 광케이블 매설

(1) 설계 및 계획

- **경로 조사** : 매설 경로를 사전에 조사하고 기존 지중 설비(전력선, 수도관 등)를 피해 설계한다.
- **토질 확인** : 매설할 지반의 토질을 확인하여 적절한 매설 깊이와 보호 방식을 결정한다.

(2) 설치 과정

- **지중 터파기** : 광케이블을 매설할 지중 구간을 파내서 평탄하게 한다.
- **보호관 사용** : 광케이블을 보호하기 위해 PVC, PE 등의 보호관을 사용한다. 보호관은 케이블을 외부 충격 및 습기로부터 보호할 수 있다.
- **케이블 배치** : 보호관內 케이블을 배치할 때 케이블이 꼬이거나 꺾이지 않도록 주의한다.
- **매립** : 케이블 설치 후 지중 구간을 다시 메울 때는 케이블이 손상되지 않도록 신중하게 작업한다. 자갈이나 모래를 먼저 덮어 케이블을 보호하고 그 위에 흙을 덮는다.
- **경고 표시 테이프** : 지중에 케이블이 매설되어 있음을 알리는 경고 표시 테이프를 사용한다. 이는 향후 다른 작업자들이 실수로 케이블을 손상시키지 않는데 도움을 준다.
- **지중표시못 및 경고 표지판** : 케이블이 매설된 위치에 지중표시못 및 경고 표지판을 설치하여 굴착 작업자들이 인지하여 사고를 예방할 수 있게 한다.

3) 일반적인 주의사항

① 환경 조건 : 시설 지역의 기후와 날씨 조건을 고려하여 작업을 진행한다.

② 정기 점검 : 시설 후 정기적으로 케이블 상태를 점검하여 손상이나 이상이 발생했을 때 즉시 조치한다.

③ 법적 규제 준수 : 해당 지역의 법적 규제와 안전 기준을 준수하여 시설 작업을 진행한다.

4) 광케이블 운반시 주의 사항

광케이블은 무겁고 이동이 용이하지 않기 때문에 전문적인 기술력을 가지고 운반을 해야 한다.

① 공사현장까지 광케이블은 드럼 형태로 이동해야 하며, 드럼은 눕히지 않고 수직으로 유지해야 한다.

② 운반 중 강한 충격을 피하고 드럼을 굴려서 운반할 때는 지정된 회전 방향을 따른다.

③ 케이블 변형이나 특성 변화를 방지하기 위한 주의가 필요하며 운반할 수 없는 경우는 케이블을 8자 모양으로 감아 운반한다.

④ 케이블 허용 곡률반경은 접속 및 지지물 고정시 포설 중 모두 20D 이상을 유지한다.

[표 6-2-1] 광케이블 허용 곡률 반경

구분	접속, 지지물에 고정시	케이블 포설 중	비고
광케이블	20D 이상	20D 이상	D : 케이블 직경

5) 광케이블 포설시 주의사항

광케이블은 안전하고 효율적인 설치를 위해 다음과 같은 기본 지침을 따른다.

(1) 설치 방법

인입 길이에 따라 케인크나 와이어를 사용하여 광케이블을 설치한다. 10m 미만은 설치 도구를 사용하지 않고, 10m 이상 30m 미만은 케인크를, 30m 이상은 와이어를 사용한다.

(2) 이격거리 준수

광케이블은 강전류 전선과의 이격거리를 유지하며 설치한다.

- **설치 방향:** 기존 전력선의 방향을 따라 광케이블을 설치하며, 기존 케이블이 있는 경우에는 동일한 방향으로 설치한다.
- **장애물 관리:** 가로수나 간판 등 장애물 위에 광케이블이 걸치지 않도록 주의하고, 케이블이 장애물에 의해 손상되지 않도록 보호한다.
- **여장 처리:** 광케이블의 여장은 전주에 두지 않으며, 특수 상황에서만 공사 감독의 승인을 받아 허용한다.
- **포설 속도 및 방법:** 광케이블은 균일한 속도(10m/분 이하)로 포설하며, 인력을 이용한 포설을 원칙으로 한다.
- **여유 케이블 관리:** 포설 완료 후 필요한 여유 케이블을 남겨 놓고, 사용하지 않을 경우 방수 처리하여 고정한다.

• **안전 및 품질 관리:** 가설 작업 중 즉각적인 통신을 유지하여 비상시 작업을 중지할 수 있도록 하고, 케이블이 손상되지 않도록 주의한다.

[그림 6-2-1] 광케이블 포설

6.3 광접속함체

광접속함체(Fiber Splice Enclosure)는 광통신 시스템에서 광케이블 종단 연결 및 분기를 위해 매우 중요한 역할을 하는 요소이며 광섬유의 보호 기능도 수행한다. 이 장치는 광섬유의 접합부를 외부 환경으로부터 보호하고 광섬유의 지속 연결성을 통해 네트워크의 신뢰성을 보장하고 성능을 유지하는데 필수적인 역할을 한다. 다음은 광접속함체의 종류 및 기능 그리고 설치 주의사항에 대한 자세한 설명이다.

1) 광접속함체 기능

(1) 보호 기능

광접속함체는 물, 먼지, 화학 물질, 물리적 충격과 같은 다양한 외부 환경 요인으로부터 광섬유 접합부를 보호한다. 이러한 보호를 통해 광섬유 연결이 안정적으로 보장된다.

(2) 접속 및 분배

광접속함체는 여러 광케이블의 접속이 필요한 지점에서 사용되어 광섬유를 효과적으로 연결하고 분배하는 기능을 한다. 이는 네트워크망의 효율적인 구축과 확장성에 있어 중요한 역할을 한다.

(3) 유지보수

광접속함체는 광섬유의 고장 구간 점검이나 수리를 용이하게 한다. 광섬유의 접속점인 광접속 함체에 접근성이 용이하여 광통신의 유지보수를 효율적으로 수행할 수 있어 업무 처리의 시간과 비용 절감 효과를 가져온다.

2) 광접속함체 종류

광접속함체는 광섬유 접속 및 보호를 위해 돔형과 직선형 함체로 크게 나눌 수 있다. 각각의 특징과 사용 환경에 따른 적용 방법을 알아보자.

(1) 돔형 광접속함체(Dome Type Fiber Splice Enclosure)

돔형 광접속함체는 그 이름에서 알 수 있듯이 돔모양의 외관을 가지고 있으며 광케이블 분기점으로 사용하기 용이하다. 이 함체는 주로 야외에서 사용되며 외부의 충격으로부터 광섬유를 보호한다.

[그림 6-3-1] 돔형접속함체

① 특징

- 방수 및 방진 기능 : 돔형 함체는 일반적으로 IP68(Ingress Protection 68, 전자기기나 전자장비의 방진 및 방수 성능을 나타내는 국제 보호 등급) 등급을 충족하여 완벽한 방수 및 방진 기능을 제공한다. 이로 인해 비, 눈, 먼지가 많은 환경에서도 광섬유 접합부를 안전하게 보호할 수 있다.
- 내구성 : 강화된 플라스틱 형태로 제작되어 물리적 충격과 화학적 부식에 강하다.
- 대용량 : 돔형 함체는 대용량의 광섬유 접속을 수용할 수 있으며, 많은 수의 입력 및 출력 분기점을 가질 수 있다.

② 사용 환경

돔형 함체는 특히 지하 매설 구간이나 공중선 등 다양한 야외 환경에서 사용된다. 지중 맨홀이나 전신주와 같이 광섬유의 연결점에서 주로 사용된다.

(2) 직선형 광접속함체(Inline Type Fiber Splice Enclosure)

직선형 광접속함체는 직사각형 형태를 가지며 광케이블 라인을 따라 설치된다. 직선형 분기 함체를 사용한다면 광케이블 전체 절단 없이 유니트만 사용하여 분기가 용이하고 FTTH 단자(MSLT 포함) 같은 경우 구축과 수리가 편리하며 가입자 개통도 원활하게 할 수 있다. 건물내 벽면에서도 직선형 함체(단자)가 설치가 쉽고 유지관리도 수월하다.

[그림 6-3-2] 직선형접속함체

① 특징

- 간편한 설치 및 점검 : 직선형 디자인은 설치 및 유지보수 작업(단자 오픈)을 용이하게 하며, 케이블 경로를 따라 쉽게 배치할 수 있다.
- 모듈러 설계 : 많은 직선형 함체는 모듈러 설계를 통해 필요에 따라 확장이 가능하다. 이는 FTTH 셀 구성 등 추가적인 커버리지 확장을 필요할 때 유용하다.
- 보호 기능 : 직선형 함체 역시 높은 수준의 방수 및 방진 기능을 제공하며 일반적으로 IP65 이상의 보호 등급을 가진다.

② 사용 환경

직선형 함체는 무여장 분기 공법을 통해 케이블 절단 없이도 분기 시설이 가능한 장점이 있고 FTTH망에서는 단순 OJC 연결 및 드랍케이블 포설만으로 개통이 가능하여 돔형 함체보다 작업이 훨씬 용이하다. 직선형 함체는 지중 매설 구간보다는 가공 또는 건물내 환경에서 사용이 더 적합하다. 돔형과 직선형 각 함체 유형은 광케이블 접속과 보호를 위해 특별히 고안되었으며 사용 환경과 요구 사항에 따라 적절한 함체 선택이 중요하다. 이러한 함체들은 광네트워크의 신뢰성과 안정성을 크게 향상시키며 광통신 시스템의 중추적인 역할을 한다.

다음으로 광접속함체 내 광섬유 접속시 유의사항에 대해서 상세히 알아보자. 본래는 광접속만으로도 설명해야할 내용이 상당하나 여건상 광접속함체 내에서 접속 사항 위주로만 생각해 보자.

3) 광케이블 접속

(1) 접속 준비 및 접속전 시험

① 작업장 주위는 평탄하고 청결을 유지하여야 하며, 전원 공급이 원활하고 통행에 지장을 주지 않도록 한다.

② 바람 및 먼지로부터 보호하기 위하여 텐트 등을 설치하고, 작업의 안전을 위해 안전표지판을 설치한다.

③ 접속 작업에 필요한 작업대를 설치한 후, 케이블 접속에 소요되는 자재 및 공구 등을 작업대 위에 사용 순서별로 정돈한다.

④ 광케이블의 접속은 접속함체 및 접속관 등 제작회사의 설명서를 따른다.

(2) 광섬유 접속 절차

① 광섬유용 스트립퍼를 사용하여 광섬유 코팅을 4~5㎝ 정도 가볍게 벗겨낸다. 이 때 무리한 힘을 가하거나 광섬유가 굴곡되지 않도록 주의한다.

② 코팅이 벗겨진 광섬유는 순도 99% 이상의 아세톤 또는 알코올을 묻힌 헝겊으로 깨끗이 닦아낸다.

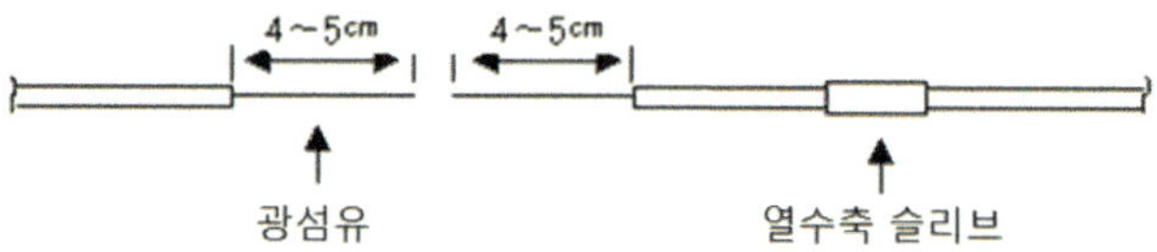

[그림 6-3-3] 광섬유 코팅제거

③ 광섬유의 코팅이 벗겨진 광섬유를 절단 공구를 사용하여 절단면이 깨끗하고, 광섬유축과 직각이 되도록 절단한다.

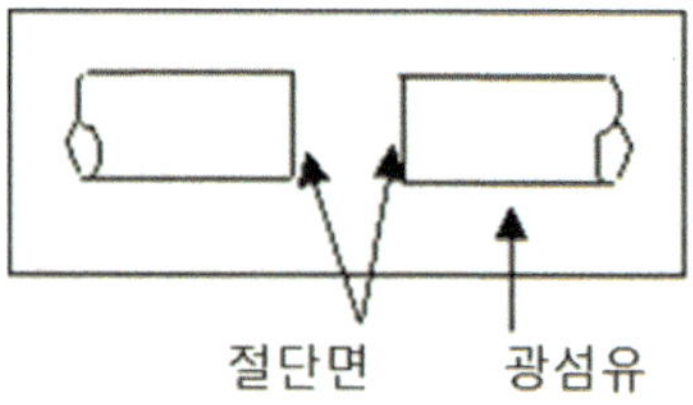

[그림 6-3-4] 광섬유 절단면

④ 접속 손실에 가장 큰 영향을 미치는 것이 광섬유 절단 상태인만큼 절단면이 경사지거나 거칠면 반드시 다시 절단해서 접속해야 하며, 불량한 절단면 유형은 다음과 같다.

[그림 6-3-5] 불량 절단면 유형

⑤ 융착접속

- 광섬유를 융착접속기의 V홈에 올려놓고 고정 레바로 고정한 후 양 심선의 절단면을 확인한다.
- 양심선의 절단면이 양호하면 광섬유절단면을 최종 정렬한 후 예열하여 융착 접속한다.
- 광섬유접속 후 접속 상태를 확인하여 다음과 같은 불량한 형태이거나 접속 손실을 측정하여 규정치 이상일 경우에는 재접속한다.

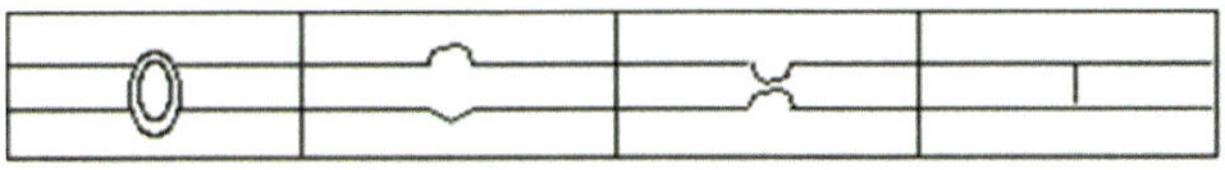

[그림 6-3-6] 접속 불량 예시

⑥ 광섬유 접속점 보강

- 광섬유접속 후 접속 손실 측정이 완료되면 접속전에 삽입한 열수축슬리브를 접속점 중앙부에 위치시킨다. 이 때 코팅 제거부분이 슬리브 밖으로 노출되지 않도록 주의한다.

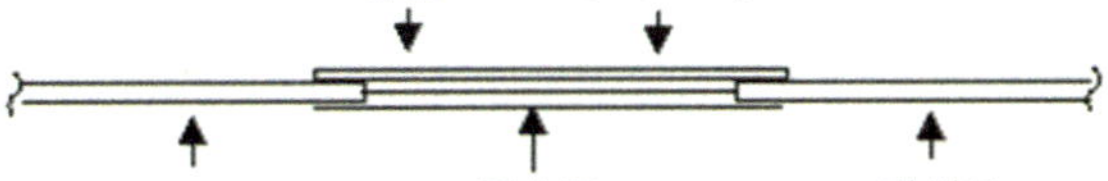

[그림 6-3-7] 접속 개소의 열수축 슬리브 삽입

- 광섬유접속부의 열수축슬리브를 가열기에 넣고 약 2분정도 가열 수축한다. 이 때 슬리브 내에 기포가 발생되지 않도록 한다.

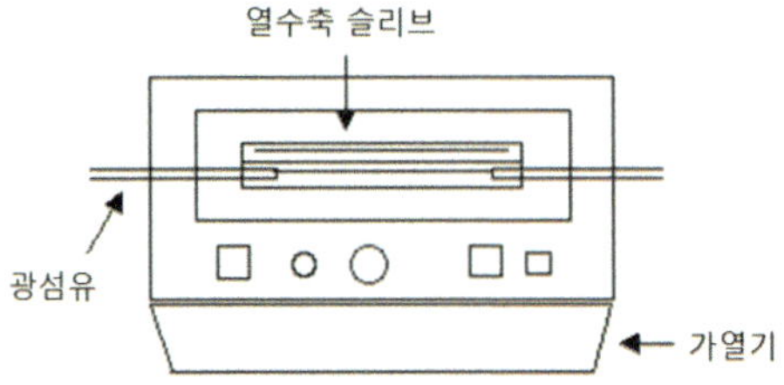

[그림 6-3-8] 열수축슬리브 가열

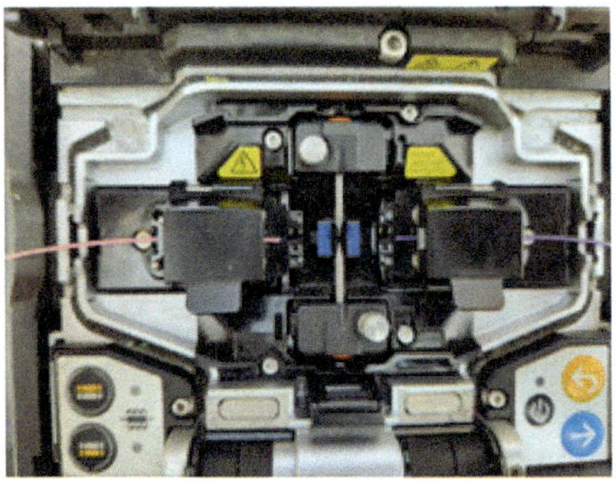

[그림 6-3-9] 광섬유 접속

⑦ 광섬유접속 여장정리

- 광섬유접속점을 보강한 후 광섬유 보호지지판에 열수축 슬리브를 끼워 고정한다.
- 광섬유여장은 광섬유 보호지지판 내에 꼬이지 않게 잘 감아 정리한다.

(3) 광접속함체 여장말이정리 공법

① 광케이블의 접속함체 인입은 규격품(함체 벤더社)의 열수축관을 이용하여 완전 방수처리가 되도록 견고하게 시설한다. 광케이블 외피의 먼지, 기름 등의 이물질을 깨끗이 제거하고 열수축관 접촉면의 접속함체 인입구와 광케이블 표면을 사포로 문질러 거칠게 한 후 토치로 가열하여 열수축관을 수축시킨다(2조가 인입되는 주 인입구는 branch-off 클립 사용)

② 인입된 광케이블은 광케이블마다 인입 부분에 케이블 명찰을 부착하고 광케이블 표면에 마커펜을 이용하여 구간명을 명시한다.

③ 광케이블 중심인장선을 접속함체 고정 나사에 견고하게 고정하고 광케이블 심선은 적절한 길이의 고무 튜브를 사용하여 보호한다.

④ 광케이블 접속을 완료한 후 심선 분배반에 심선 여장을 말끔히 정리하고 상단 트레이에 방습포를 고정한다.

⑤ 봉합면과 봉합고무링의 이물질을 깨끗이 제거하고 봉합고무링을 적절히 위치시킨 후 클램프를 사용하여 견고하게 밀폐시킨다.

⑥ 접속함체의 고정은 인입구가 후면부보다 아래쪽으로 향하게 하며, 고정 고리를 사용하여 조가선에 견고하게 고정시킨다. 단 현장 여건으로 인하여 고정고리 시공이 불가한 지역에 대하여는 비닐 바인드선을 4조 이상 사용하여 조가선에 견고하게 고정시킨다.
⑦ 접속 여장은 직경 65cm의 원형으로 감아(4회 이내) 비닐바인드선을 사용하여 5개소 이상 묶어 견고하고 단정하게 정리한다.
⑧ 접속함체의 표식은 함체 후면에 스티커를 부착한다.
⑨ 한전 요청에 따라 접속 여장을 두지 않기도 한다.
⑩ 한전주에는 최소치로 설치한다(접속함체 2개 이하 설치)

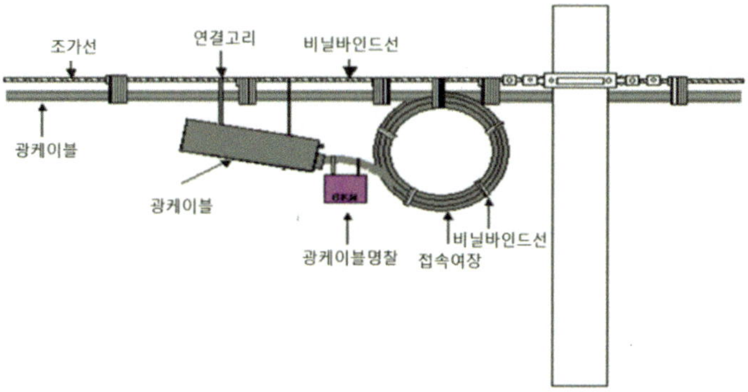

[그림 6-3-10] 여장말이 접속함체 설치

(4) 직선형함체 시설공법

① 접속함체를 취부할 전주에 고소차를 타 교통시설이 원활히 진행될 수 있도록 하여 주차한다.
② 작업자는 고소작업 전 안전장구 및 작업에 필요한 모든 장비를 버킷에 옮겨 놓고 작업 준비상태를 점검 후 안전하게 버킷에 탑승하여 케이블 위치로 서서히 이동한다.
- 주차 시 차량에 장착된 안전바를 설치하고 차량이 밀리지 않도록 안전장치를 확인한다.
- 차량 주변에 라바콘을 설치하여 안전상 문제가 없는지 최종 점검을 한다.

③ 접속함체 설치장소를 선정하여 조가선에 고정시키는데 전주를 기준으로 75cm 지점에 설치한다.
- 접속함체를 설치할 장소는타사 설비가 없는 곳으로 선정하며 접속 작업이 용이한 곳으로 선정한다.

④ 가공에서 고소차를 이용하여 접속 함체를 설치한 위치를 기준으로 인입구로부터 케이블 여장을 2m씩 주어 케이블을 절단하고 접속 함체 고정핀 이후를 기준으로 피복을 안전하게 제거한다.
⑤ 접속함체에 외피 접속을 실시하는데 이때 케이블이 탈착되지 않도록 접속함체로부터 25cm 지점에 바인드로 케이블을 견고히 고정 후 외피 접속을 시행한다.
- 접속함체에 케이블 인입시 곡률 반경에 문제가 되지 않도록 케이블을 꺾이지 않게 인입을

시킨다.

- 외피 접속시 광케이블 외피의 먼지, 기름 등의 이 물질을 깨끗이 제거하고 외피 접속을 시행한다.

⑥ 외피 접속 후 광케이블 중심인장선을 접속함체 고정나사에 견고하게 고정하고 광케이블 심선은 적절한 길이의 고무튜브를 사용하여 보호한다.

⑦ 광케이블 접속을 완료한 후 심선분배반에 심선 여장을 말끔히 정리하고 상단 트레이에 방습포를 고정한다.

⑧ 봉합면과 봉합고무링의 이물질을 깨끗이 제거하고 봉합고무링을 적절히 위치시킨 후 클램프를 사용하여 견고하게 밀폐시킨다.

⑨ 접속함체의 표식은 함체 인입 케이블 15㎝ 정도에 색상형 표시찰 명찰을 취부한다.

⑩ 인입된 광케이블은 광케이블마다 인입부분에 케이블명찰을 부착하고 광케이블 표면에 마커펜을 이용하여 구간명을 명시한다.

⑪ 접속함체의 고정은(인입구: 전주 반대방향) 인입구와 후면부의 위치를 동일하게 하여 고정고리를 사용하여 조가선에 일자로 견고하게 고정시킨다(단, 현장여건으로 인하여 고정고리 시공이 불가한 지역에 대하여는 비닐 바인드선을 4조 이상 사용하여 조가선에 견고하게 고정시킨다.)

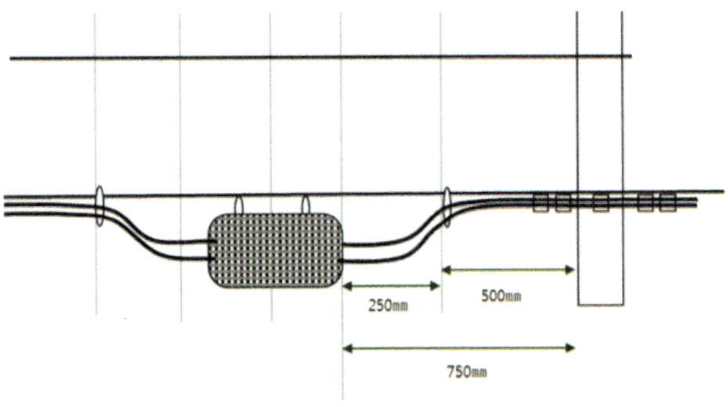

[그림 6-3-11] 직선형 함체 설치

(5) 기존 광접속함체 여장 제거 공법

① 접속함체를 취부할 전주 측면에 고소차를 주차한다(타 교통시설이 원활히 진행될 수 있도록 안전시설물 설치한다)

② 작업자는 고소작업 전 안전장구 및 작업에 필요한 모든 장비를 버킷에 옮겨 놓고 작업 준비상태를 점검 후 케이블 위치로 이동한다.

③ 전주로부터 1.6m(인입부기준) 지점에 접속함체 위치를 선정하고 선정한 위치를 기준으로 케이블 포설을 시행한 후 접속 함체 인입구로부터 2m의 여장을 두어 케이블을 절단하고 외피복을 안전하게 제거한다.

④ 접속함체 인입구 역방향으로 유입되는 케이블은 전주로부터 1m 지점에서 비닐 바인드선을 이용하여 케이블을 견고히 고정한 후 타원(직경 80cm)으로 우회시킨 후 서서히 회전, 곡률 반경 유지가 가능토록 하여 접속함체에 인입할 수 있도록 포설한다.

⑤ 접속함체 인입구 순방향으로 들어오는 케이블은 접속 함체 30㎝ 떨어진 지점에서 비닐 바인드선을 이용하여 단단하게 고정하고 접속함체 인입구 역방향으로 인입되는 케이블과 동일한 곡률반경을 유지하면서 합류될 수 있도록 포설하고 비닐 바인드선을 이용하여 상호 고정한다.

⑥ 케이블 외피 접속을 위하여 접속함체를 안전하게 고소차 위에 분리시켜 놓는다.

⑦ 광케이블의 접속함체 인입은 규격품의 열수축관을 이용하여 완전 방수처리가 되도록 견고하게 시설한 후 외피 접속을 실시한다.

⑧ 외피 접속시 광케이블 외피의 먼지, 기름 등의 이 물질을 깨끗이 제거하고 열수축관 접촉면의 접속 함체 인입구와 광케이블 표면을 사포로 문질러 거칠게 한 후 토치로 가열하여 열수축관을 수축시킨다(2조가 인입되는 주인입구는 branch-off 클립을 사용)

⑨ 인입된 광케이블은 광케이블마다 인입부분에 케이블명찰을 부착하고 광케이블 표면에 마커펜을 이용하여 구간명을 명시한다.

⑩ 광케이블 중심인장선을 접속 함체 고정나사에 견고하게 고정하고 광케이블 심선은 적절한 길이의 고무튜브를 사용하여 보호한다.

⑪ 광케이블 접속을 완료한 후 심선분배반에 심선여장을 말끔히 정리하고 상단 트레이에 방습포를 고정한다.

⑫ 봉합면과 봉합고무링의 이물질을 깨끗이 제거하고 봉합고무링을 적절히 위치시킨 후 클램프를 사용하여 견고하게 밀폐시킨다.

⑬ 접속이 끝난 후에 여장판에 마커펜을 이용하여 접속 선번에 대한 내용을 기입하고 코아의 여장을 여장판의 규격에 따라 정리한다.

⑭ 접속함체의 고정은 인입구가 후면부보다 아래쪽으로 향하게(15° 유지) 하며 고정고리를 사용하여 조가선에 견고하게 고정시킨다(단, 현장여건으로 인하여 고정고리 시공이 불가한 지역에 대하여는 비닐 바인드선을 4조 이상 사용하여 조가선에 견고하게 고정시킨다)

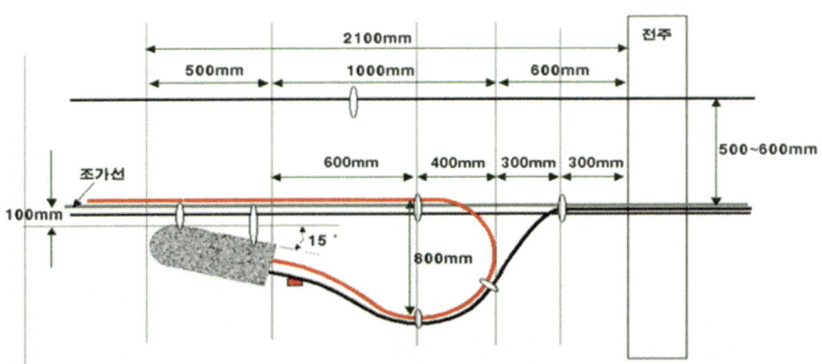

[그림 6-3-12] 여장제거 돔형 함체 설치

6.4 광케이블 시험

광케이블 접속 후 또는 국사내 성단이 완료된 후 총손실을 아래 기준으로 측정한다.

1) 총손실 측정 기준

[표 6-4-1] 광선로 손실 측정 기준

구분	LT-LT / RS-RS	LT-배선망	RS-LT
측정 방법	· 상위국 → 하위국 하위국 → 상위국 중 1개 선택 후 측정	· 하위국(배선망) :상위국(LT) 측정	· 하위국(LT) :상위국(RS) 측정
측정 파장	· 1310nm 파장과 1550nm 파장 측정		
손실 기준	· 1310nm : 0.51dB/Km		
	· 1550nm : 0.37dB/Km		
접속손실 (품질기준)	· 1310nm ⇨ 0.05dB/개소 이하		
	· 1550nm ⇨ 0.05dB/개소 이하		
손실기준 산출 근거 (km당 접속점 3개 가정)	· 1310nm : 케이블 손실기준 (0.36dB/km) + 접속점 손실 (0.05dB*3) · 1550nm : 케이블당 손실기준(0.22dB/km) + 접속점 손실 (0.05dB*3) ※ 손실기준 미충족시 별도 수리시행 (선번슬리브 사용 확인 시 정산) ※ 단 기간망 신규케이블 구축구간 중 접속점들의 평균 접속손실은 0.05dB를 만족하고 접속 개소 중 0.1dB이상 구간은 구축 시 별도 수리해야 한다.		

※ 총손실 = 거리손실 + (접속손실 × 개소)

※ 총손실 $= \frac{(\text{상방향손실} + \text{하방향손실})}{2}$

2) OTDR에 의한 접속손실평가

[표 6-4-2] OTDR 접속 손실 측정

측정방향	광섬유 접속	접속손실 산출방법	비고
A→B 측정	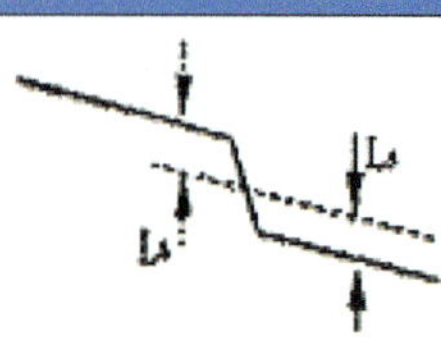	산술식① $L_{s(A-B)}=(L_B+L_S)-L_B$	r_a, r_b : 광섬유의후방산란 계수 L_S:실제 접속손실 L_B:레일 레이 (후방 산란의 레벨차)
B→A 측정	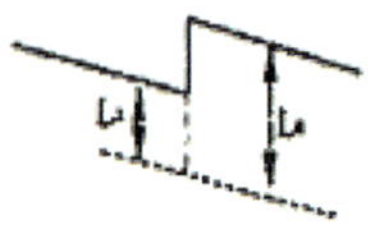	산술식② $L_{s(A-B)}=L_B-(L_B-L_S)$	
접속손실평가	산술식 ①+② = $2L_s+(L_B+L_S)$ ----- ③ 산술식 ③에 의한 접속 손실평가		

3) 최종시험

① 국내성단이 완료된 후 총손실을 측정

② 광분배함의 광점퍼코드에 광원 및 광검출기를 연결하여 양방향에서 측정 평균값을 구한다.

③ 총손실이 이론치보다 클 경우 원인규명 후 재접속

4) 케이블 제조사별 굴절율

[표 6-4-3] 케이블 제조자별 굴절율

구분	신설	기설(혼합)	OTDR 표시	구간기준
삼성	1.4827	1.4679	측정화면은 정거리의 2배 이상	End To End
LS전선				
머큐리				
대한전선	1.4919			

※ 기설망에 추가 포설시 기존 구간 케이블 제조사 파악이 어려움으로 "기설(혼합)" 기준으로 측정
※ "신설" 기준은 전 구간이 신설 케이블로 구성될 때 측정하는 값임

6.5 광케이블 유지관리

광케이블과 광접속 함체는 광선로의 필수 구성 요소이다. 광선로의 안정적 운용과 효율적인 관리를 위해서는 구축시부터 표준 공법을 준수하여 시공 불량이 발생 되지 않도록 하고 구축된 시설물에 대해서는 철저한 유지보수 계획 수립과 실행을 통한 안정 운용이 중요하다.

1) 표준 공법 준수 중요성

광선로 구축 시 표준 공법을 준수하는 것이 장기적으로 안정적인 선로운용을 가능하게 한다.

① **시공 정확성** : 구축 단계에서 지상고 및 매설 기준 준수, 케이블 보호관 사용 등 표준에 부합하는 공법을 준수 하여야 한다.

② **접속 품질** : 광섬유의 접속 시 정확한 코아 절단(Splice) 작업 및 접속 작업을 시행해야 하며 품질 검증을 통해 광손실을 최소화해야 한다.

③ **지상고 관리** : 공중에 설치된 광케이블의 경우, 도로, 전력선 등과의 안전 거리를 유지하여 외부 손상을 방지해야 한다.

④ **전주 활용** : 광케이블 및 접속 함체를 전주 설치 시에는 표준 지침에 따라 정확하게 시공해야

하며 운용상 안정성을 주기적으로 확인하여 외부 충격이나 자연재해로 인한 사고를 예방해야 한다.

2) 평상시 점검 및 운용 관리의 중요성

광케이블과 광접속함체는 데이터 전송의 핵심 구성 요소이기 때문에 정기적인 점검과 모니터링이 필수적이다.

① **광케이블** : 외부 환경에 노출된 광케이블의 손상 여부와 늘어짐 또는 노후 상태를 주기적으로 점검하여 고장 및 성능 저하를 방지해야 한다.

② **광접속함체** : 내부 코아의 외부 물리적 충격으로부터 보호하고, 습기나 빗물 유입을 차단하기 위해 함체 외부 환경을 주기적으로 점검 관리해야 한다.

CHAPTER

07

장애복구 사례

7.1 장애복구 사례 학습의 중요성

7.2 장애복구 사례 정리 의의

7.3 장애복구 사례 요약

7.4 장애복구 사례 상세

7.1 장애복구 사례 학습의 중요성

실제로 대형 광선로 장애가 발생한다면 그 장애처리 과정이 항상 쉽지 않고 다양한 원인으로 복구가 지연될 수 있다. 그 이유는 ① 광선로는 가공(공중)과 지중(지하)으로 시설되는 연속적인 구조성을 가지고 있어 장애 발생시 신속하게 장애 위치를 찾는 데 어려움이 있고, ② 차량사고 등에 의한 장애는 장애 위치를 발견하고도 케이블 단선, 함체 탈락 등과 같은 추가 장애 지점이 발생할 수 있으며, ③ 288C 케이블 단선 장애시 유닛 혼선으로 인한 오접속이 발생할 수 있고, ④ 접속/외선팀 등 실제 조치자의 현장 출동이 지연된다면 장애 복구시까지 많은 시간이 소요되며, ⑤ GIS와 실제 현장 정보가 상이할 시 선번 및 경로 파악에 많은 시간이 할애되기 때문이다.

이처럼 광선로 장애처리는 다양한 오류를 범하기 쉬운 상황에 자주 노출되며 단순한 논리로만 해결되지 않는 경우가 많다. 그래서 본 교재에서는 다양한 장애복구 사례를 요약하고 각 대상별 시사점을 도출하고자 교안으로 정리하게 되었다. 광선로운용 구성원이 앞에서 서술한 다양한 장애 원인과 효율적인 처리 과정을 내포한 여러 장애복구 사례를 학습한다면 개개인의 장애처리 역량을 향상시키고 광선로운용 기본기를 강화하는 데 많은 도움이 되리라 생각한다.

7.2 장애복구 사례 정리 의의

이 챕터에서는 굴착 공사중 지중케이블 단선, 도로횡단구간 차량에 의한 가공케이블 단선 등 2014~2022년 동안 호남권(광주/전남/전북/제주)에서 실제로 발생한 대표적인 광선로 장애발생 사례 40건을 요약 정리하였다. 각 장애별로 발생지역, 피해시설, 케이블 단선 여부, 난이도, 위치도, 시사점을 정리하였고, 장애 원인과 주요사항을 요약하여 장애처리 핵심사항을 쉽게 이해하고 문제 해결책에 대해서도 생각하게 하였다.

광통신을 공부하는 독자라면 이 챕터를 통해 다양한 사유로 광선로 장애가 발생되는 점을 이해하여 학문의 깊이를 더하고, 광선로운용 구성원은 각 장애별 처리 과정에서의 노하우를 익히고 현업에 적용하여 장애처리 역량을 향상시키는 디딤돌이 되기를 바란다. 다만 보안 이슈로 인하여 피해 내역, 이장시간, 애로사항 등을 기술하지 못한 점은 독자 여러분들께 양해를 구한다.

7.3 장애복구 사례 요약

순번	발생	지역	장애원인 / 주요사항	피해시설	케이블 단선 여부	난이도
01	'14. 10	전북 완산	지중케이블 포설 작업중 장애 / 장애지점 파악 및 조치	48C	전체 단선	★★★★☆
02	'15. 02	전북 전주	맨홀내 내관 컷팅시 오절단 / 사용중인 내관 컷팅	144C 中 15코아	부분 단선	★★★★☆
03	'15. 05	전남 여수	차량 추돌에 의한 케이블 단선 / 차량 추돌시 함체 탈락 발생	48C	전체 단선	★★★★★
04	'15. 05	전남 목포	원인불명의 케이블 손상(화재) / OTDR 측정의 중요성	8C	부분 단선	★★☆☆☆
05	'16. 02	전북 전주	굴착작업 일부 케이블 단선 / 예비코아 접속 복구	72C 中 3코아	부분 단선	★★★☆☆
06	'16. 05	광주 남구	가공케이블 인위 절단(민원) / 함체 신설 후 복구	12C	전체 단선	★★☆☆☆
07	'16. 05	전북 익산	화재로 가공 케이블 소손 / 화재구간 포설 후 복구	12C	전체 단선	★★★☆☆
08	'16. 07	제주	케이블내 코아 밴딩 장애 / 장애지점 함체 혼동	48C 中 2코아	부분 단선	★★★☆☆
09	'16. 09	광주 동구	맨홀 내부 함체내 케이블 탈락 / 유닛 밴딩 해소 후 복구	144C 中 12개 유닛	부분 단선	★★★★☆
10	'16. 11	전북 전주	지중구간 인위 케이블 단선 / 긴급복구키트 활용 복구	144C	전체 단선	★★★☆☆
11	'16. 11	제주	횡단구간 차량 케이블 단선 / 이면도로 장애지점 파악 지연	48C	전체 단선	★★★☆☆
12	'17. 12	전북 장수	차량 추돌에 의한 케이블 단선 / 차량 추돌시 함체 탈락 발생	48C	전체 단선	★★★★★
13	'18. 01	전남 광양	차량 화재로 케이블 소손 / 긴급복구키트 활용 복구	72C	전체 단선	★★★☆☆
14	'18. 01	전남 나주	크레인에 의한 횡단구간 단선 / 예비코아 절체 복구의 어려움	144C 中 10개 유닛	부분 단선	★★★★★
15	'18. 03	전남 나주	하천 화재로 인한 케이블 소손 / 화재시 유닛 비순차적 손상	72C 中 4개 유닛	부분 단선	★★★★★
16	'18. 05	전남 순천	굴착에 의한 지중케이블 단선 / 여장 확보 후 함체 신설 복구	72C	전체 단선	★★★☆☆
17	'18. 07	전남 순천	아파트내 굴착 공사로 단선 / 긴급복구키트 활용 복구	12C	전체 단선	★★★☆☆
18	'18. 12	전북 정읍	도로 굴착 공사로 케이블 단선 / 긴급복구키트 활용 복구	8C	전체 단선	★★★☆☆
19	'19. 03	전남 순천	하수도 굴착 공사중 단선 / 가공으로 케이블 포설 미흡	144C 36C	전체 단선	★★★★★

순번	발생	지역	장애원인 / 주요사항	피해시설	케이블 단선 여부	난이도
20	'19. 03	광주 북구	사전 작업중 유닛 손상 / 코아 재접속 후 복구	48C 中 3개 유닛	부분 단선	★★★☆☆
21	'19. 08	제주	하수도 굴착 공사중 단선 / 미단선 코아 인위 단선 복구	48C 中 2개 유닛	부분 단선	★★★☆☆
22	'20. 01	전남 순천	도로 천공작업중 케이블 단선 / 신규 케이블 포설 후 복구	72C	전체 단선	★★★★☆
23	'20. 01	제주 서귀포	원인불명의 케이블 내부 손상 / 국사 OJC 변경 및 예비코아 절체	144C 中 2개 유닛	부분 단선	★★★★☆
24	'20. 05	전남 여수	굴착 공사중 케이블 단선 / 긴급복구키트 활용 복구	24C	전체 단선	★★★☆☆
25	'20. 06	전남 순천	아파트 구내 제초작업중 단선 / 여장 활용 함체 시설 후 복구	8C	전체 단선	★★☆☆☆
26	'20. 06	광주 광산	맨홀내 작업중 함체 충격 / 손상 유닛 재접속 후 복구	144C 中 2개 유닛	부분 단선	★★★☆☆
27	'20. 07	전남 광양	야산 제초 작업중 케이블 단선 / 긴급복구키트 활용 복구	48C	전체 단선	★★★☆☆
28	'20. 07	전남 광양	덤프트럭에 의한 가공 단선 / 긴급복구키트 활용 복구	48C	전체 단선	★★★☆☆
29	'20. 08	전남 화순	차량에 전주 도괴 후 함체 탈장 / 긴급복구키트 활용 복구	144C 4코아 72C 1코아 48C 3코아	부분 단선	★★★★★
30	'20. 08	광주 북구	건물 화재로 가공 12C 소손 / 신규 케이블 포설 후 복구	12C	전체 단선	★★★★☆
31	'20. 09	전북 전주	굴착공사중 유닛 밴딩 / 예비코아 절체 복구	144C 中 7코아	부분 단선	★★★★☆
32	'21. 03	전북 전주	가지치기로 일부 케이블 손상 / 예비코아 절체 복구	144C 中 12코아	부분 단선	★★★★☆
33	'21. 04	전남 광양	차량에 의한 가공 단선 / 긴급복구키트 활용 복구	48C	전체 단선	★★★☆☆
34	'21. 07	전남 순천	상수도 교체중 케이블 단선 / 긴급복구키트 활용 복구	288C, 144C, 72C, 36C, 24C	전체 단선	★★★★★
35	'21. 07	전남 담양	도로굴착 공사로 케이블 단선 / 신규 케이블 포설 후 복구	24C	전체 단선	★★★★★
36	'21. 11	광주 북구	지하철 굴착 공사중 단선 / 긴급복구키트, 신규 포설 복구	288C 144C	전체 단선	★★★★★
37	'21. 12	전북 전주	건물 신축공사장 지중 단선 / 신규 케이블 포설 후 복구	288C	전체 단선	★★★★★
38	'21. 12	광주 광산	타사 관로 철거중 단선 / 긴급복구키트 활용 복구	144C	전체 단선	★★★★☆
39	'22. 02	전남 영광	노출케이블 외부 충격 손상 / 케이블 우회 포설 복구	24C	전체 단선	★★★☆☆
40	'22. 08	광주 남구	설치류에 의한 인입코아 단선 / 여장확보 후 함체 신설 복구	24C	전체 단선	★★☆☆☆

7.4 장애복구 사례 상세

No.	발생	지역	장애원인 / 주요사항	피해시설	케이블 단선 여부	난이도
01	'14. 10	전북 완산	지중케이블 포설 작업중 장애 / 장애지점 파악 및 조치	48C	전체 단선	★★★★☆

상황도

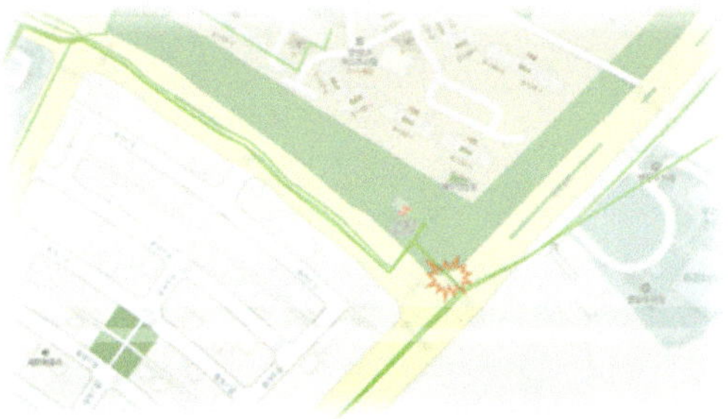

시사점

OTDR 측정결과 1.95km 지점이 장애 위치였으나 지중(지하 관로 구간과 같은) 구간으로 육안상 확인이 불가하여 장애지점 파악하는 데 어려움이 있었다. 지중 구간에서 장애 발생시 OTDR 측정을 통해 정교하게 장애 위치를 찾아야 하며 케이블 여장 확보 및 맨홀간 신규 포설을 통한 복구 계획 수립/실행이 장애 이장시간을 줄이는 핵심 사항이 된다.

사진대장 I	사진대장 II	사진대장 III
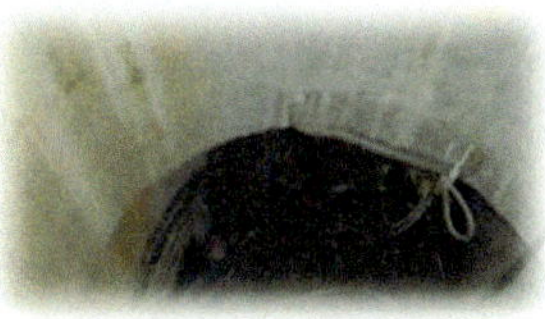		

No.	발생	지역	장애원인 / 주요사항	피해시설	케이블 단선 여부	난이도
02	'15. 02	전북 전주	맨홀내 내관 컷팅시 오절단 / 사용중인 내관 컷팅	144C中 15코아	부분 단선	★★★★☆

상황도

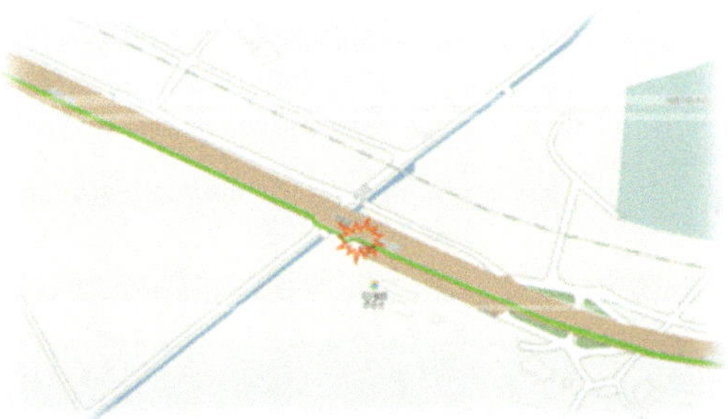

시사점

선통(케이블 포설을 위해 관로가 정상적인지 확인하는 작업) 작업시 내관 여장 정리 중 작업자의 실수로 운용 광케이블 15코아 일부가 손상되었다(맨홀내 내관 여장 정리를 위한 컷팅시 운용 케이블 절단). 장애구간 거리 과다로 긴급복구키트(광케이블 양단에 함체를 사전 설치하여 장애케이블과 쉽게 접속할 수 있게 제작된 키트) 활용이 불가하여 신속하게 2km 케이블을 포설하여 복구하였다.

사진대장 I	사진대장 II	사진대장 III
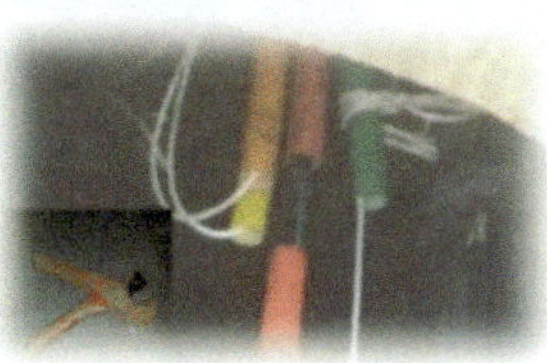		

No.	발생	지역	장애원인 / 주요사항	피해시설	케이블 단선 여부	난이도
03	'15. 05	전남 여수	차량 추돌에 의한 케이블 단선 / 차량 추돌시 함체 탈락 발생	48C	전체 단선	★★★★★

상황도

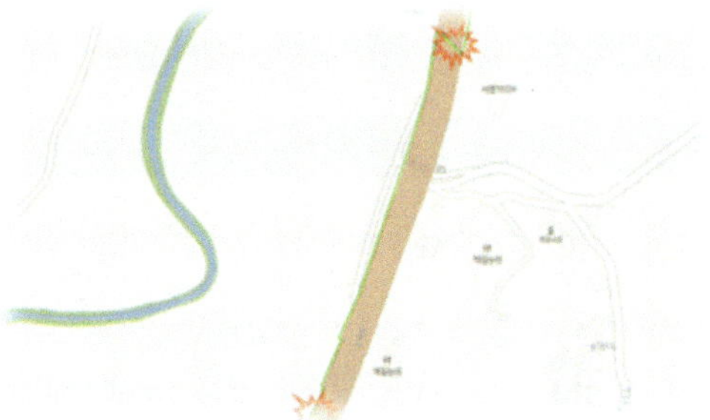

시사점

횡단개소에 시설된 케이블이 차량에 의해서 단선될 때 그 장력으로 인해 장애지점 양단에 케이블이 추가로 단선되거나 함체가 탈락하는 경우가 발생한다. 이에 대한 해결책으로는 차량에 의한 케이블 단선시 반드시 상위국에서 전달되는 광신호를 대조해야 하며 육안 순시를 통해 추가 장애 지점이 있는지 파악해야 한다. 장력이 미치는 범위가 해당 건은 645m였으며 타사 케이블은 1km 위치에서 추가 단선되었다.

사진대장 I	사진대장 II	사진대장 III
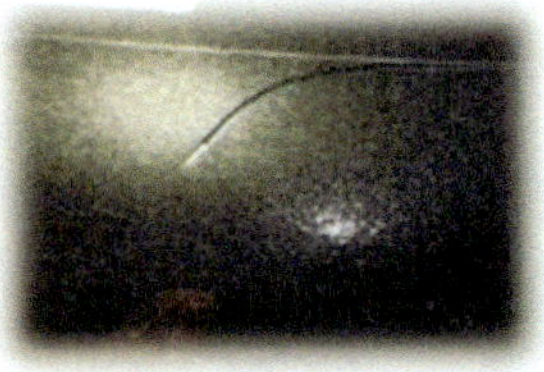		

No.	발생	지역	장애원인 / 주요사항	피해시설	케이블 단선 여부	난이도
04	'15. 05	전남 목포	원인불명의 케이블 손상(화재) / OTDR 측정의 중요성	8C	부분 단선	★★☆☆☆

상황도

시사점

케이블 손상 지점이 육안으로 확인이 불가하거나 명확하지 않을 시 장애 위치를 찾기 위해서는 상/하위국에서 측정한 OTDR의 결과값을 반드시 활용해야 한다. 만약 측정자가 오정보를 공유한다면 현장은 혼란에 빠지기 쉽다. 광선로 운용 구성원은 평상시 OTDR 기기의 특성을 이해하고 정확한 펄스폭, 측정거리 설정으로 오류 없이 측정을 수행해야 한다.

사진대장 I	사진대장 II	사진대장 III
		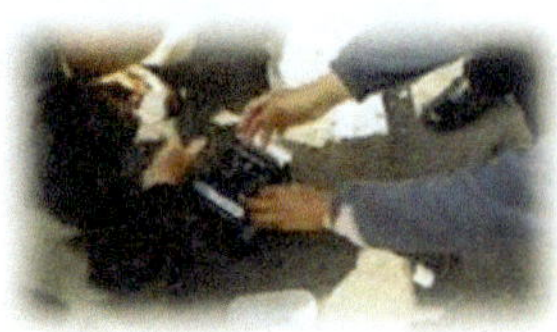

No.	발생	지역	장애원인 / 주요사항	피해시설	케이블 단선 여부	난이도
05	'16. 02	전북 전주	굴착작업 일부 케이블 단선 / 예비코아 접속 복구	72C 中 3코아	부분 단선	★★★☆☆

상황도

시사점

광케이블은 일부 구간이 강을 하월해서 시설되어 있는데 이 구간에서 굴착 공사를 진행한다면 광케이블 단선이 발생될 가능성이 높다. 포크레인과 같은 중장비에 의해 단선이 발생될 수 있으며 일부 코아 단선시 중간분기형 함체를 신설해서 케이블 손상 부위를 보호하고 양단 함체에서 예비 코아를 접속하여 복구할 수 있다. 예비코아도 추가 손상이 발생할 가능성이 높다면 완전히 케이블을 절단하여 함체를 신설하여 복구할 수 있다.

사진대장 I	사진대장 II	사진대장 III

No.	발생	지역	장애원인 / 주요사항	피해시설	케이블 단선 여부	난이도
06	'16. 05	광주 남구	가공케이블 인위 절단(민원) / 함체 신설 후 복구	12C	전체 단선	★★☆☆☆

상황도

시사점

광케이블은 그 시설범위가 광범위하기 때문에 항상 정비에 힘써서 주변 시설과의 문제가 발생되지 않도록 관리해야 한다. 해당 건은 빌라의 창문과 케이블이 저촉된다는 이유로 인위로 케이블을 절단하여 복구한 사례이다.

사진대장 I	사진대장 II	사진대장 III

<table>
<tr><th>No.</th><th>발생</th><th>지역</th><th>장애원인 / 주요사항</th><th>피해시설</th><th>케이블 단선 여부</th><th>난이도</th></tr>
<tr><td rowspan="5">07</td><td>'16. 05</td><td>전북 익산</td><td>화재로 가공 케이블 소손 / 화재구간 포설 후 복구</td><td>12C</td><td>전체 단선</td><td>★★★☆☆</td></tr>
<tr><td colspan="3">상황도</td><td colspan="3">시사점</td></tr>
<tr><td colspan="3">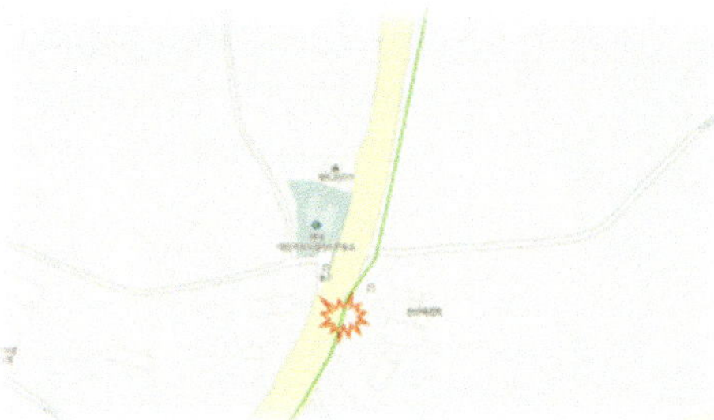</td><td colspan="3">나대지 농자재 화재로 인한 가공 12C 케이블 소손으로 서비스 중단이 발생된 사례이다. 화재 발생 시각이 새벽 2시로 철저한 야간 출동 프로세스 가동이 필요했으며, 화재 구간 장애 특성상 소방서 통제에 따라 안전 지침 준수 후 지면에 케이블을 포설하여 복구하였다.</td></tr>
<tr><td colspan="2">사진대장 I</td><td colspan="2">사진대장 II</td><td colspan="2">사진대장 III</td></tr>
<tr><td colspan="2"></td><td colspan="2">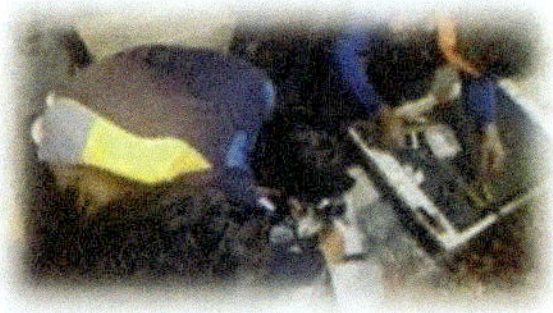</td><td colspan="2"></td></tr>
</table>

<table>
<tr><th>No.</th><th>발생</th><th>지역</th><th>장애원인 / 주요사항</th><th>피해시설</th><th>케이블 단선 여부</th><th>난이도</th></tr>
<tr><td rowspan="5">08</td><td>'16. 07</td><td>제주</td><td>케이블내 코아 밴딩 장애 / 장애지점 함체 혼동</td><td>48C 中 2코아</td><td>부분 단선</td><td>★★★☆☆</td></tr>
<tr><td colspan="3">상황도</td><td colspan="3">시사점</td></tr>
<tr><td colspan="3">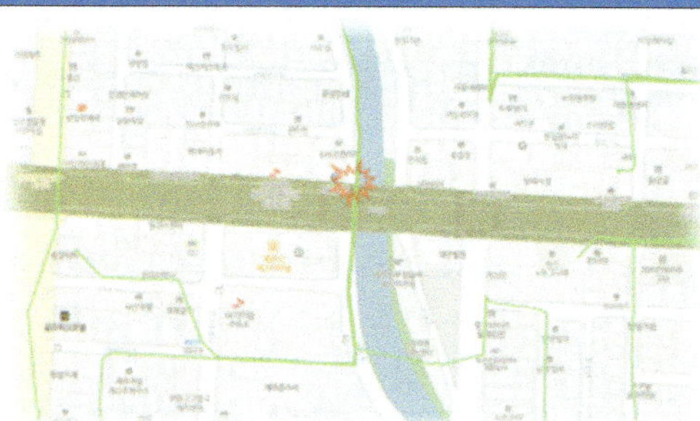</td><td colspan="3">장애 예상 지점에 출동 후 일반 원형 함체와는 다른 사각함체(3M 생산)는 확인 대상이 아니라고 생각해 혼선이 발생한 사례이다. 케이블내 일부 코아 손상 발생시 예비 코아로 절체 복구하는 것이 기본 지침이나, 함체 확인이 지연된다면 서비스 복구까지 시간이 많이 소요될 수밖에 없으며 광선로 운용 측면에서 해당 지역의 시설 특성을 이해하는 것이 중요하다.</td></tr>
<tr><td colspan="2">사진대장 I</td><td colspan="2">사진대장 II</td><td colspan="2">사진대장 III</td></tr>
<tr><td colspan="2"></td><td colspan="2"></td><td colspan="2"></td></tr>
</table>

No.	발생	지역	장애원인 / 주요사항	피해시설	케이블 단선 여부	난이도
09	'16. 09	광주 동구	맨홀 내부 함체내 케이블 탈락 / 유닛 밴딩 해소 후 복구	144C 中 12개 유닛	부분 단선	★★★★☆

상황도	시사점
	작업 중 무리하게 함체를 맨홀 외부로 꺼내려다가 144C 케이블내 12개 유닛이 함체에서 탈락(운용중 18코아 밴딩 및 1코아 단선)한 사례이다. 양단 맨홀에서 케이블 여장을 밀어 넣어 장애 맨홀에서 1m 여유 케이블을 확보하여 재접속으로 복구하였다.

사진대장 I	사진대장 II	사진대장 III
		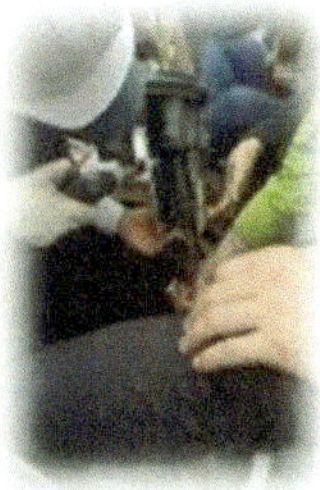

No.	발생	지역	장애원인 / 주요사항	피해시설	케이블 단선 여부	난이도
10	'16. 11	전북 전주	지중구간 인위 케이블 단선 / 긴급복구키트 활용 복구	144C	전체 단선	★★★☆☆

상황도	시사점
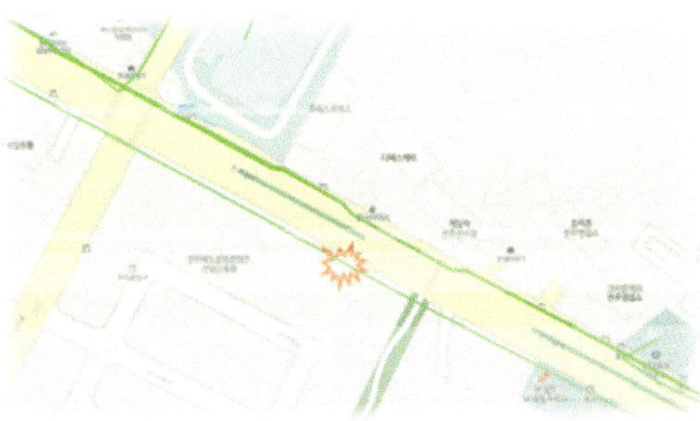	택지 공사 지역 CCTV 케이블 철거 작업시 케이블을 혼동하여 운용중인 144C 케이블이 단선된 경우이다. 수용 고객이 일정한 비율로 대용량 케이블에 수용되어 있다면 여장판 변경 작업을 고려해서 순차적 접속을 하는 것이 코아 접속의 혼선을 방지하여 이장시간을 줄일 수 있다.

사진대장 I	사진대장 II	사진대장 III

No.	발생	지역	장애원인 / 주요사항	피해시설	케이블 단선 여부	난이도
11	’16. 11	제주	횡단구간 차량 케이블 단선 / 이면도로 장애지점 파악 지연	48C	전체 단선	★★★☆☆

상황도	시사점
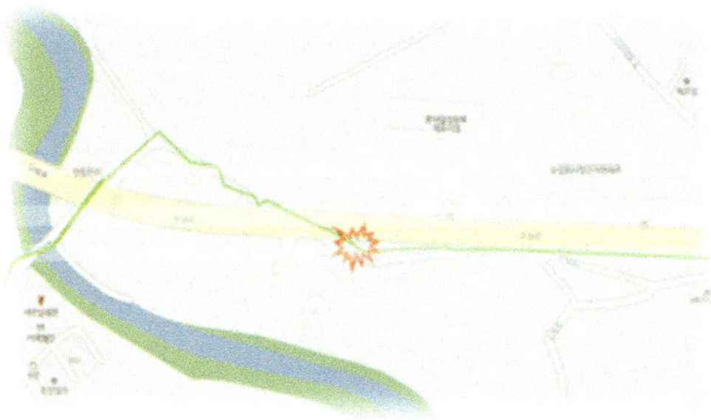	야간에 횡단 구간에 시설된 케이블이 차량에 의해 단선되었으나 이면도로의 특성으로 케이블 단선 지점을 쉽게 찾지 못한 경우이다. 평상시 케이블 시설 루트를 알고 있었다면 쉽게 장애 조치를 할 수 있었으나 기설 루트에 대한 인지가 부족하면 장애 지점을 찾는 데 어려움이 있을 수 있다. 상/하위국 신호 대조시 방향을 착각한다면 장애처리에 큰 혼선이 빚어질 수 있다.

사진대장 I	사진대장 II	사진대장 III
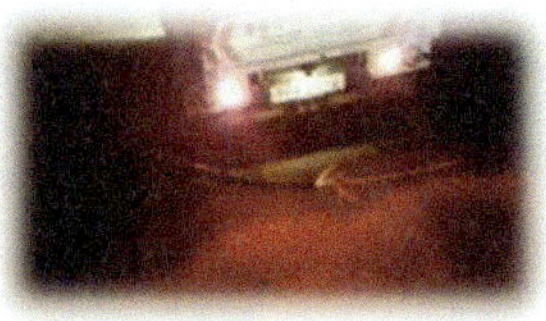		

No.	발생	지역	장애원인 / 주요사항	피해시설	케이블 단선 여부	난이도
12	’17. 12	전북 장수	차량 추돌에 의한 케이블 단선 / 차량 추돌시 함체 탈락 발생	48C	전체 단선	★★★★★

상황도	시사점
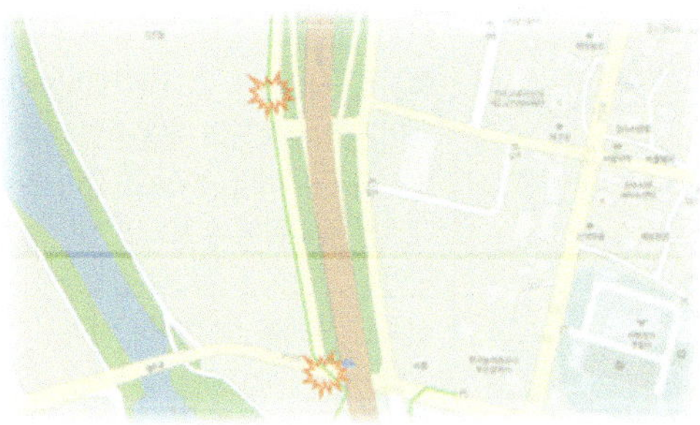	차량에 의한 케이블 단선시 반드시 추가 케이블 단선 및 함체내 케이블 탈락 여부를 확인해야 한다. 이 과정에서 함체내 케이블 탈락을 육안으로만 확인하면 추가 장애 지점을 놓칠 수 있다. 케이블이 단선된 인근 함체를 육안으로 확인시 정상으로 판단했으나 실제 함체내 케이블 탈락을 긴급복구키트를 포설한 이후에 확인하여 해당 위치까지 긴급복구키트를 재포설하였다. 차량 사고시 육안으로만 함체내 케이블 탈락을 확인하는 것보다 함체 내부에서 탈락 여부를 확인하는 것이 중요하다.

사진대장 I	사진대장 II	사진대장 III

No.	발생	지역	장애원인 / 주요사항	피해시설	케이블 단선 여부	난이도
13	'18. 01	전남 광양	차량 화재로 케이블 소손 / 긴급복구키트 활용 복구	72C	전체 단선	★★★☆☆

상황도

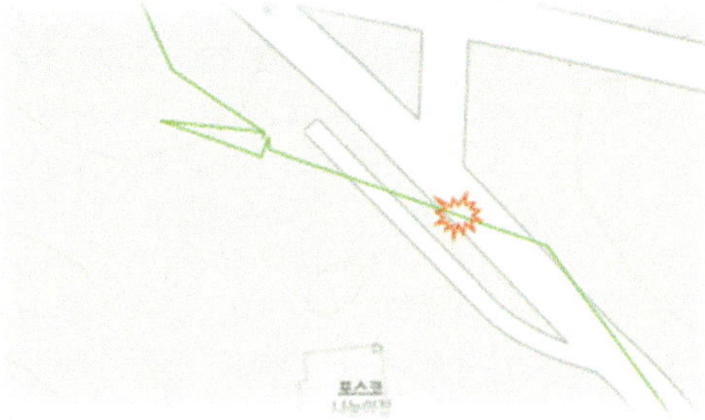

시사점

차량 화재로 인해 72C 케이블이 소손되어 긴급복구키트를 활용하여 복구한 경우이다. 차량화재가 원인이 되어 케이블이 소손되는 경우는 발생할 확률이 굉장히 낮으나 케이블 시설 인근에 화재가 발생한다면 케이블이 손상될 확률이 높다는 것은 기억할 필요가 있다.

사진대장 I	사진대장 II	사진대장 III

No.	발생	지역	장애원인 / 주요사항	피해시설	케이블 단선 여부	난이도
14	'18. 01	전남 나주	크레인에 의한 횡단구간 단선 / 예비코아 절체 복구의 어려움	144C 中 10개 유닛	부분 단선	★★★★★

상황도

시사점

크레인 차량에 의해 횡단 구간 144C 가공 케이블 일부 유닛 단선으로 예비 코아로 절체 복구한 경우이다. 케이블내 일부 유닛만 손상이 되었다면 예비 코아 절체 복구와 인위 단선 후 함체 신설 복구 중 어느 것이 더 효과적인지 빠른 판단이 필요하다.

사진대장 I	사진대장 II	사진대장 III

No.	발생	지역	장애원인 / 주요사항	피해시설	케이블 단선 여부	난이도
15	'18. 03	전남 나주	하천 화재로 인한 케이블 소손 / 화재시 유닛 비순차적 손상	72C 中 4개 유닛	부분 단선	★★★★★

상황도	시사점
	하천길 화재로 72C 케이블 소손이 발생하여 예비 코아로 절체 복구한 사례이다. 장구간에 걸친 화재로 케이블 소손 발생시 유닛 손상이 비순차적으로 발생한다는 특징이 있다. 그 이유는 광케이블내 유닛이 인장선을 중심으로 꽈리 형태로 휘감아져 구성되어 있는데 화재 위치에 따라 손상 부위가 달리 나타나기 때문이다.

사진대장 I	사진대장 II	사진대장 III

No.	발생	지역	장애원인 / 주요사항	피해시설	케이블 단선 여부	난이도
16	'18. 05	전남 순천	굴착에 의한 지중케이블 단선 / 여장 확보 후 함체 신설 복구	72C	전체 단선	★★★☆☆

상황도	시사점
	포크레인 굴착에 의해 72C 지중 케이블 단선 발생 사례로 여장을 확보하여 함체 1EA 시설 후 양단 접속 후 복구하였다. 상위국에서 신속한 OTDR 측정을 통해 장애 지점을 파악하였고 케이블 여장 확보 작업을 통해 함체 1EA 시설로 장애 이장시간을 최소화하였다(여장 확보 불가시 케이블 포설 및 함체 2EA 시설로 이장시간이 추가적으로 소요됨).

사진대장 I	사진대장 II	사진대장 III

No.	발생	지역	장애원인 / 주요사항	피해시설	케이블 단선 여부	난이도
17	'18. 07	전남 순천	아파트내 굴착 공사로 단선 / 긴급복구키트 활용 복구	12C	전체 단선	★★★☆☆

상황도

시사점

아파트 단지내 산책로 조성 굴착 공사중 포크레인에 의한 인입 지중 12C 단선이 발생 사례이다. 아파트 내부에 시설된 케이블이 제초작업, 화단 정비작업 등에 의해서 손상되는 경우가 자주 발생할 수 있다.

사진대장 I	사진대장 II	사진대장 III

No.	발생	지역	장애원인 / 주요사항	피해시설	케이블 단선 여부	난이도
18	'18. 12	전북 정읍	도로 굴착 공사로 케이블 단선 / 긴급복구키트 활용 복구	8C	전체 단선	★★★☆☆

상황도

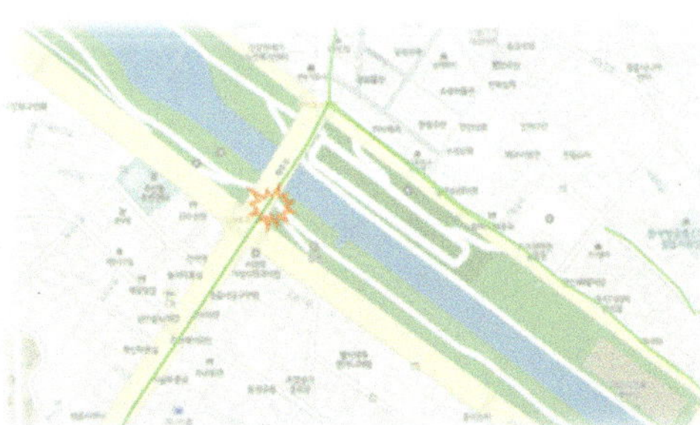

시사점

도시가스 공사를 위해 도로 굴착 공사중 8C 지중광선로 단선이 발생한 사례이다. 지중 구간 단선시 여장 확보가 불가한 경우가 많기 때문에 양단 함체 위치를 파악하여 신속하게 그 위치까지 케이블 포설을 통해 복구하는 것이 중요하다. 이때 양단 맨홀에서 장애케이블 여장을 확보하여 장애위치로 이동시켜 포설 거리를 줄일 수 있다.

사진대장 I	사진대장 II	사진대장 III

No.	발생	지역	장애원인 / 주요사항	피해시설	케이블 단선 여부	난이도
19	'19. 03	전남 순천	하수도 굴착 공사중 단선 / 가공으로 케이블 포설 미흡	144C 36C	전체 단선	★★★★★

상황도	시사점
	하수도 정비 공사중 스크류 작업으로 인해 지중 144C 1조, 36C 1조가 단선된 사례이다. 지중 광선로 장애시에는 반드시 가공 구간으로 케이블 포설이 가능한지 확인해서 이를 진행해야 한다. 만약 지중 구간으로만 포설을 시도하다 관로가 파손되어 케이블 포설이 불가할 시 추가 이장 시간이 소요되기 때문에 가공 구간에 병행으로 포설하는 일은 매우 중요하다.

사진대장 I	사진대장 II	사진대장 III

No.	발생	지역	장애원인 / 주요사항	피해시설	케이블 단선 여부	난이도
20	'19. 03	광주 북구	사전 작업중 유닛 손상 / 코아 재접속 후 복구	48C 中 3개 유닛	부분 단선	★★★☆☆

상황도	시사점
	함체에 신규로 케이블을 인입하기 위해 함체 개방 후 함체를 닫는 과정에서 48C 3개 유닛이 단선된 사례이다. 함체를 열고 닫는 과정에 유닛이 손상되지 않도록 절대적으로 주의를 기울여야 한다.

사진대장 I	사진대장 II	사진대장 III
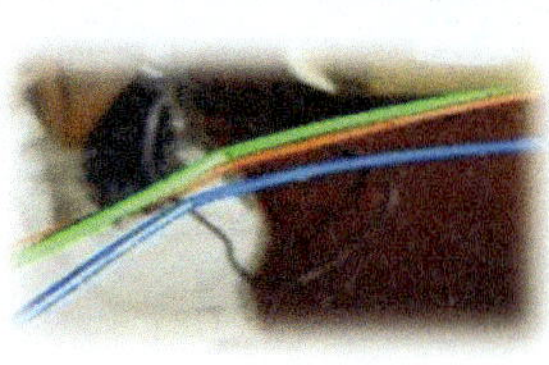		

No.	발생	지역	장애원인 / 주요사항	피해시설	케이블 단선 여부	난이도
21	'19. 08	제주	하수도 굴착 공사중 단선 / 미단선 코아 인위 단선 복구	48C 中 2개 유닛	부분 단선	★★★☆☆

상황도

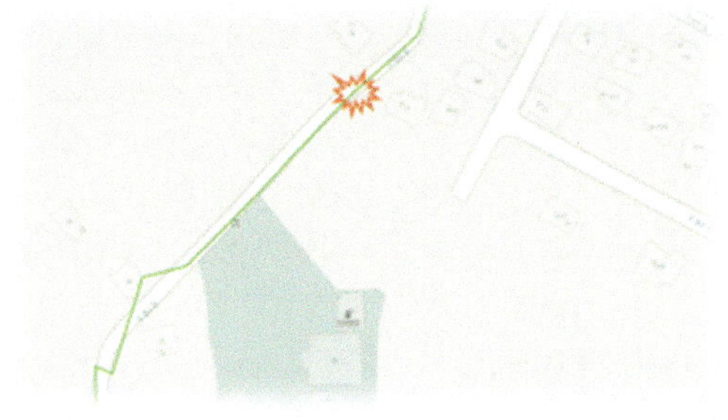

시사점

민간 하수도 공사 중 48C 일부 유닛 단선이 발생하였으며 추가 장애 방지를 위해 단선되지 않았던 유닛을 인위 절단하여 케이블 포설을 통해 복구한 경우이다. 인위 절단시에는 사전에 수용가입자를 확인하여 고객단에 사전 안내를 하는 것도 중요하다.

사진대장 I	사진대장 II	사진대장 III
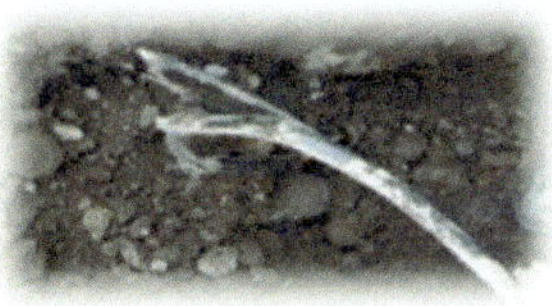		

No.	발생	지역	장애원인 / 주요사항	피해시설	케이블 단선 여부	난이도
22	'20. 01	전남 순천	도로 천공작업중 케이블 단선 / 신규 케이블 포설 후 복구	72C	전체 단선	★★★★☆

상황도

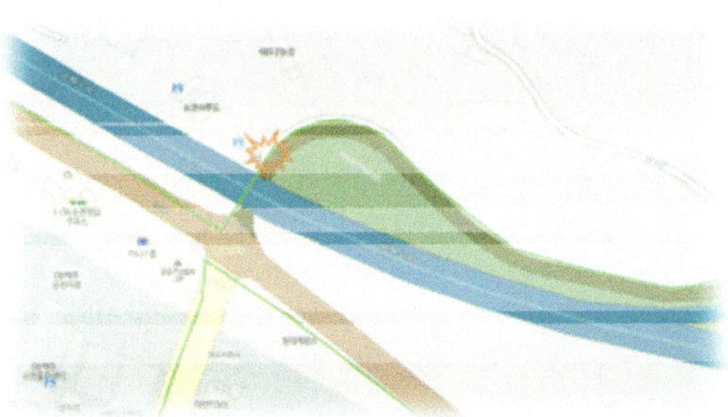

시사점

도로 천공작업으로 인한 지중 72C 1조 케이블 단선으로 케이블 신규 포설 후 복구한 사례이다. 최근 M-OTN 장비(화웨이 8800시리즈와 같은)는 S/W적으로 OTDR을 측정이 가능하며 이 기능을 활용한다면 상위국에서 OTDR 측정하는 일이 생략되기 때문에 신속하게 장애 위치를 파악할 수 있다.

사진대장 I	사진대장 II	사진대장 III

No.	발생	지역	장애원인 / 주요사항	피해시설	케이블 단선 여부	난이도
23	'20. 01	제주 서귀포	원인불명의 케이블 내부 손상 / 국사 OJC 변경 및 예비코아 절체	144C 中 2개 유닛	부분 단선	★★★★☆

상황도	시사점
	국사에서 인입 100m 지점 144C 케이블 7,8번 2개 유닛이 원인불명의 이유로 단선이 발생하여 국사와 인입함체간 예비코아로 절체하여 복구한 사례이다. 국사~인입함체간 예비코아 절체 복구시에는 국사내 OJC 절체가 필수 사항이다.

사진대장 I	사진대장 II	사진대장 III

No.	발생	지역	장애원인 / 주요사항	피해시설	케이블 단선 여부	난이도
24	'20. 05	전남 여수	굴착 공사중 케이블 단선 / 긴급복구키트 활용 복구	24C	전체 단선	★★★☆☆

상황도	시사점
	굴착 공사중 포크레인에 의한 가공 24C 1조 케이블이 단선된 사례이다. 포크레인의 버킷이 지상에서 지면으로 작업을 위해 이동할 때 가공 케이블에 저촉되어 무리한 힘이 가해진다면 케이블 단선으로 이어진다. 해당 장애는 현장에서 발생하는 빈도수가 높으며 단선지점이 육안으로 쉽게 확인된다는 특징이 있고 여장확보 또는 케이블 포설을 통해 쉽게 복구할 수 있다.

사진대장 I	사진대장 II	사진대장 III
		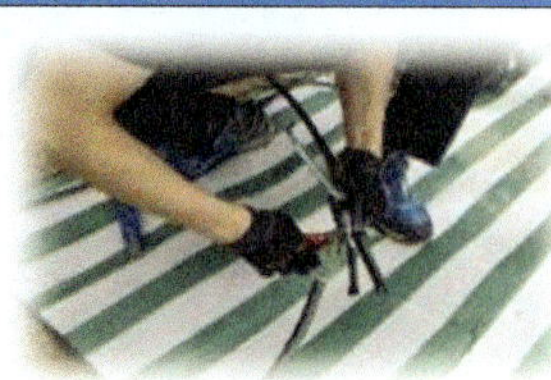

No.	발생	지역	장애원인 / 주요사항	피해시설	케이블 단선 여부	난이도
25	'20. 06	전남 순천	아파트 구내 제초작업 중 단선 / 여장 활용 함체 시설 후 복구	8C	전체 단선	★★☆☆☆

상황도

시사점

아파트 구내 제초작업에 의해 인입 8C 케이블이 단선된 사례이다. 케이블 단선시 여장이 있다면 함체 1EA 시설 및 접속만으로 쉽게 복구할 수 있다. 아파트 내부에 시설된 케이블이 제초작업, 화단 정비작업에 의해서 손상되는 경우가 자주 발생할 수 있다.

사진대장 I	사진대장 II	사진대장 III

No.	발생	지역	장애원인 / 주요사항	피해시설	케이블 단선 여부	난이도
26	'20. 06	광주 광산	맨홀내 작업중 함체 충격 / 손상 유닛 재접속 후 복구	144C 中 2개 유닛	부분 단선	★★★☆☆

상황도

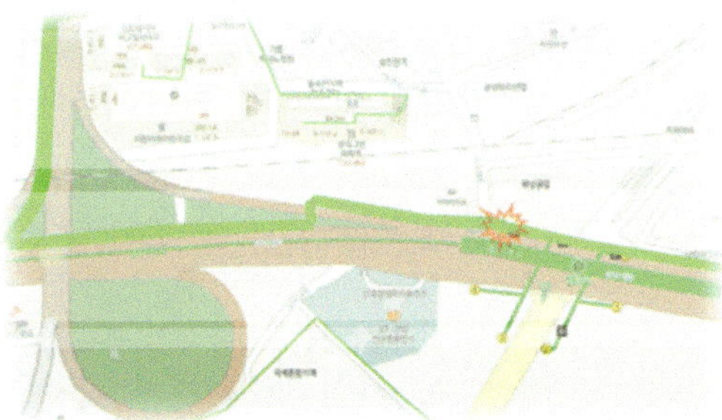

시사점

맨홀 내부 작업시 케이블 유닛이 제대로 고정되지 않는 함체 또는 일반 함체에 무리한 충격이 가해진다면 함체 내부 유닛이 단선될 수 있다. 이를 방지하기 위해서는 맨홀 내부에서 작업시 각별히 주의를 기울여야 하며 유닛 고정이 비정상인 함체는 신속한 교체가 필요하며 임시 복구 후 추가 장애 예방을 위해 시인성 확보가 중요하다.

사진대장 I	사진대장 II	사진대장 III

No.	발생	지역	장애원인 / 주요사항	피해시설	케이블 단선 여부	난이도
27	'20. 07	전남 광양	야산 제초작업중 케이블 단선 / 긴급복구키트 활용 복구	48C	전체 단선	★★★☆☆

상황도	시사점
	야산 제초작업시 가공 48C 1조 케이블 단선이 발생된 경우이다. 광케이블은 장비단과 같이 점의 영역이 아닌 선의 영역으로 구성되어 있어 야산에도 시설되는 경우가 있는데 작업자가 부주의하다면 이와 같은 장애가 발생될 수 있다. 해당 건의 장애 복구시에 우천으로 인해 코아 접속에 어려운 점이 많았으며, 코아 융착 특성상 물기가 있거나 습도가 높다면 접속이 원활하지 않다.

사진대장 I	사진대장 II	사진대장 III

No.	발생	지역	장애원인 / 주요사항	피해시설	케이블 단선 여부	난이도
28	'20. 07	전남 광양	덤프트럭에 의한 가공 단선 / 긴급복구키트 활용 복구	48C	전체 단선	★★★☆☆

상황도	시사점
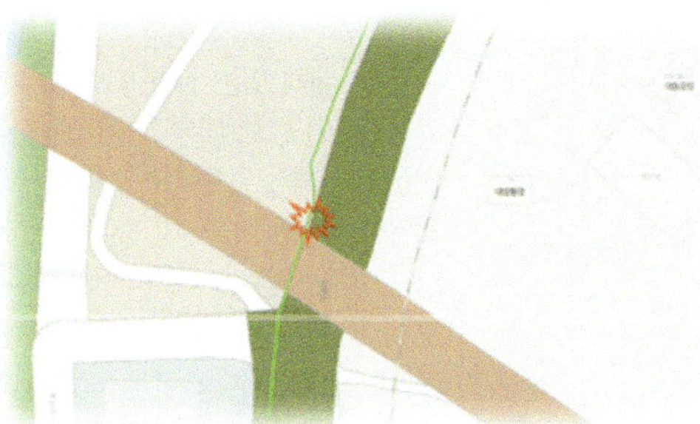	덤프트럭 차량에 의한 가공 48C 1조 케이블 단선으로 우회루트로 케이블 포설 후 복구한 사례이다. 한전 고압선 케이블도 동시에 단선되는 경우가 있는데 절대적으로 안전에 유의해서 작업해야 한다. 대형 차량의 통행이 빈번한 산업 지역에서 횡단 구간 케이블 단선이 발생하는 경우가 많다.

사진대장 I	사진대장 II	사진대장 III

No.	발생	지역	장애원인 / 주요사항	피해시설	케이블 단선 여부	난이도
29	'20. 08	전남 화순	차량에 전주 도괴 후 함체 탈장 / 긴급복구키트 활용 복구	144C 4코아 72C 1코아 48C 3코아	부분 단선	★★★★★

상황도

시사점

덤프트럭 차량에 의한 IP주 도괴로 함체내 144C 중 4코아, 72C중 1코아, 48C중 3코아가 단선된 사례이다. 144C, 72C, 48C 수용 함체 각 케이블 일부 코아 단선시 함체 내부 코아 구성의 복잡성으로 인해 장애 코아를 찾기 쉽지 않아 장애 구간을 신규로 포설하여 접속 복구하였다. 우천시 긴급 복구 작업을 진행할 경우 안전사고가 발생되지 않도록 절대적으로 주의해야 한다.

사진대장 I

사진대장 II

사진대장 III

No.	발생	지역	장애원인 / 주요사항	피해시설	케이블 단선 여부	난이도
30	'20. 08	광주 북구	건물 화재로 가공 12C 소손 / 신규 케이블 포설 후 복구	12C	전체 단선	★★★★☆

상황도

시사점

건물 화재로 인한 12C 케이블 소손 장애 발생 건이며 화재 발생시 소방서의 통제에 따라 작업이 허가될 시 복구 작업을 진행할 수 있다. 화재로 케이블이 소손되는 경우 안전사고를 예방하는 것을 최우선시해야 하며 철저한 안전지침 준수로 복구를 수행해야 한다.

사진대장 I

사진대장 II

사진대장 III

No.	발생	지역	장애원인 / 주요사항	피해시설	케이블 단선 여부	난이도
31	'20. 09	전북 전주	굴착공사중 유닛 밴딩 / 예비코아 절체 복구	144C中 7코아	부분 단선	★★★★☆

상황도

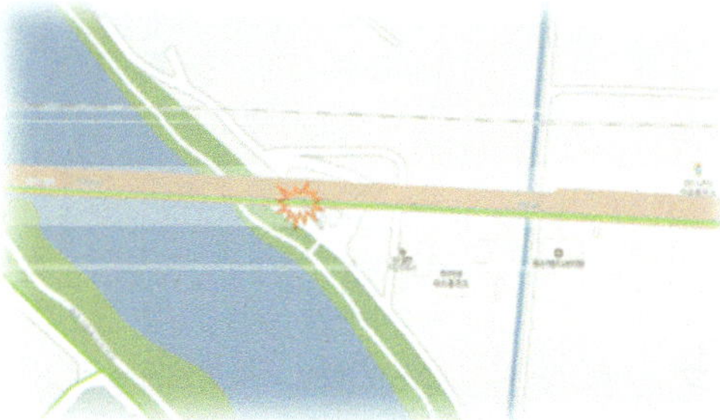

시사점

옹벽 굴착작업중 지중 SCD관내 144C 케이블 부분 손상이 발생한 사례이다. 케이블내 밴딩 및 손상 장애는 예비코아 확보 작업이 중요하며 이 작업이 원활하지 않을 것을 대비해 장애 구간을 신규로 케이블 포설하는 작업도 병행해야 한다.

사진대장 I	사진대장 II	사진대장 III
		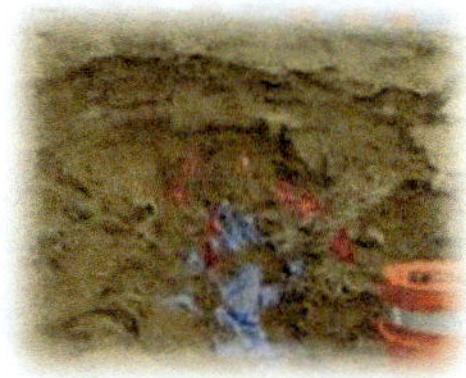

No.	발생	지역	장애원인 / 주요사항	피해시설	케이블 단선 여부	난이도
32	'21. 03	전북 전주	가지치기로 일부 케이블 손상 / 예비코아 절체 복구	144C 中 12코아	부분 단선	★★★★☆

상황도

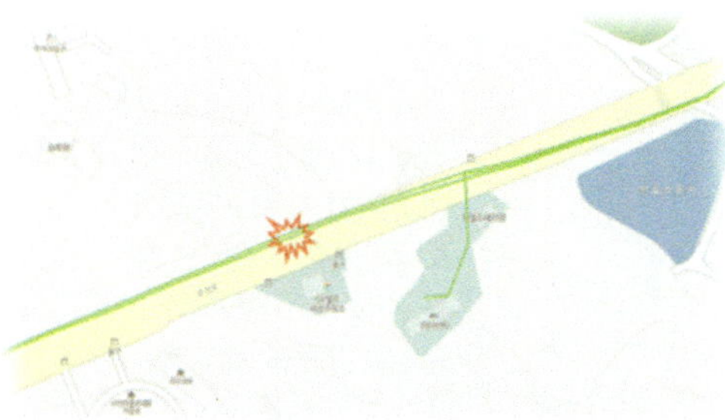

시사점

가지치기에 의한 케이블내 코아 일부 단선은 육안으로 장애 위치를 찾기가 쉽지 않기 때문에 반드시 가지치기 작업자 동선을 확인해야 하며 이와 동시에 OTDR 측정치에 의해서 장애 지점을 명확하게 파악해야 한다. 가지치기 장애는 예비 코아 절체 복구가 가장 효율적이나 이 작업이 불가할 것을 대비해 장애 구간 신규 포설 작업도 반드시 병행해야 한다.

사진대장 I	사진대장 II	사진대장 III

No.	발생	지역	장애원인 / 주요사항	피해시설	케이블 단선 여부	난이도
33	'21. 04	전남 광양	차량에 의한 가공 단선 / 긴급복구키트 활용 복구	48C	전체 단선	★★★☆☆

상황도

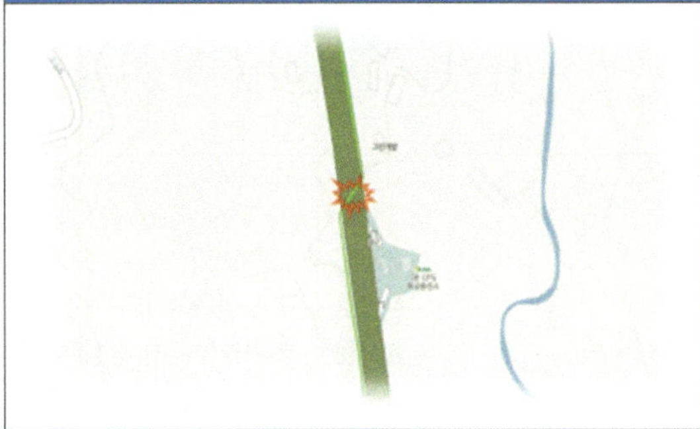

시사점

대형차량(덤프트럭)이 적재함을 올린 상태로 이동하다가 가공 구간(지상고 충분히 확보됨)에 48C 케이블 단선이 발생한 사례이다. 횡단 구간의 장애 복구시에는 신호수를 충분히 배치하고 철저한 교통 통제하에 장애 복구를 수행해야 한다. 횡단 구간에 케이블 단선 장애가 빈번하게 발생된다면 지상고를 최대한 높이고 색상 깃발을 설치해서 시인성을 충분하게 확보하는 것도 중요하다.

사진대장 I	사진대장 II	사진대장 III

No.	발생	지역	장애원인 / 주요사항	피해시설	케이블 단선 여부	난이도
34	'21. 07	전남 순천	상수도 교체중 케이블 단선 / 긴급복구키트 활용 복구	288C, 144C, 72C, 36C, 24C	전체 단선	★★★★★

상황도

시사점

상수도 공사시 굴착을 위한 컷팅작업중 지중케이블 5조가 단선된 사례이다. 다수의 케이블 단선 발생시 288C 긴급복구키트 미사용 유닛이 있다면 여기에 최대한 장애 케이블을 수용하여 이장시간을 단축시킬 수 있다(해당 장애는 72C 1조, 24C 2조 수용). 다수의 케이블 단선 장애는 처리 난이도가 가장 높으며 현장에 혼선을 방지하기 위해 효율적인 복구 방안을 신속하게 수립하여야 한다(C/T이원화 등).

사진대장 I	사진대장 II	사진대장 III

No.	발생	지역	장애원인 / 주요사항	피해시설	케이블 단선 여부	난이도
35	'21. 07	전남 담양	도로굴착 공사로 케이블 단선 / 신규 케이블 포설 후 복구	24C	전체 단선	★★★★★

상황도

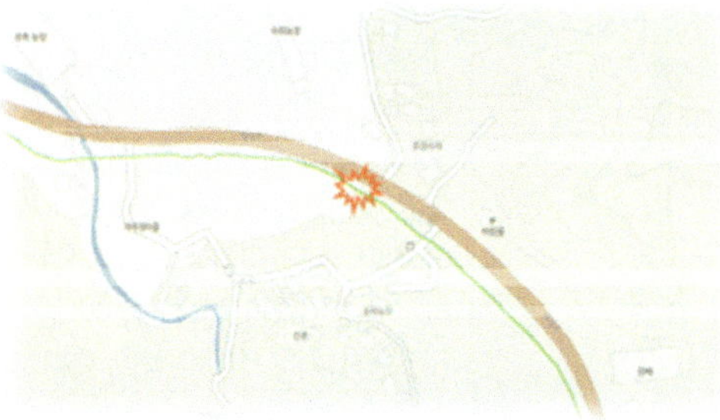

시사점

포크레인 굴착 작업중 지중 24C 케이블이 단선된 사례이다. 나대지 공사 현장에서 케이블 지중 구간 단선시 손상지점을 찾기 쉽지 않으며 포크레인 기사 협조하에 장애 지점 파악 및 여장 확보 작업도 매우 중요하다. 해당 건은 맨홀이 파손으로 최단거리 복구는 불가능하여 가공 구간으로 신규 포설하여 복구하였다. 지중 장애 지점 확인이 불가능한 상황에 대비해 가공 구간 신규 포설 작업은 반드시 병행되어야 한다.

사진대장 I	사진대장 II	사진대장 III

No.	발생	지역	장애원인 / 주요사항	피해시설	케이블 단선 여부	난이도
36	'21. 11	광주 북구	지하철 굴착 공사중 단선 / 긴급복구키트, 신규 포설 복구	288C 144C	전체 단선	★★★★★

상황도

시사점

지하철 공사장측 오가크레인 천공작업에 의한 지중 케이블 2조가 단선된 사례이다. 공사장측에 충분한 시설 정보를 안내하였음에도 공사 현장의 복잡성으로 인해 케이블이 시설된 위치에 굴착을 진행하여 광선로 단선 장애가 발생되었다. 대용량 케이블 단선 장애시 긴급복구키트 활용이 매우 중요하며 긴급복구키트가 부족할 경우 일반 케이블 포설 후 함체를 신설하여 복구해야 한다.

사진대장 I	사진대장 II	사진대장 III

No.	발생	지역	장애원인 / 주요사항	피해시설	케이블 단선 여부	난이도
37	'21. 12	전북 전주	건물 신축공사장 지중 단선 / 신규 케이블 포설 후 복구	288C	전체 단선	★★★★★

상황도	시사점
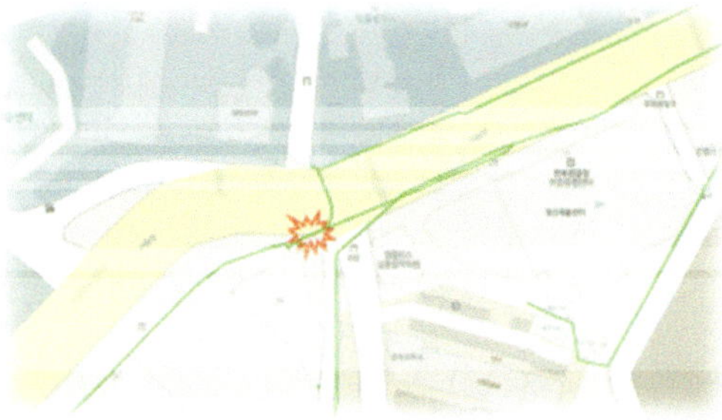	건물 신축공사중 굴삭기에 의한 288C 1조가 단선된 사례로 288C 복구시에는 총 24개의 유닛 접속의 순번 오류가 발생되지 않도록 철저한 관리하에 접속이 진행되어야 한다. 오류를 방지하기 위해 가시광원발생기를 활용하여 선번을 대조하면서 복구 작업을 수행할 수 있다. 긴급복구키트 활용시에는 함체내 선번 라벨을 활용하여 선번 꼬임 오류를 방지할 수 있다.

사진대장 I	사진대장 II	사진대장 III

No.	발생	지역	장애원인 / 주요사항	피해시설	케이블 단선 여부	난이도
38	'21. 12	광주 광산	타사 관로 철거중 단선 / 긴급복구키트 활용 복구	144C	전체 단선	★★★★☆

상황도	시사점
	하천 횡단 구간전 관로 루트에서 타 통신사가 자사 관로 철거 작업중 시설 정보 오류로 144C 1조가 인위 단선된 사례이다. 하천 구간(500m)에 신규 포설이 불가능하여 장애위치 전단 맨홀에서 케이블 밀기 작업을 통해 여장을 확보하고 긴급복구키트를 활용하여 최소 포설로 복구하였다.

사진대장 I	사진대장 II	사진대장 III
		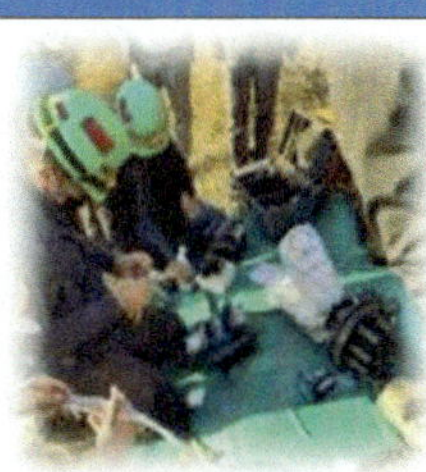

No.	발생	지역	장애원인 / 주요사항	피해시설	케이블 단선 여부	난이도
39	'22. 02	전남 영광	노출케이블 외부 충격 손상 / 케이블 우회 포설 복구	24C	전체 단선	★★★☆☆

상황도	시사점
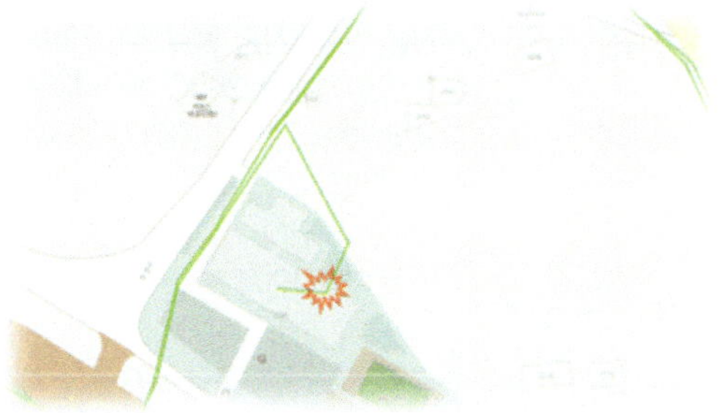	건물 인입 24C(하위국에서 51m 지점) 케이블이 외부 충격에 의해 손상이 발생한 경우로 외부 루트로 우회 포설해서 복구한 사례이다. 건물 내부에서의 케이블 시설시 외부 노출을 최소화한다면 외부 충격에 의한 손상 장애를 예방할 수 있다.

사진대장 I	사진대장 II	사진대장 III

No.	발생	지역	장애원인 / 주요사항	피해시설	케이블 단선 여부	난이도
40	'22. 08	광주 남구	설치류에 의한 인입코아 단선 / 여장확보 후 함체 신설 복구	24C	전체 단선	★★☆☆☆

상황도	시사점
	설치류에 의해 인입 24C 케이블이 단선되어 케이블 여장 확보 및 함체 신설을 통해 복구한 사례이다. 설치류는 통신랙 OFD의 성단 코아, OJC 케이블, 건물 내부 관로내 케이블을 손상시킬 수 있다. 설치류에 의한 장애 예방을 위해서는 설치류가 침입하지 못하도록 통신랙 또는 관로의 입구를 봉쇄하는 것이 무엇보다 중요하다.

사진대장 I	사진대장 II	사진대장 III
	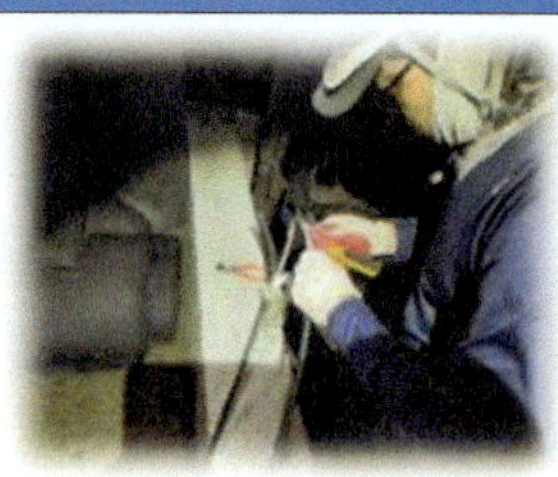	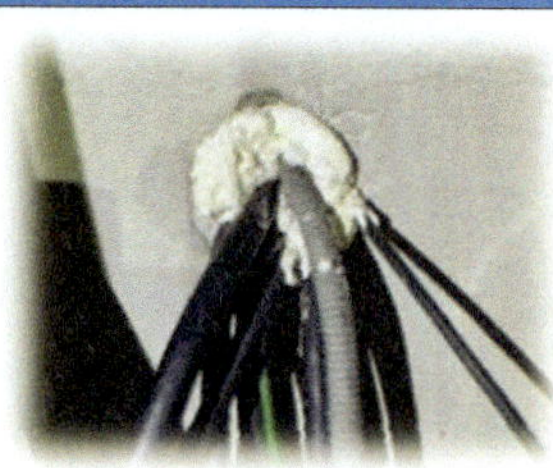

CHAPTER

08

AI 시대의 광인프라 역할과 전망

8.1 AI 디지털 혁명의 시대

8.2 AI의 정의와 발전 단계

8.3 정보기술산업과 AI산업의 발전 방향

8.4 AI 시대의 광인프라 역할

8.5 AI 시대의 광인프라 발전 방향과 전망

8.6 맺음말

8.1 AI 디지털 혁명의 시대

2024년 인공신경망을 통해 머신러닝(Machine Learning)의 발전을 이끈 연구자들이 노벨 물리학상을 수상했으며, '이세돌과 알파고'의 대결로 전 세계를 놀라게 했던 구글의 AI 개발자들이 노벨 화학상을 수상했다. 이 일은 인공지능이 사회적으로 얼마나 중요한 관심사로 자리 잡았는가를 단적으로 보여주는 사례이다. 오늘날 AI 기반의 개인 맞춤형 진료, 스마트 공장에서의 생산 라인 자동화, 자율주행 기술이 적용된 자동차 운행, AI를 활용한 금융 투자와 같은 일들은 이미 현대 사회에서 보편화된 모습이다. 즉, 오늘날의 현대인은 인공지능 기술이 모든 산업과 일상생활에 깊이 스며든 디지털 혁명 시대에 살고 있는 것이다. 한편, 산업계에서는 AI 프로그램의 도입으로 스마트 공장 자동화가 급격히 진행되고 있으며, 자동차 업계에서는 자율주행 기술이 적용된 기술이 나날이 발전하고 있다. 또한, AI가 적용된 산업 제품의 혁신 속도는 그 추세를 따라잡기 어려울 정도이다. 딥러닝(Deep Learning)을 기반으로 한 텍스트, 이미지, 음악, 동영상, 코드 등 다양한 콘텐츠를 자동으로 생성하는 소프트웨어 프로그램(예: ChatGPT, Deepseek, MidJourney)을 사용하는 일은 이제 더 이상 낯선 일이 아니다.

AI 시대에서는 데이터를 기반으로 한 유무형의 디바이스가 인간처럼 사고하고 학습하며 문제를 해결할 수 있는 기술이 더욱 발전하고 있다. 특히, 머신러닝(Machine Learning)과 딥러닝(Deep Learning) 같은 핵심 기술을 바탕으로 의료, 교육, 금융, 자율주행 등 다양한 분야에서 AI의 응용 가능성이 확대되고 있다. 이제 AI는 미래 사회를 변화시키는 데 필수적인 요소로 자리 잡았으며, 산업과 일상생활의 혁신을 주도할 가장 중요한 도구로 여겨질 것이다. AI 시대에서는 데이터를 처리하고 생성하는 유무형(H/W와 S/W를 포함한)의 TOOL 개발과 함께 생성된 데이터를 원활히 전송할 수 있는 매개체도 더욱 중요해진다. 아무리 뛰어난 AI 기능을 갖춘 디바이스라도 데이터를 전송할 인프라가 없다면 무용지물이 되기 때문이다. 즉, AI 시대에서도 광인프라는 데이터 전송 경로로써 여전히 중요한 역할을 수행할 것이다.

이제 AI의 기본 개념에 대해 이해해보고 광인프라 산업 변화를 예측하는 동시에 산업 현장에서의 중요성에 대해서도 생각해보자.

8.2 AI의 정의와 발전 단계

인공지능에 대한 정확한 정의는 의견이 분분하나 인공지능이란 용어는 1956년 미국 다트머스 대학(Dartmouth College)에서 열린 한 컴퓨터 과학 워크샵에서 최초로 등장했다. 이 단어를 처음 사용한 존 매카시(John McCarthy)는 "인간의 학습 능력과 지능의 특징들을 정확하게 기술하면

이것을 모방할 수 있는 기계를 만들 수 있다"라고 인공지능을 정의했다. 초기에 인공지능은 퍼즐을 푸는 것처럼 기본 원리만 정확하게 기술해 프로그램화할 수 있으면 수많은 문제를 풀 수 있을 것으로 여겨졌다. 영화 '이미테이션 게임'의 앨런 튜링(Alan Turing)이 독일의 암호 이니그마를 해결하는 방법이나 재귀를 활용한 하노이의 탑, 주어진 경로에서 최단 탈출 경로를 찾는 미로 탐색 등의 알고리즘들이 연구되며 마침내 IBM의 딥블루라는 인공지능 기술이 1997년 인간 마스터와의 체스 게임에서 승리 하는 일도 생겼다. 그러나 AI 발전 태동 초기 알고리즘 개발 기술의 한계로 인공지능 연구는 정체기를 맞이하였지만 수많은 노력 끝에 머신러닝, 딥러닝과 같은 알고리즘 구현의 성공으로 본격적인 인공지능 시대의 서막을 알리게 되었다.

인공지능의 발전 단계를 크게 전문가 시스템(Expert System), 머신러닝(Machine Learning), 딥러닝(Deep Learning)으로 나누고 자세히 알아보자.

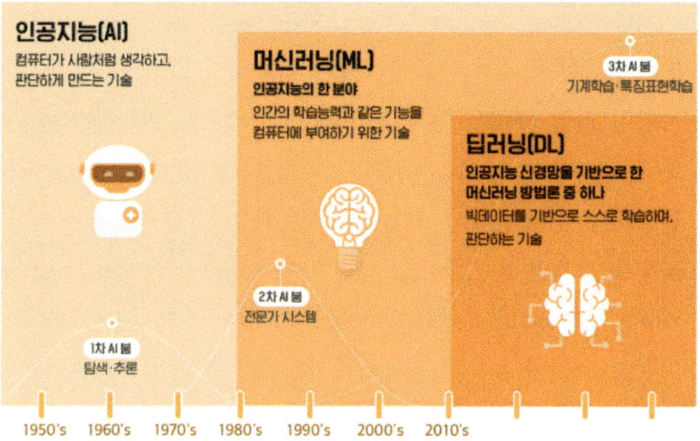

[그림 8-2-1] 인공지능의 발전 단계

1) 전문가 시스템(Expert System)

1980년대에는 AI기술이 전문가가 가진 지식을 프로그램화하는 전문가 기반 시스템으로 발전했다. 즉, 사람의 지능을 규칙적으로 나열하고 쉽게 찾을 수 있는 방법을 모색하게 된 것이다. 전문가 시스템은 전문가의 지식을 규칙화 해서 프로그램 코드로 구현하는 것을 기본으로 하며 전문가의 지식, 경험, 노하우를 시스템과 접목해 전문가 수준의 문제 해결 능력을 확보 할 수 있도록 개발되었다. 전문가 시스템 구성요소는 다음과 같다.

- **지식 베이스**(Knowledge Base) : 특정 문제 영역에 대한 사실과 규칙을 포함하여 전문가의 지식을 컴퓨터가 이해할 수 있도록 체계화
- **추론 엔진**(Inference Engine) : 지식 베이스에 저장된 정보를 기반으로 새로운 결론을 도출하거나 문제를 해결하는 역할을 하며 논리적 규칙과 알고리즘을 적용하여 작동
- **사용자 인터페이스**(User Interface) : 사용자가 시스템과 상호 작용할 수 있도록 지원

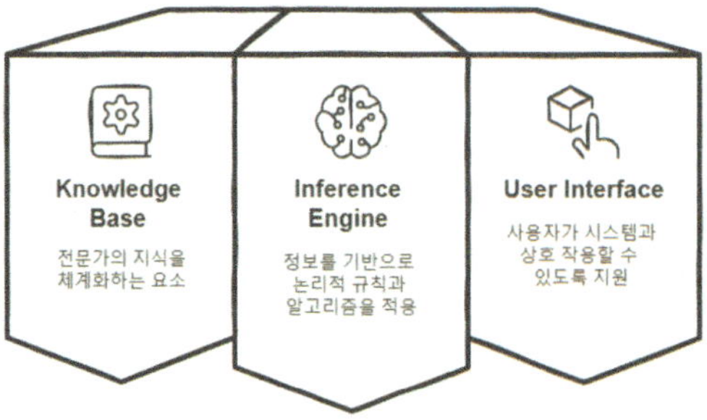

[그림 8-2-2] 전문가 시스템 구성 요소

2) 머신러닝(Machine Learning)

2000년대에는 인공지능 연구자들은 AI기술이 전문가의 지식을 일일이 입력하는 방식의 한계를 극복하기 위해 머신러닝(Machine Learning)이라는 개념을 도입했다. 머신러닝은 컴퓨터 시스템이 지속적으로 발전하면서 생성된 빅데이터를 활용하여 컴퓨터가 스스로 학습하여 성능을 향상시키는 기술이다. 이는 사람이 직접 규칙을 설계하는 대신 데이터로부터 사람 수준의 지능을 구현할 방법을 연구하면서 나온 결과물이다. 즉, 사람의 생각과 차이나는 오류를 줄어가면서 학습이라는 과정을 거쳐 실제 인공지능 시스템에서 응용 및 적용하는 기술을 바로 머신러닝이라고 한다. 일반적으로 머신러닝의 판단 방법은 2가지 단계로 나누어진다. 1단계는 사람이 정답을 판단하기 위해서 인식했던 트레이닝 데이터의 특징들을 추출하는 것이고 2단계는 개체의 다양한 특징들을 기반으로 분류하고 판단하는 것이다. 예를 들어 개체를 고양이라고 판단하는 경우에 1단계에서는 개체의 얼굴 모양, 다리의 개수, 눈의 개수, 눈 · 코 · 입의 구조, 귀의 모양 등의 특징을 추출한다. 2단계에서 둥근 모양의 얼굴, 다리가 4개, 눈이 2개 눈 · 코 · 입이 삼각형 모양, 귀는 삼각형 모양 등의 특징을 기준으로 '고양이'라고 판단할 수 있다.

[그림 8-2-3] 머신러닝의 판단 방법

머신러닝의 핵심은 데이터에서 패턴을 추출하고 이를 통해 새로운 데이터를 예측하는 것이다. 이는 크게 지도 학습(Supervised Learning), 비지도 학습(Unsupervised Learning), 강화 학습(Reinforcement Learning) 세 가지 방법으로 나뉜다.

- **지도 학습(Supervised Learning)** : 지도 학습은 정답이 미리 정해진 범주에서 데이터를 기반으로 정답을 유추하는 학습 방법이다. 지도 학습에서는 반복 학습을 통해 오류를 줄여가면서 점점 더 정답에 가까워 질 수 있다. 예를 들어 고양이와 강아지의 사진을 미리 주어주고 각 이미지에 고양이과 강아지를 분류하여 정답을 알려주면 새로운 이미지가 제시되었을 때 고양이과 강아지를 예측하고 분류할 수 있는 학습 기업이 바로 지도 학습이다.

- **비지도 학습(Unsupervised Learning)** : 비지도 학습이란 정답을 알 수 없는 상태에서 데이터를 학습하는 방법을 말한다. 사전에 정답을 알지 못한 상태에서 대량의 데이터를 분석하여 서로 유사한 데이터끼리 군집화(Clustering) 기법이 대표적인 활용 사례이다. 최근에는 지도 학습과 비지도 학습을 섞어서 데이터의 정답을 유추하는 기술들도 많이 개발되었으며, 이를 반지도 학습(Semi-Supervised Learning)이라고 한다.

- **강화 학습(Reinforcement Learning)** : 보상과 벌칙을 기반으로 여러번의 시행착오를 거쳐 스스로 학습하는 방법을 말한다. 기존의 지도 학습, 비지도 학습과 달리 보상과 벌칙이 반영된 다음 데이터가 필요하기 때문에 반복 시행을 통해 데이터를 스스로 만들어가면서 학습해야 한다. 일반적으로 많은 학습 시간이 필요해 컴퓨터 시뮬레이션 시스템을 활용함으로써 많은 학습 시간이 필요하다는 한계점을 극복해 나가고 있다. 예를 들어, 알파고(AlphaGo)의 바둑 경기는 수많은 시뮬레이션을 통해 스스로 바둑을 학습하고 최적의 수를 두는 방법을 익힌 사례이다.

대표적인 머신러닝의 핵심 알고리즘은 다음과 같다.

- **선형 회귀(Linear Regression)** : 숫자 예측(예: 부동산 가격 예측)
- **의사결정나무(Decision Tree)** : 트리 구조를 활용한 데이터 분류
- **랜덤 포레스트(Random Forest)** : 여러 개의 의사결정나무를 결합하여 높은 정확도를 달성
- **SVM(Support Vector Machine)** : 초평면을 이용한 분류
- **K-평균(K-Means Clustering)** : 유사한 데이터끼리 그룹화

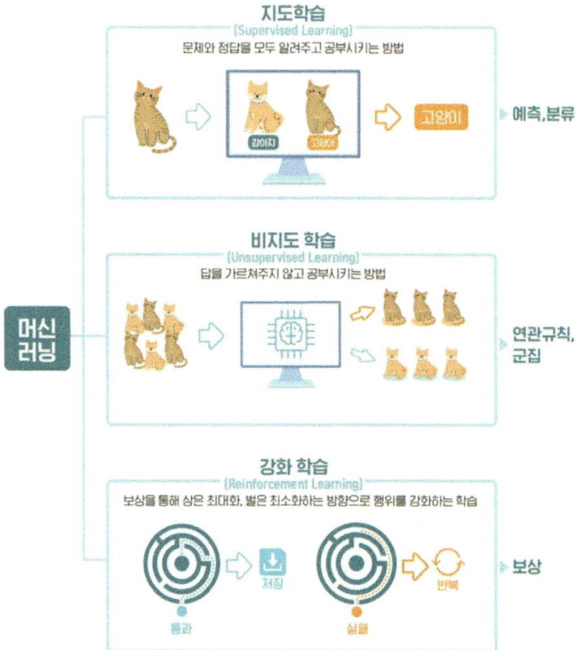

[그림 8-2-4] 머신러닝의 학습과정

3) 딥러닝(Deep Learning)

딥러닝은 인간의 신경 세포인 뉴런과 비슷한 방식으로 동작(여러층의 깊은 인공신경망(Deep Neural Network, DNN)을 기반으로 학습)하는 하는 머신러닝 기술이며, 이미 1980년대부터 기술 개발을 시작하였다. 기존의 머신러닝 알고리즘은 사람이 직접 특징을 추출하고 결과물을 정의했지만 딥러닝은 스스로 특징을 학습할 수 있는 능력을 갖추고 있어 더욱 정밀한 예측과 정보 분석이 가능해졌다. 딥러닝은 컴퓨터 지능을 한 차원 더 높인 머신러닝의 한 범주로 이해할 수 있으며, 인간의 뇌세포 구조와 유사한 방법인 뉴럴 네트워크 구조(ANN, Artificial Neural Network)를 이용하는 것이 가장 큰 특징이라 할 수 있다. 인간이 감각 기관으로부터 받아들인 정보를 상호 연결된 신경세포를 통해 분석하고 처리하듯이 딥러닝에서는 센서로부터 받은 정보를 서로 연결된 네트워크 구조를 통해 학습하고 판단한다. 그러나 이러한 학습에는 방대한 양의 데이터와 이를 처리할 수 있는 엄청난 계산 능력이 필요했기 때문에 기술 개발 초기에는 실제 적용이 어려웠다. 그런데 2010년대에 들어서면서 게임 산업의 발전과 함께 빠른 계산 처리가 가능한 GPU 하드웨어가 출시되었고 인공지능 분야에서도 이를 활용해 복잡한 계산을 효율적으로 수행할 수 있게 되며 딥러닝 기술 발전의 중요한 전환점이 되었다. 더불어 성능을 향상시키는 혁신적인 계산 알고리즘들이 지속적으로 연구되면서 딥러닝은 더욱 빠르게 발전하였다.

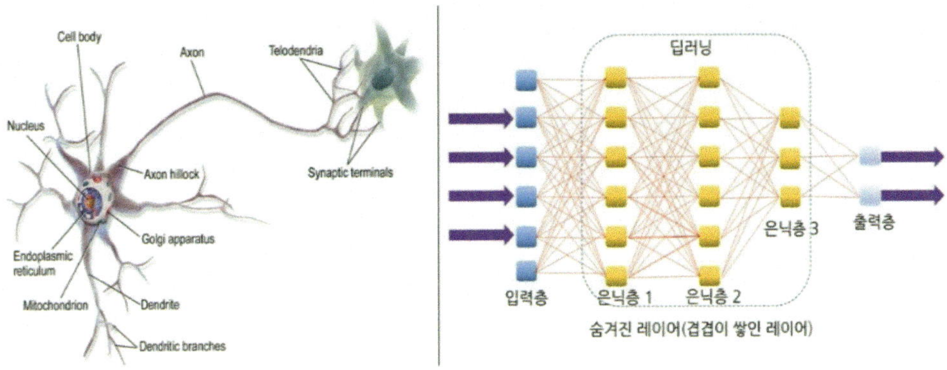

[그림 8-2-5] 인간 뇌의 뉴런과 딥러닝 인공신경망

딥러닝의 주요 모델은 다음과 같다.

- **인공신경망(ANN, Artificial Neural Network):** 뉴런의 연결 구조를 모방한 기본적인 신경망으로 입력층(Input Layer), 은닉층(Hidden Layer), 출력층(Output Layer)으로 구성
- **심층신경망(DNN, Deep Neural Network):** 은닉층이 여러 개 포함된 신경망으로 복잡한 패턴을 학습하는 데 유리
- **합성곱 신경망(CNN, Convolutional Neural Network):** 이미지 및 영상 분석에 특화된 딥러닝 모델(예 : 얼굴 인식, 의료 영상 분석)
- **순환 신경망(RNN, Recurrent Neural Network):** 연속적인 데이터를 학습하는 모델 (예: 음성 인식, 기계 번역 주가 예측)
- **트랜스포머(Transformer):** 자연어 처리에 최적화된 모델 (예: 챗GPT, 번역 AI)

머신러닝(Machine Learning)과 딥러닝(Deep Learning)의 차이점을 비교해 보자.

[표 8-2-1] 머신러닝과 딥러닝 차이점

구분	머신러닝(Machine Learning)	딥러닝(Deep Learning)	비고
데이터 의존성	비교적 적은 데이터로 학습 가능	대량의 데이터 필요	
특징 추출	사람이 직접 특징을 설계	모델이 자동으로 특징 학습	
연산 비용	상대적으로 낮음	높은 연산 비용(고성능 GPU 필요)	
학습 속도	빠름	느림(학습에 오래 걸림)	
활용 예시	질병 예측, 고객 분류	이미지 인식, 자율주행, 음성 인식	

8.3 정보기술산업과 AI산업의 발전 방향

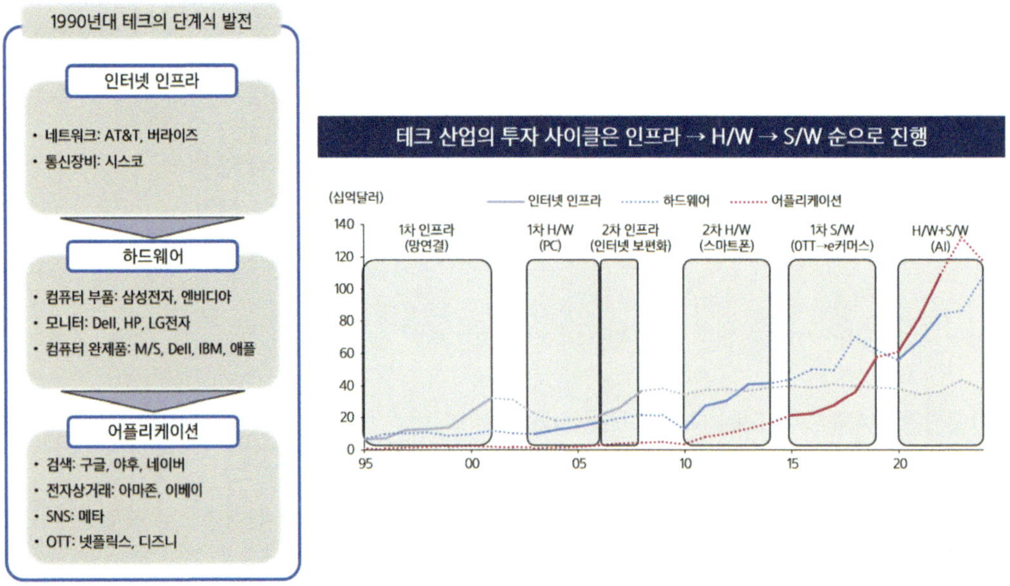

[그림 8-3-1] 정보기술산업의 발전과정

정보기술산업의 발전 과정은 1단계 인프라 ⇨ 2단계 하드웨어 ⇨ 3단계 어플리케이션 순서와 같이 총 3단계로 발전이 이루어졌다. 1단계로, 통신시장 발전의 태동기인 1990년대부터 광선로 등 인터넷 인프라가 시설 등 대규모 투자가 이루어졌으며 이는 시스코와 같은 네트워크망 회사의 급격한 성장을 가져왔다. 2단계로, 시설된 인터넷 인프라를 기반으로 각 기업과 가정마다 초고속 인터넷 서비스가 제공됨과 동시에 각 개인에게 PC 및 스마트폰 등 H/W가 보급되었다. 그 뒤 3단계로 스마트폰, 컴퓨터와 같은 전통적인 디지털 기기뿐만 아니라 가전제품, 차량, 의료기기, 센서 등 다양한 물리적 장치들이 인터넷을 통해 상호 연결되어 데이터를 수집하고 분석하며, 자동으로 동작 하는 IoT(Internet of Things, 사물 인터넷) 시스템의 발전이 주를 이루었다. 또한, IT 발전과 더불어 산업계에서는 인터넷 및 모바일 플랫폼을 활용한 업무 분야가 늘어났으며 온라인 금융시장과 인터넷 E-커머스 시장도 급격한 발전을 이루었다.

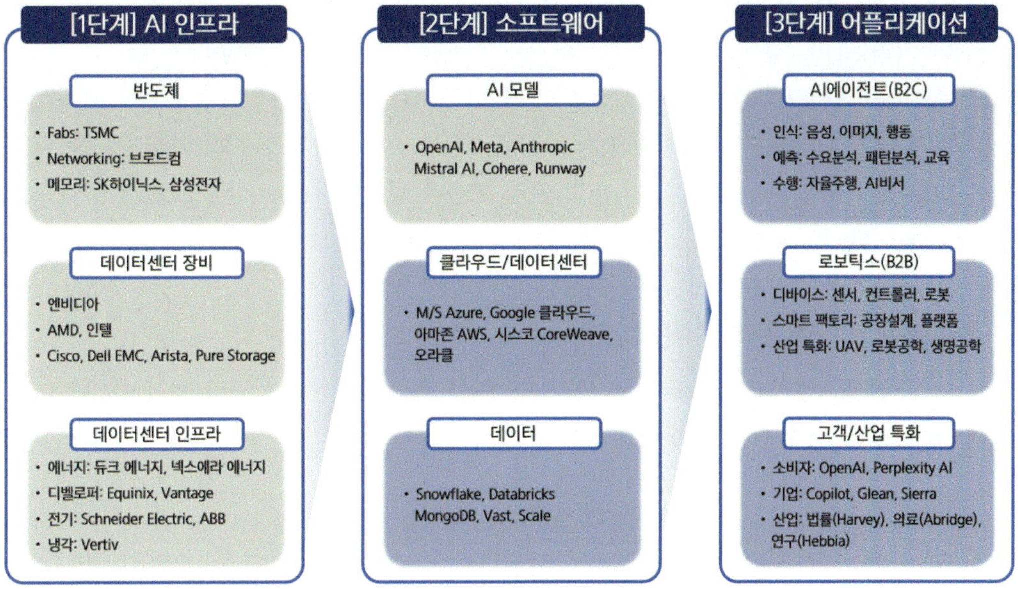

[그림 8-3-2] AI산업의 발전과정

AI산업의 발전 방향은 크게 3단계로 구분할 수 있다. 1단계에서는 AI인프라가 구축되고, 2단계에서는 AI소프트웨어가 연구 개발 되었으며, 3단계에서는 다양한 어플리케이션이 출시되어 첨단 산업과 실생활에 활용되었다.

1) 1단계 : AI 인프라 구축

AI 산업의 첫 번째 단계에서는 인공지능을 위한 기반 인프라가 구축된다. 이 단계에서는 반도체, 데이터센터 장비, 데이터센터 인프라 등 핵심 기술이 발전하며, 이를 통해 대규모 연산이 가능한 환경이 조성된다.

- **반도체** : AI 연산을 위한 반도체 기술이 발전하며, TSMC와 같은 팹(Fab) 업체와 삼성전자, SK하이닉스 등의 칩 제조사가 주도적인 역할을 수행한다.
- **데이터센터 장비** : AI 모델을 운영하기 위한 고성능 서버 및 네트워크 장비가 발전하며, Cisco, Dell EMC, Arista 등의 기업이 핵심적인 역할을 한다.
- **데이터센터 인프라** : 데이터센터의 전력 및 냉각 인프라 기술이 발전하며, 슈나이더 일렉트릭(Schneider Electric) 및 ABB와 같은 기업들은 전기 기술을 제공한다.

2) 2단계: AI 소프트웨어 발전

AI 인프라가 갖춰진 후에는 이를 활용할 수 있는 소프트웨어가 발전하는 단계이다. 이 과정에서는 AI 모델 개발, 클라우드 및 데이터센터 활용, 데이터 기술의 고도화가 이루어진다.

- **AI 모델** : OpenAI, Mistral AI, Anthropic 등 다양한 혁신적인 AI 모델을 개발하며, 이를 통해 자연어 처리(NLP), 영상 인식, 생성형 AI 등의 기술이 급속도로 발전한다.
- **클라우드/데이터센터** : MS Azure, Google 클라우드, AWS 등의 클라우드 플랫폼이 AI 모델을 운영할 수 있는 강력한 연산 환경을 제공하며, AI 기술이 접목된 데이터 센터가 구축된다.
- **데이터 기술** : AI를 위한 데이터 저장 및 분석 기술이 발전하며, OpenAI, Google 클라우드, Snowflake, Databricks, MongoDB 등 이 데이터 관리 및 분석 기술을 선도한다.

3) 3단계: AI 애플리케이션 확산

AI 모델과 소프트웨어 기술이 성숙한 이후에는 이를 활용한 다양한 애플리케이션이 등장하며, 실생활과 산업 전반에 걸쳐 AI가 적용된다.

- **AI 에이전트(BDC)** : 생성형 AI 기반의 에이전트가 다양한 분야에서 활용되며, 챗봇, 음성 비서, AI 코딩, AI 번역 등의 서비스가 등장한다.
- **로보틱스** : 물리적인 로봇과 AI 기술이 융합되면서 자율주행 자동차, 스마트 팩토리, 산업용 로봇, 군사·우주 로봇 등 다양한 분야에서 활용된다.
- **고급 AI 애플리케이션** : OpenAI의 ChatGPT, Anthropic의 Claude, Google DeepMind의 Gemini 등 다양한 생성형 AI 모델이 발전하며, 이를 기반으로 한 AI 컨설팅, AI 법률 서비스, AI 의료 솔루션 등의 고급 애플리케이션이 사용된다.

이처럼 AI 산업은 인프라 구축을 시작으로 소프트웨어 발전을 거쳐 다양한 애플리케이션이 실생활과 산업에 적용되는 방향으로 발전하고 있다. 앞으로 AI 기술 발전이 지속됨에 따라 더욱 혁신적인 산업 변화가 이루어지고 다양한 서비스가 제공될 것이다.

8.4 AI 시대의 광인프라 역할

AI 시대에서 광선로는 단순한 통신 인프라를 넘어 디지털 생태계의 중추 신경 역할을 담당하고 있다. 이는 AI 시스템에서 데이터를 효율적으로 처리하고 원활하게 전송하기 위해서는 광통신 인프라는 반드시 필요한 요소임을 의미한다. 현대 사회에서는 AI 기술의 발전과 함께 데이터의 생성량이 폭발적으로 증가하고 있으며, 이를 실시간으로 전송하고 분석하는 것이 매우 중요한 과제가 되었다. 특히, AI 모델이 점점 복잡해지고 있는 가운데 고성능 데이터 센터 및 클라우드 컴퓨팅 환경이 요구됨에 따라 초고속 데이터 전송이 가능한 광인프라의 중요성은 더욱 부각되고 있다.

1) 초고속 데이터 전송의 필수 인프라

AI의 발전과 더불어 빅데이터, IoT(사물인터넷), 클라우드 컴퓨팅 등 다양한 IT기술이 빠른 속도로 함께 발전하고 있다. 이러한 기술들은 텍스트, 이미지, 음성, 영상 등과 같은 방대한 양의 데이터를 실시간으로 주고 받아야 하므로, 기존의 네트워크보다 훨씬 빠르고 안정적인 데이터 전송 인프라가 필요하다. 광선로는 기존의 구리 기반 통신망보다 훨씬 빠른 속도(테라비트 수준)를 제공하며, 데이터 전송 손실이 적고, 대규모 데이터를 안정적으로 전송할 수 있는 장점이 있어 AI 시대의 필수 인프라가 되고 있다. 특히, AI 시대에는 다음과 같은 주요 분야에서 광인프라의 역할이 더욱 강조된다.

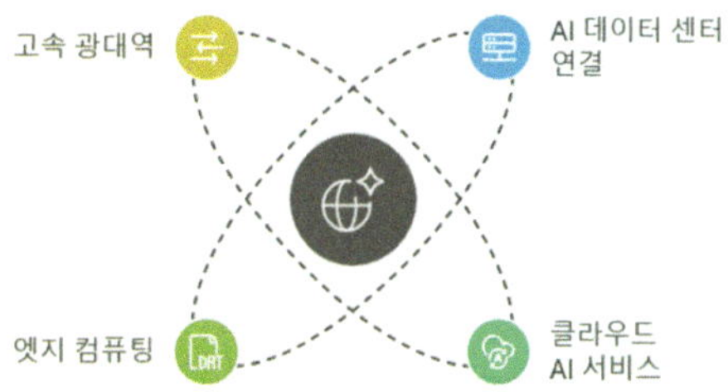

[그림 8-4-1] AI분야에서의 광인프라

- **데이터 센터 간 연결** : AI 데이터 센터들은 엄청난 연산 능력을 요구하며, 이를 위해 수많은 서버와 스토리지 시스템이 상호 연결되어야 한다. 고속 광인프라는 원거리 구간의 데이터 센터 간에도 초저지연(Low Latency) 연결을 지원하여 AI 연산 작업을 더욱 빠르게 수행할 수 있도록 돕는다.
- **클라우드 AI 서비스** : 구글, 아마존, 마이크로소프트 등의 글로벌 클라우드 기업들은 AI 기반 서비스(예: 음성 인식, 영상 분석, 자연어 처리)를 제공하며, 이러한 서비스는 방대한 데이터를 빠르게 주고 받는 것을 목표로 한다. 광인프라는 클라우드 환경에서 대량의 데이터가 신속하게 전송될 수 있는 매개체가 될 수 있다.
- **엣지 컴퓨팅(Edge Computing)** : AI 시대에서는 중앙 데이터 센터뿐만 아니라 네트워크의 말단(엣지)에서도 데이터 처리가 이루어진다. 자율주행차, 스마트 공장, IoT 기기 등에서 실시간 데이터 처리를 위해 초고속 네트워크가 필수적이며, 이를 위해 광선로 기반의 네트워크가 중요한 역할을 한다.

2) AI 시스템의 지연(Latency) 최소화

AI 애플리케이션에서 실시간으로 데이터를 처리하는 일은 매우 중요하다. 예를 들어, 자율주행차는 도로에서 발생하는 모든 상황을 즉각 분석하고 반응해서 최적의 경로를 제공해야 하며,

스마트 의료 시스템은 환자의 상태를 실시간으로 모니터링하여 즉각적인 치료 계획을 제시하여야 한다. 이러한 AI 응용 프로그램이 원활하게 작동하기 위해서는 데이터가 지연 없이 빠르게 전송되어야 하며, 이를 위해 안정적이며 신뢰성이 보장된 광인프라 네트워크가 필수적이다. 특히, 광인프라는 전자기 간섭을 받지 않기 때문에 신호 손실이 적고 원거리에서도 안정적인 데이터 전송이 가능하다. 이는 AI 기반 서비스에서 발생할 수 있는 네트워크 지연 문제를 최소화하여 더욱 신뢰성 높은 네트워크 시스템을 구축하는 데 기여한다.

3) 차세대 통신기술(5G, 6G)과의 융합

5G 및 향후 6G 네트워크는 AI 기술과 결합되어 초연결 사회를 실현하는 중요한 기반이 될 것이다. 5G와 6G 네트워크는 광대역, 초저지연, 대규모 연결성을 제공하며, 이를 통해 AI 기반의 다양한 서비스가 가능해진다. 그러나 이러한 차세대 네트워크도 결국 유선 백본 네트워크(Backbone Network)로 광인프라를 활용해야만 안정적인 성능을 보장할 수 있다.

다음으로 광인프라와 AI가 융합된 대표적인 사례를 살펴 보자.

[그림 8-4-2] 광인프라와 AI융합

- **스마트 시티** : AI 기반 교통 관리 시스템, 스마트 CCTV, 실시간 대기 질 모니터링 등 다양한 서비스가 가능하며, 이를 위해서는 초고속 광선로 네트워크 구성이 필수적이다.
- **스마트 제조** : AI와 광선로 네트워크를 활용해 공장內 장비의 실시간 모니터링, 유지보수 예측, 생산 라인 최적화 등이 가능하다. 광인프라를 기반으로 센서를 통한 데이트 수집과 AI기술을 융합해 생산 효율성을 극대화 하고 안정성 있는 운용을 할 수 있다.
- **원격 의료** : AI 기반 의료 영상 분석, 실시간 진료 프로그램 등이 이루어지려면 지연 없는 데이터 전송이 필요하며, 광인프라 네트워크가 이러한 데이터 전송의 매개체가 된다.
- **자율 주행** : 자율 주행 차량은 무선 통신(광인프라 기반)으로 도로 상황, 교통 신호, 차량 위치 등을 실시간으로 모니터링하고 차량 운행의 안정성과 효율성을 높일 수 있다.

- **스마트 에너지 그리드** : AI를 활용해 전력 수요와 공급을 실시간으로 모니터링하며 재생 에너지(태양광, 풍력 등)의 효율적인 관리가 가능하며 이 역시도 광인프라를 기반으로 한다.

결과적으로 광인프라는 차세대 통신기술인 5G 및 6G 네트워크의 핵심 역할을 할 것이며 AI 기술과 결합하여 더욱 발전할 것으로 기대된다.

8.5 AI 시대의 광인프라 발전 방향과 전망

AI 기술이 발전함에 따라 광인프라 역시 지속적으로 연구 개발되고 유지 관리되어야 한다. AI 시대에서 광인프라의 발전 방향과 주요 과제들에 대해 생각해보자.

(1) 연구 개발 과제

- **초고속 전송 기술 개발** : 현재 광섬유 기술은 400Gbps~1Tbps 속도를 제공하지만, AI 시대에는 더욱 빠른 데이터 전송이 필요할 것이다.
- **양자 네트워크 도입** : 기존 전송네트워크보다 더욱 강력한 보안성을 제공하는 양자 암호화 기술을 활용한 네트워크가 연구되고 있다.

(2) 안정적인 유지관리

- **AI 기반 네트워크 운영** : AI와 빅데이터를 활용하여 광인프라의 유지보수 및 장애 예측을 자동화할 수 있다.
- **글로벌 네트워크 구축** : 전 세계적으로 데이터 전송의 신뢰성과 안정성을 보장하는 광네트워크를 구축하고 AI기술을 융합시켜 트래픽 증가에 대응하기 위한 대용량 데이터 전송 시스템을 구축하여야 한다.
- **고효율 에너지 사용** : 데이터 센터 및 광네트워크의 전력 소비를 줄이기 위한 에너지 절감 기술이 필요하다.

8.6 맺음말

AI 시대에서 광인프라는 단순한 네트워크 구성요소가 아니라 모든 산업과 사용자를 하나로 묶어(초연결 사회) 신뢰성과 안정성을 보장하는 핵심 매개체이다. 미래사회에서는 AI 기술이 발전할수록 더 많은 데이터의 생산과 전송이 이루어 질 것이며, 방대한 데이터를 빠르고 안정적으로 전송할 수 있는 광인프라는 더욱 더 그 중요성이 증대 될 것이다. 또한, AI 기술 발전을 바탕으로 광인프라의 지속적인 연구 개발과 현장 적용이 이루어진다면 미래의 다양한 산업을 뒷받침하는 든든한 디딤돌 역할을 할 것이다. 앞으로 AI와 광네트워크 기술이 더욱 융합되고 발전하여 우리 사회가 보다 더 스마트하고 효율적으로 변화해 나가길 기대해 본다.

후배들에게 전하는 말

힘든 입시 경쟁을 거쳐 전공을 선택해 대학교에 입학하거나 사회에 진출한 뒤에도 자신의 진로를 정확히 정하는 일은 쉽지 않습니다. 제가 대학을 다니던 2000년대 초반에는 저학년 때부터 S/W 공학 전공으로 졸업 후 OO전자 취업이 보장되는 OO멤버쉽에 발을 담그는 친구들도 있었고, 당시에도 한참 유행이던 임베디드 하드웨어를 전공하는 친구들도 많았습니다. 저 역시도 진로에 대해 많은 고민을 하다가 H/W와 S/W 분야보다는 네트워크 분야에 관심이 많은 제 자신을 발견하였습니다. 그래서 학과에서 운영하는 연구실에서 네트워크 이론을 공부하고 다양한 장비를 익혔습니다. 또한, 서울의 유명 네트워크 학원을 찾아다니며 심화 학습을 하고 관련 자격증을 취득하였습니다. 그러나 그 당시 네트워크 전문 이론과 깊이 있는 현장 기술을 익히려고 노력했음에도 주변 선배들에게 이 분야에 대한 좀 더 현실적인 조언을 구하지 못했던 점과 산업적인 측면에서의 구조를 명확하게 이해하고 분석하지 못했던 점은 아쉬움으로 남습니다.

지금 네트워크나 통신 분야에 도전중인 후배들에게 감히 조언을 하자면, 본인이 대학생이라면 학과 수업은 기본으로 소화하고 본인의 진로를 빨리 결정해서 자기개발에 몰두했으면 좋겠습니다. 또한, 자격증도 취득하면서 한 분야의 이론과 실무를 최대한 학습하고 경험하여 자신만의 포트폴리오를 만드는 것도 추천합니다. 본인이 사회 초년생이라면 선배들의 다양한 경험과 노하우를 빨리 익히기 위해 노력하고, 스스로 꾸준한 학습과 실무 습득을 통해 현업에서 빛을 내시길 바랍니다. 더불어 한 분야의 베테랑이 되는 자신만의 항로를 개척하는 일도 잊지 않았으면 합니다.

이 교재가 정보통신, 특히 광통신 분야로 진로를 선택한 이들에게 작은 도움이 되길 바라며, 실무 경험이 곧 지식 습득의 원천이라고 믿는 말에도 공감하여 앞으로도 이 분야에서 함께 발전해 가면서 오래 동행했으면 합니다.

마지막으로 이 네트워크, 통신 분야로 진로를 결정하여 도전하고 있는 모든 분들에게 행운을 빌며, 열정이 넘치는 멋진 모습으로 현장에서 만납시다!

광선로 장애처리 현장에서 저자가

참 고 문 헌

SKB - 광선로 장애복구 프로세스 및 각 담당자별 역할
SKB - 광선로안정운용방안 장애복구 우선순위
SKB - FTTH 표준 구축 공법
SKB - 288C 광케이블 단면도
SKB - 서부권 288C 케이블 시설현황
SKB - 288C 단선대비 긴급복구훈련 결과보고서
SKB - 광선로 장애유형 분류 및 예방점검포인트
SKB - 광선로 장애처리 보고서
VIAVI - OTDR 원리와 분석교육

"네트워크전문가따라잡기" 네이버 카페 - 광케이블 선번표, ROADM
"적산 및 도면" 네이버 카페 - OTDR의 이해
www.ktword.co.kr - 정보통신기술용어해설, G-PON

blog.naver.com/psykiss79 - 광케이블 종류 및 GBIC
blog.naver.com/comp2234 - SI단위
blog.naver.com/nackji80 고득녕님 블로그 - 차세대 광가입망 NG-PON2

한국폴리텍대학교 광선로 교육 - 표준SMF 광학적 특성표
전국 광접속 전문인 커뮤니티 - 접속 이론 및 현장 사진
YOKOGAWA AQ1200 사용자 매뉴얼 - OTDR 기능
YOKOGAWA AQ7270 사용자 매뉴얼 - OTDR 제품 스펙
한국 알카텔-루슨트 - 차세대 광전송 기술 'ROADM'

정보통신신문 - 네트워크 장비 규모산정 지침(차종환 기자)
www.cyber.co.kr - 전자용어사전
arenaofyh.blogspot.com - 전자용어사전
한국물리학회 물리학백과 - 빛의 속도

namu.wiki - PON(네트워크)
wiki.hash.kr - OSI 7 Layer
www.netmanias.com - 광가입자망 표준화 및 시장 동향

정보통신산업진흥원 정보서비스팀 - 광네트워크
《광통신 시스템 및 네트워크》, 김창민·원용협·정지채·정영철·박상규, 범한서적
《광통신 공학》, 이종형, 한빛아카데미
《광통신의 발전 과정 및 향후 전망》, 정윤철, 한국과학기술원
《광통신 기술》, 심창섭·강민호·이일환, 한국전자통신연구소/통신정보기술연구원

SKT - 광선로 구축 표준시방서
LG전자 - 인공지능 역사(전혜정 연구위원)
삼성자산운용 - 멈출 줄 모르는 AI의 질주

제 C-2021-000210 호

저작권 등록증

1. 저작물의 제호(제목)	광선로 운용 가이드북
2. 저작물의 종류	편집저작물>교육교재
3. 저작자 성명(법인명)	신요한 광주광역시 서구 풍암1로
4. 생년월일(법인등록번호)	1983년07월26일
5. 창작연월일	2020년06월01일
6. 공표연월일	-
7. 등록연월일	2021년01월04일
8. 등록사항	저작자 : 신요한, 창작 : 2020.06.01

「저작권법」 제53조에 따라 위와 같이 등록되었음을 증명합니다.

2021년 01월 04일

한국저작권위원회

※ 본 교재의 초고 제목은 《광선로 운용 가이드북》임을 알려드립니다.

저자와의
협의에 의해
인지 생략

광선로 장애복구 사례를 통해 배우는

광통신 BASIC & 실무

2판 1쇄 2025년 8월 5일

저 자 신요한
발행인 송광헌
발행처 **복두(더)**
주 소 서울특별시 영등포구 경인로82길 3-4
센터플러스 807호
(우) 07371
전 화 02-2164-2580
FAX 02-2164-2584
등 록 1993. 11. 22. 제 10-902 호

정가 : 21,000원

ISBN : 979-11-6675-640-5 93560

한국과학기술출판협회 회원사